"十四五"职业教育国家规划教材

电子商务类专业创新型人才培养系列教材

Photoshop 网店美工实例教程

第3版 全彩慕课版

杭俊 王晓亮/主编
容会 顾焕/副主编

ELECTRONIC COMMERCE

人民邮电出版社
北京

图书在版编目（CIP）数据

Photoshop网店美工实例教程 ：全彩慕课版 / 杭俊，王晓亮主编. -- 3版. -- 北京 ：人民邮电出版社，2023.2
电子商务类专业创新型人才培养系列教材
ISBN 978-7-115-60513-9

Ⅰ. ①P… Ⅱ. ①杭… ②王… Ⅲ. ①图像处理软件－高等学校－教材 Ⅳ. ①TP391.413

中国版本图书馆CIP数据核字(2022)第221887号

内 容 提 要

电子商务交易方式特殊，需要通过视觉设计形成转化。这种交易方式使网店页面的视觉设计尤其重要。本书通过精彩的课堂案例，循序渐进地引领读者学习使用 Photoshop 进行网店美工设计。本书共分为 11 章，内容包括 Photoshop 网店美工设计快速入门，网店美工图像处理基本操作，选区的创建与编辑，图层的高级应用，调整图像的色调与色彩，网店图像的修复、修饰与绘制，路径的创建与应用，蒙版与通道的应用，文字的创建与应用，滤镜在网店美工设计中的应用，以及网店商品视频制作。

本书结构清晰、注重实操，既可以作为职业院校电子商务及其他相关专业的教学用书，也适合从事网店经营的店主、网店美工人员、图像处理人员、广告设计人员等相关人员学习使用。

◆ 主　　编　杭　俊　王晓亮
　副 主 编　容　会　顾　焕
　责任编辑　侯潇雨
　责任印制　王　郁　彭志环
◆ 人民邮电出版社出版发行　　北京市丰台区成寿寺路 11 号
　邮编　100164　　电子邮件　315@ptpress.com.cn
　网址　https://www.ptpress.com.cn
　北京瑞禾彩色印刷有限公司印刷
◆ 开本：700×1000　1/16
　印张：14　　　　　　　2023 年 2 月第 3 版
　字数：312 千字　　　　2025 年 6 月北京第 8 次印刷

定价：64.00 元

读者服务热线：(010)81055256　印装质量热线：(010)81055316
反盗版热线：(010)81055315

前言

Foreword

党的二十大报告指出："加快发展数字经济，促进数字经济和实体经济深度融合，打造具有国际竞争力的数字产业集群。"而电子商务在数字经济中发挥着重要作用。近年来，随着电子商务市场竞争的不断加剧，网店美工设计成为提高网店客流量与转化率的重要着力点，也是网店营销中不可或缺的重要部分。如何通过提升网店的视觉设计效果，让网店的商品在众多竞争对手中脱颖而出，吸引买家点击浏览并下单购买，是每个卖家与网店美工人员的必修功课。那么，如何才能设计出能凸显网店商品特性并能彰显卖家个性的视觉效果呢？Photoshop就是能达到这种设计目的的得力工具。

Photoshop是目前应用极为广泛的图像处理软件之一，它具有功能强大、易于操作等特点，被广泛应用于网店美工设计与图像处理等领域。本书以Photoshop CS6为操作平台，引领读者循序渐进地学习使用Photoshop进行网店美工设计的相关知识和技能。

本书修订思路

本书落实二十大精神进课堂，充分结合课程教学改革实践与专家、教师的反馈意见，在保留第2版内容特色的基础上进行了全新升级，内容更加充实、案例更加精彩，更具针对性、时代性和实用性，更有利于教师的课堂教学和学生对知识的吸收。此外，本次改版还重点融入了素质教育元素，更加符合当下专业教学与素质教育同向同行、协同育人的教育理念。

本书编写特色

- **案例主导、价值引领：**本书以大量网店美工设计实战案例为主导，涵盖商品主图、详情页、海报、优惠券、新品推荐区、主图视频、详情页视频等实战案例，针对性强，可以使读者迅速学以致用。本书在案例选取上，均选择符合社会主义核心价值观，体现传统文化魅力的案例，以培养学生工匠精神、创新意识，坚守营销

前言

Foreword

底线，成为德才兼备的人才。

- **重在实操、传授经验：**本书案例均以网店美工设计中的基本操作技能为出发点，针对需要达到的效果进行美工制作方法的讲解。在制作过程中，编者根据多年的实战经验，选择简便易学的操作方法，让读者用最少的时间和精力就能快速制作出具有专业水准的视觉效果。
- **图解教学、全彩印刷：**本书采用图解教学的方式，让读者更直观、更清晰地掌握网店美工的相关技能。此外，为了保证读者能更直观地观察图像效果，对照视频深入学习，本书采用全彩印刷，并设计了精美的版式，让读者在赏心悦目的阅读体验中快速掌握网店美工设计的实操技能。
- **同步慕课、资源丰富：**扫描书中课堂案例和课堂练习旁边的二维码，即可观看案例操作的教学视频，帮助读者强化学习效果。同时，本书还提供了丰富的教学配套资源，其中包括PPT、教案、素材文件、效果文件、精美视频、课程标准、课后练习操作详解、模拟试卷等。选书老师可以登录人邮教育社区（www.ryjiaoyu.com）下载相关教学资源。

本书由杭俊、王晓亮担任主编，由容会、顾焕担任副主编。尽管编者在编写过程中力求准确、完善，但书中难免有疏漏与不足之处，恳请广大读者批评指正。

编　者

2023年1月

目录 Contents

目录

Contents

目录

Contents

目录

Contents

目录

Contents

目录

Contents

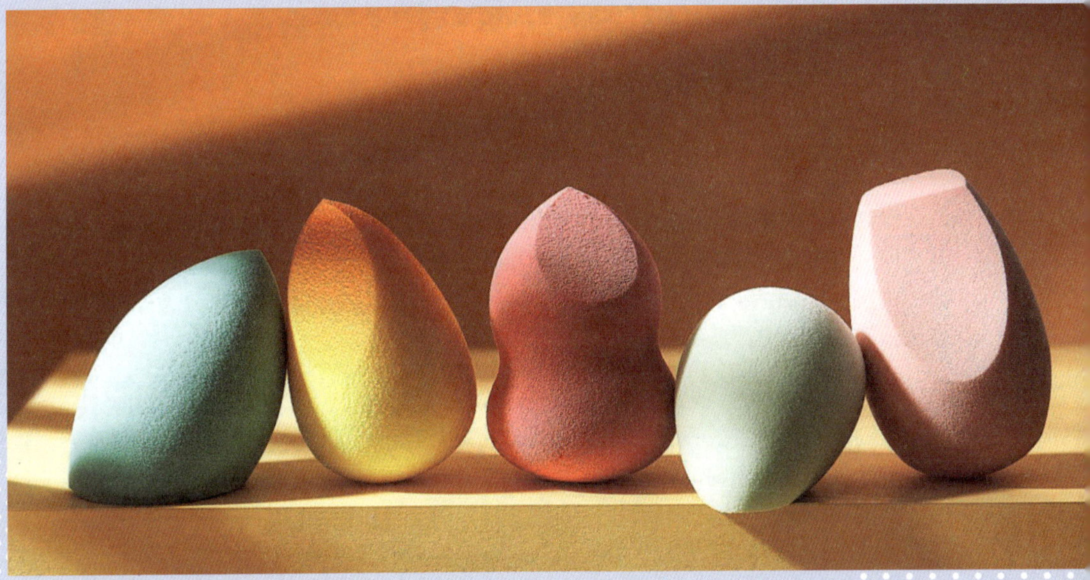

第1章

Photoshop网店美工设计快速入门

本章导读

Photoshop CS6是由美国Adobe公司开发的一款重量级的图像处理软件，它具有功能强大、易于操作等特点，被广泛应用于网店美工设计与图像处理等领域。通过学习本章内容，读者可以了解网店美工设计的要点和Photoshop的基本概念，熟悉Photoshop CS6的工作界面、视图和辅助工具等知识。

知识目标

- 了解网店美工设计的四大要点。
- 了解Photoshop的基本概念。
- 掌握辅助工具的使用方法。
- 掌握设置前景色与背景色的方法。

技能目标

- 熟悉Photoshop CS6的工作界面和各种视图。
- 能够熟练应用Photoshop辅助工具。
- 能够通过不同的方法设置图像颜色。

素质目标

- 在进行作品创意设计时，植入中国传统文化、中国元素，增强民族自豪感和文化自信。
- 激发创造创新能力，与时俱进，锐意进取，勤于探索，勇于实践。

1.1 网店美工设计四大要点

通过对各大电商平台上卖家信用级别较高和较低的两类店铺的观察与比较，可以发现在网店美工设计中有四个要点是引起买家兴趣和购买欲望的关键，即图片、配色、布局和文字。也就是说，在网店美工设计过程中，只有抓住这四个要点，才能在众多的竞争对手中脱颖而出，吸引买家点击浏览并下单购买。

1.1.1 图片素材

在对网店进行美工设计之前，首先要获取大量的图片素材，这些素材包括商品图片和各种修饰页面的素材。由于网上购物的特殊性，商品的某些特性无法被买家感触到，如商品的质地、分量等。只有从不同的角度拍摄商品，力求展现出商品更多的细节，才能最终打动买家。在网店美工设计中除了使用拍摄的商品图片以外，页面修饰素材的使用也是必不可少的，它们可以让网店的美工设计效果更加美观，视觉元素更加丰富，如图1-1所示。

图1-1　淘宝店铺首页美工设计效果展示

将图片素材准备好后，才能通过图形图像处理软件对图片素材进行组合和编辑，最终制作出吸引买家眼球的效果。由此可见，获取图片素材是网店美工设计工作的第一步。

↘ 1.1.2　色彩搭配

在网店美工设计的诸多元素中，色彩是一种非常重要的视觉表达元素，它能够营造出各种各样的氛围，会对买家的心理产生极大的影响，同时影响着买家对商品风格和形象的判断。因此，只有合理地进行色彩搭配，才能设计出令买家耳目一新的美工设计效果。

在网店美工设计中，常用的配色方案主要有同一色相配色、类似色相配色、相反色相配色、补色色相配色、渐变效果配色和重色调配色。根据配色方案的不同，商品页面给买家的感觉也不同。通过分析商品的特征，选择一种最佳的配色方案，将商品特征有效地传递给买家，这在网店美工设计中至关重要。图1-2所示的商品海报使用了能够提起味觉的暖色进行搭配，给买家一种暖意融融的感觉。

图1-2　暖色调搭配海报

↘ 1.1.3　合理布局

网上店铺为了提高商品销量，通常会制作美观大气、突出商品特征的页面，通过对图片或文字等要素进行合理布局而吸引买家，并由此提高转化率。将商品页面的组成要素进行合理的排布，以达到吸引买家的目的，这就是网店美工设计的页面布局。

买家在浏览商品页面时，通常情况下会将商品页面认作一个整体，然后才将视线定位到比较突出或者抢眼的位置，所以在排列商品图片或展示模特图片时，为了突出商品的特征，将一些希望强调的图片进行放大并布局在比较显眼的位置，效果会更加理想。图1-3所示为常用的商品页面布局图例。

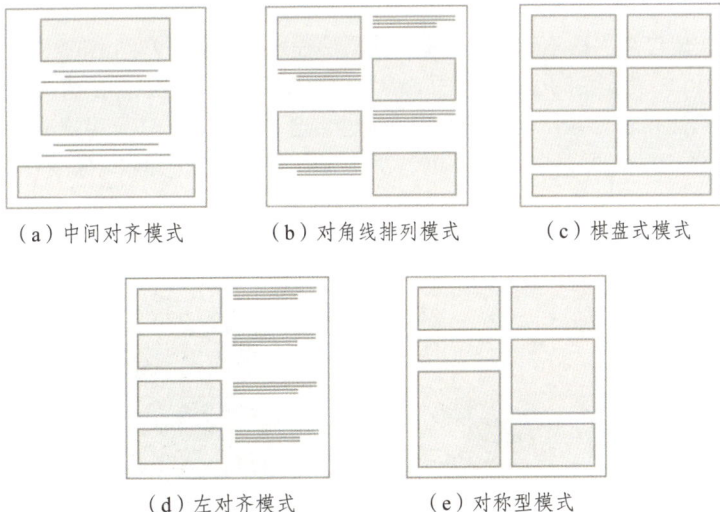

（a）中间对齐模式

（b）对角线排列模式

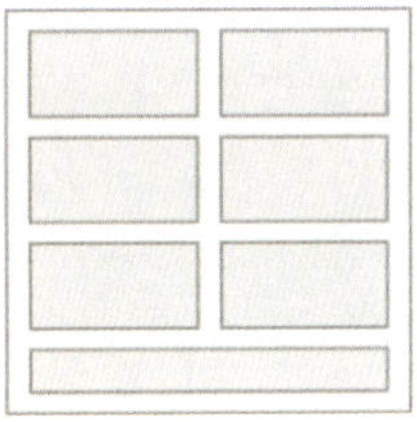
（c）棋盘式模式

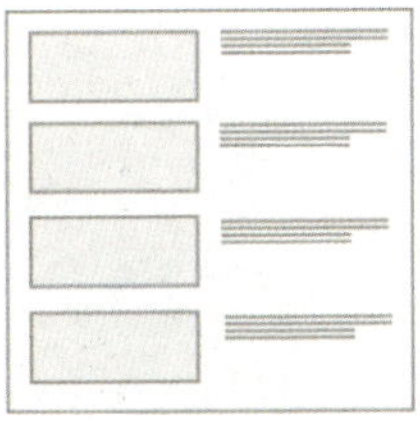
（d）左对齐模式

（e）对称型模式

图1-3　常用的商品页面布局图例

1.1.4 创意文字

商品页面是一个店铺的灵魂，网店首页则是一个店铺的门面。无论是商品页面，还是网店首页，都要包含文字信息。网店美工人员如果不懂店铺商品的优势及活动的精髓，那么制作出来的页面效果肯定是不理想的。

在网店美工设计过程中，为了让主题文字富有艺术感和设计感，在设计时通常会对文字进行创意设计。文字的创意设计实际上就是以字体的合理结构为基础，通过丰富的联想，利用多种不同的创作手法，打造出具有高表现力的创意文字造型，如图1-4所示。

图1-4 创意文字造型

1.2 Photoshop的基本概念

在学习使用Photoshop进行网店美工设计之前，首先需要了解Photoshop中的一些基本概念，其中包括像素与分辨率、图像的颜色模式等，这是学习Photoshop的重要基础。

1.2.1 像素与分辨率

在Photoshop中，有两个与图像文件大小和图像质量密切相关的基本概念——像素与分辨率。

1. 像素

像素是构成位图的基本单位，一张位图是由在水平及垂直方向上的若干个像素组成的。像素是一个个有颜色的小方块，每个像素都有其明确的位置及颜色值。像素的位置及颜色值决定了图像的效果。一个图像文件的像素越多，其包含的信息量就越大，文件就越大，图像的质量也就越好。将一张位图放大后，即可看到一个个像素，如图1-5所示。

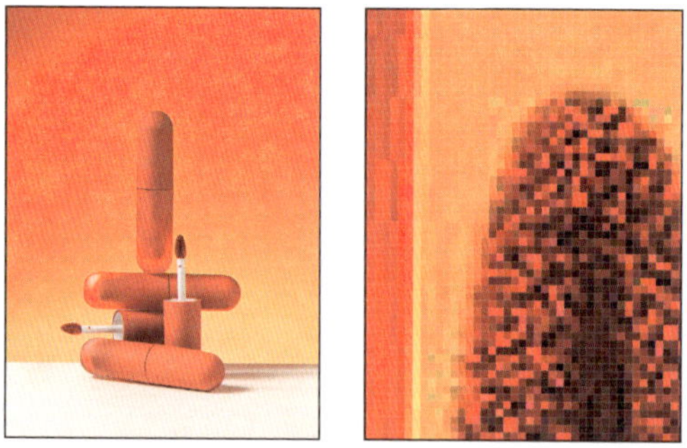
图1-5 像素

2. 分辨率

分辨率，即图像中每个单位面积内像素的多少，通常用“像素/英寸”（ppi）或“像素/厘米”表示。相同打印尺寸的图像，高分辨率的图像比低分辨率的图像包含更多的像素，所以像素点也较小。例如，72ppi（72像素/英寸）表示该图像每平方英寸包含5 184个像素；同样，分辨率为300ppi（300像素/英寸）的图像每平方英寸则包含90 000个像素。

↘ 1.2.2　图像的颜色模式

所谓颜色模式，就是将某种颜色表现为数字形式的模型，或者说是一种记录图像颜色的方式。下面将介绍常见的3种图像颜色模式。

1. RGB颜色模式

RGB颜色模式是工业界的一种颜色标准，通过红（R）、绿（G）、蓝（B）3个颜色通道的变化，以及它们相互之间的叠加来得到各式各样的颜色，如图1-6所示。RGB即代表红、绿、蓝3个通道的颜色，这个标准几乎包括了人类视力所能感知的所有颜色，是目前运用极为广泛的颜色模式之一。

RGB颜色模式适用于在屏幕上观看。在RGB模式下，每种RGB成分都可以用0（黑色）~255（白色）的值来表示。例如，纯绿色的R值为0、G值为255、B值为0。当3种成分值相等时，就会产生灰色阴影；当3种成分的值均为255时，就会显示为纯白色；当3种成分的值均为0时，就会显示为纯黑色。

2. CMYK颜色模式

CMYK颜色模式，也称印刷颜色模式，是一种依靠反光表现的颜色模式。与RGB类似，CMY是3种印刷油墨名称的首字母，其中C（Cyan）代表青色，M（Magenta）代表品红色，Y（Yellow）代表黄色；而K取的是黑色（Black）的最后一个字母，之所以不取首字母，是为了避免与蓝色（Blue）相混淆。从理论上来讲，只需CMY 3种油墨就足够了，它们3个加在一起就应该得到黑色。但是，由于目前制造工艺还不能制造出高纯度的油墨，CMY相加的结果实际是一种暗红色，所以要再加一个K，如图1-7所示。

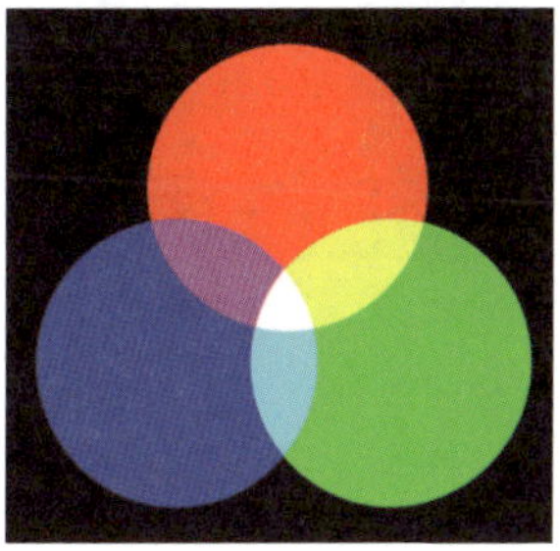
图1-6　RGB颜色模式

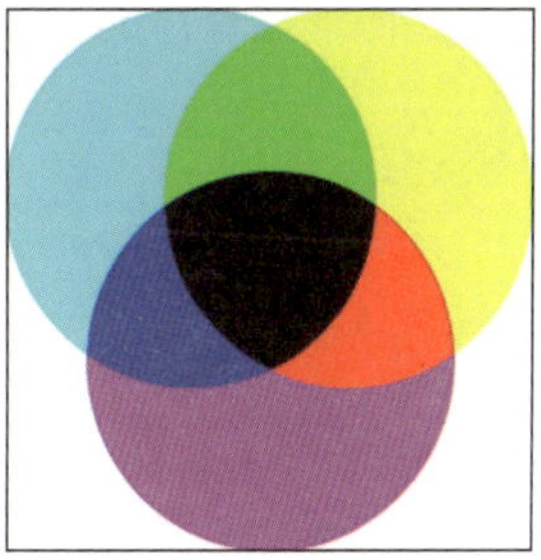
图1-7　CMYK颜色模式

CMYK颜色模式与RGB颜色模式相比，有一个很大的不同点：RGB颜色模式是一种发光的颜色模式，例如，我们在一间黑暗的房间内，仍然可以看见屏幕上的内容。而CMYK颜色模式是一种依靠反光的颜色模式，例如，我们要阅读报纸上的内容，要由阳光或灯光照射到报纸上，再反射到我们的眼中，这样才能看到内容。CMYK颜色模式需要有外界光源，如果在黑暗的房间内，则无法阅读报纸。

在屏幕上显示的图像一般是用RGB颜色模式表现的，而在印刷品上看到的图像一般是用CMYK颜色模式表现的。例如，书籍、杂志、报纸和宣传画等印刷品采用的都是CMYK颜色模式。

3. 灰度颜色模式

灰度颜色模式是用0～255的不同灰度值来表示图像，0表示黑色，255表示白色，其他值代表黑、白中间过渡的灰色，不包含颜色。在Photoshop中，灰度颜色模式可以和彩色颜色模式直接转换。将彩色颜色模式的图像转换为灰度颜色模式后，Photoshop将删除原图像中的所有颜色信息，只留下像素的亮度信息。

图1-8所示为将RGB颜色模式的图像转换为灰度颜色模式后的效果。

（a）RGB 颜色模式　　（b）灰度颜色模式

图1-8　将RGB颜色模式的图像转换为灰度颜色模式后的效果

1.3 Photoshop CS6的工作界面

启动Photoshop CS6，打开一个图像文件，即可看到Photoshop CS6的工作界面，它主要由菜单栏、工具属性栏、工具箱、图像窗口、状态栏和面板等组成，如图1-9所示。

下面对Photoshop CS6工作界面中的各个组成部分进行简单介绍。

➢ **菜单栏：**包含“文件”“编辑”“图像”“图层”“文字”“选择”“滤镜”“视图”“窗口”“帮助”等菜单，利用这些菜单可以完成编辑图像、调整色彩和添加滤镜特效等操作。

图1-9　Photoshop CS6的工作界面

- **工具属性栏：** 位于菜单栏的下方，主要用于设置各种工具的参数属性。当然，也可以使用系统默认的参数设置。
- **工具箱：** 包含多个工具，利用这些工具可以完成对图像的各种编辑操作。
- **图像窗口：** 显示当前打开的图像。
- **状态栏：** 可以提供当前图像的显示比例、文档大小和当前工具等信息。
- **面板：** 面板是Photoshop中一种非常重要的辅助工具，其主要功能是帮助用户查看和编辑图像，默认位于工作界面的右侧。

1.3.1　工具箱

工具箱是Photoshop中盛放工具的容器，其中包含各种选择工具、绘图工具、颜色工具，以及更改屏幕显示模式工具等（见图1-10），用于对图像进行各种编辑操作。默认状态下，Photoshop CS6的工具箱位于工作界面的左侧。

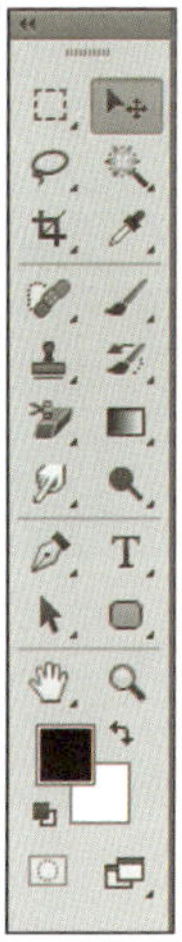

图1-10　工具箱

1. 选择工具

如果要选择工具箱中的工具对图像进行编辑操作，只需单击工具箱中该工具的图标即可。一般来说，可以根据工具的图标来判断选择的是什么工具。例如，画笔工具的图标是一个画笔形状，钢笔工具的图标是一个钢笔形状。将鼠标指针放置于工具图标上时，系统将显示该工具的名称及操作快捷键，如图1-11所示。

2. 显示隐藏工具

在工具箱中，许多工具的右下角都带有一个图标，表示该工具是一个工具组，其中还有被隐藏的工具。按住该工具图标不放或在其上面用鼠标右键单击，即可显示该工具组中的所有工具，如图1-12所示。当显示出隐藏的工具后，再将鼠标指针移到要选择的工具图标上，单击即可将其选中。

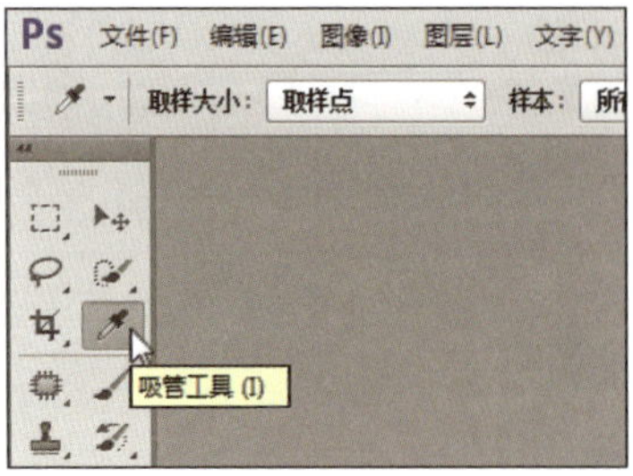

图1-11　显示工具名称及操作快捷键

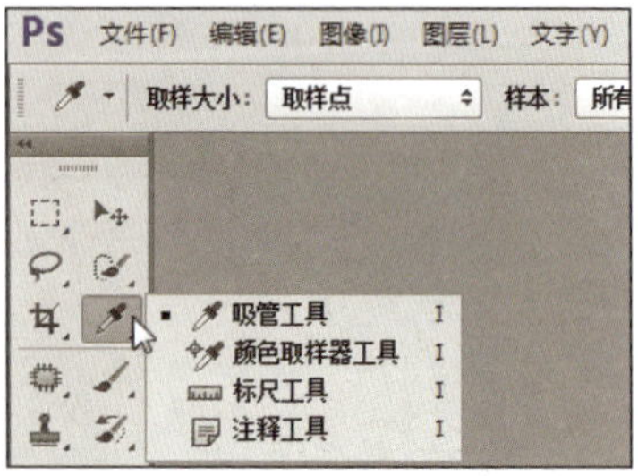

图1-12　显示工具组中的所有工具

1.3.2　工具属性栏

工具属性栏位于菜单栏的下方，主要用于设置工具的参数属性。一般来说，先在工具箱中选择要使用的工具，然后根据需要在工具属性栏中进行参数设置，最后使用工具对图像进行编辑和修改即可。

每种工具都有其对应的工具属性栏，当选择不同的工具时，工具属性栏的选项内容也会随之产生变化。图1-13所示分别为矩形选框工具属性栏和仿制图章工具属性栏。

（a）矩形选框工具属性栏

（b）仿制图章工具属性栏

图1-13　工具属性栏

在默认情况下，工具属性栏在菜单栏的下方，将鼠标指针放在工具属性栏左侧的▌处，按住鼠标左键并拖动，即可改变工具属性栏的位置。在拖动过程中，可以将工具属性栏放置在工作界面的任意位置，如图1-14所示。

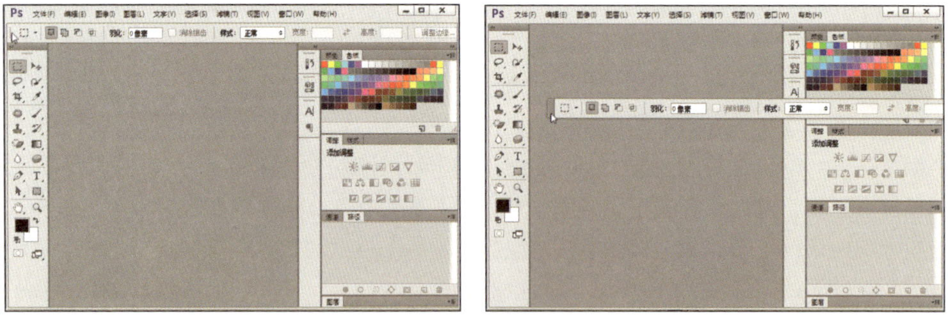

图1-14　拖动工具属性栏

1.3.3　面板

面板默认位于工作界面的右侧，它是Photoshop中一种非常重要的辅助工具，可以帮助用户快速地完成大量的操作任务。

1. 打开面板

启动Photoshop CS6后，在工作界面右侧会显示一些默认面板，如图1-15所示。若要打开其他面板，可以单击“窗口”菜单，在弹出的菜单项中选择相应的面板命令即可，如图1-16所示。

图1-15 默认面板

图1-16 单击“窗口”菜单

如果面板在Photoshop工作界面中已经打开，就会在“窗口”菜单中对应的菜单项前面显示一个✔图标。单击带✔图标的菜单命令，就会关闭该面板。

2. 展开和折叠面板

在默认打开的面板中，有的处于展开状态，有的处于折叠状态。在展开面板的右上角单击▸▸按钮，可以折叠面板，如图1-17所示。面板处于折叠状态时会显示为图标，将鼠标指针放置于面板图标上时可以显示该面板的名称，如图1-18所示；同理，单击面板右上角的◂◂按钮，可以展开面板，如图1-19所示。

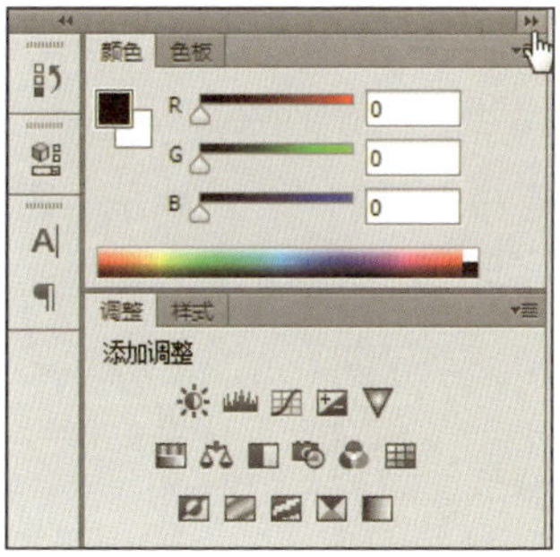

图1-17 单击▸▸按钮

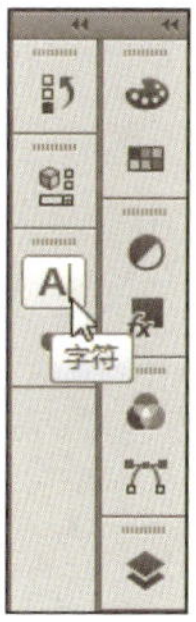

图1-18 显示面板名称

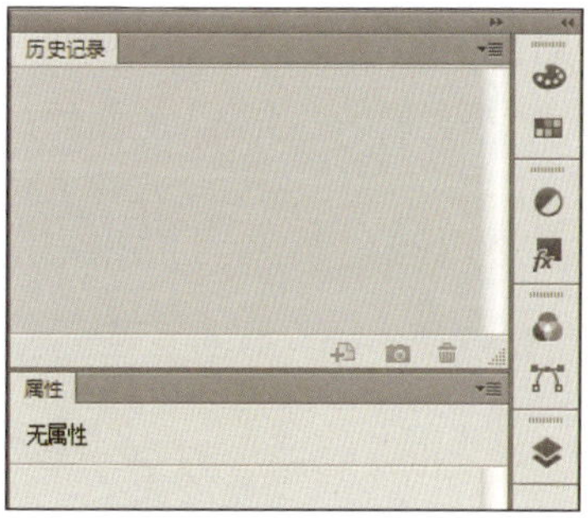

图1-19 展开面板

3. 分离与合并面板

在Photoshop CS6中，默认是多个面板组合在一起组成面板组。将鼠标指针放置于某个面板的名称上，按住鼠标左键并将其拖到工作界面的其他位置，可以将该面板从面板组中分离出来，成为浮动面板，如图1-20所示。

将鼠标指针放置于面板的名称上，按住鼠标左键并将其拖到另一个面板组上，当面板的连接处显示为蓝色时放开，可以将该面板合并至目标面板组中，如图1-21所示。

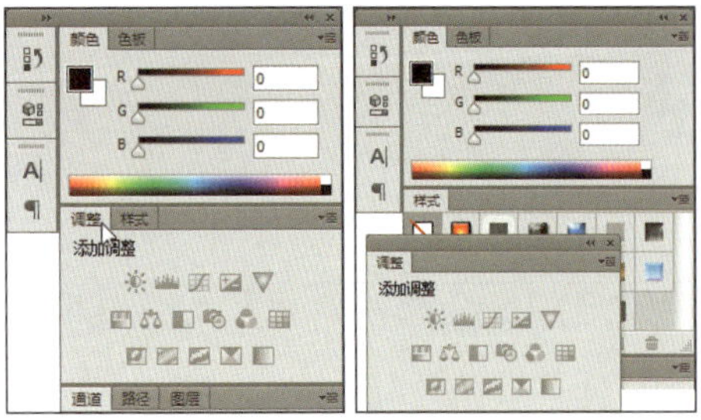

图1-20　分离面板

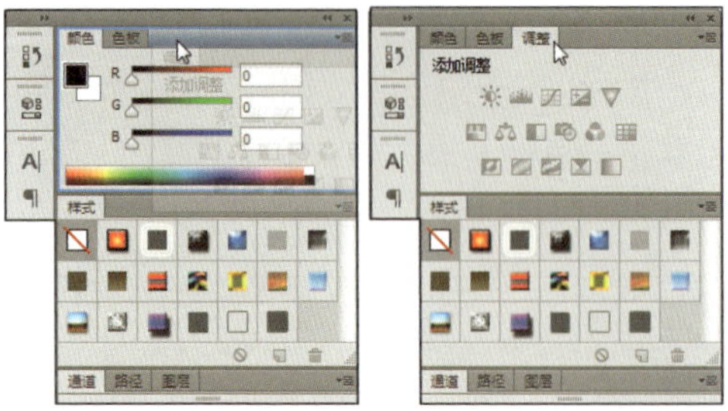

图1-21　合并面板

4. 关闭面板和面板菜单

如果不再需要当前面板，可以单击其右上角的“关闭”按钮将其关闭，如图1-22所示。单击当前面板右上角的按钮，可以打开一个面板菜单，其中包含了与当前面板相关的各种命令，如图1-23所示。

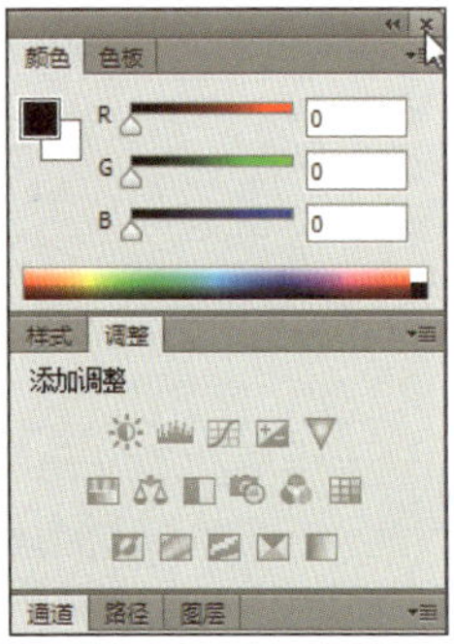

图1-22　关闭面板

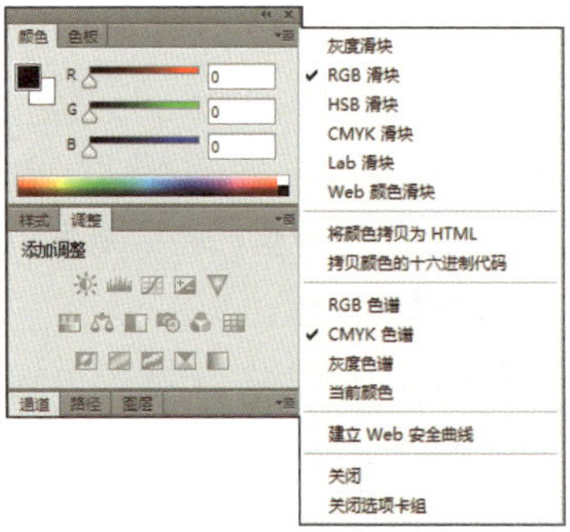

图1-23　打开面板菜单

1.3.4 状态栏

状态栏位于工作界面的底部，可以显示图像的显示比例、当前文档的大小和当前使用的工具等信息，极大地方便了用户查看图像信息。在状态栏左侧的“显示比例”窗口中输入数值后按【Enter】键确认，可以改变当前图像的显示比例，如图1-24所示。

图1-24　改变当前图像的显示比例

单击状态栏右侧的按钮，在弹出的下拉菜单中可以选择状态栏显示的内容，包括文档尺寸、暂存盘大小和当前工具等，如图1-25所示。

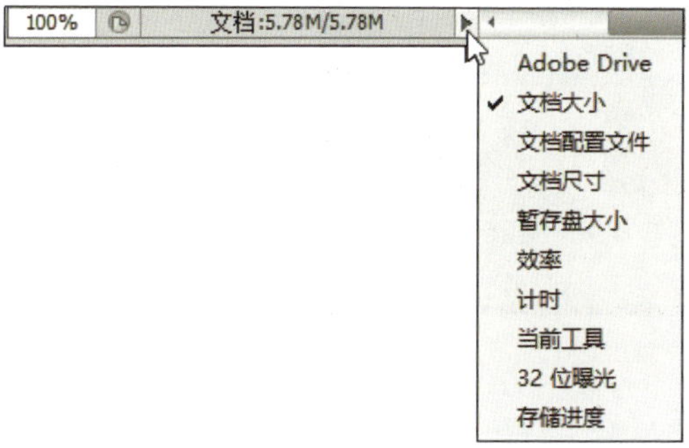

图1-25 选择状态栏显示的内容

1.4 调整Photoshop视图

为了便于用户更好地观察与处理图像，Photoshop CS6提供了各种各样的视图模式和图像查看工具，下面将对其进行详细介绍。

1.4.1 切换屏幕显示模式

在操作过程中，为了能够更方便地操作和更好地查看图像效果，可以通过切换屏幕的显示模式来查看图像。

如果要显示默认的标准屏幕模式，可以单击“视图”|“屏幕模式”|“标准屏幕模式”命令，效果如图1-26所示。

如果要显示带有菜单栏和50%灰色背景，但没有标题栏和滚动条的全屏窗口，可以单击“视图”|“屏幕模式”|“带有菜单栏的全屏模式”命令，效果如图1-27所示。

图1-26 标准屏幕模式

图1-27 带有菜单栏的全屏模式

如果需要只有黑色背景的全屏窗口，可以单击“视图”|“屏幕模式”|“全屏模式”命令，效果如图1-28所示。也可以单击工具箱下方的“更改屏幕模式”按钮，或者直接按【F】键，即可切换屏幕显示模式，效果如图1-29所示。

图1-28　全屏模式

图1-29　切换屏幕显示模式

1.4.2　调整图像显示比例

在图像编辑过程中，为了查看图像的整体或者细节效果，经常需要对图像进行放大和缩小操作，下面将介绍调整图像显示比例的方法。

1. 使用状态栏调整图像显示比例

使用状态栏可以调整图像的显示比例。在状态栏最左侧有一个“显示比例”数值框，显示了当前图像的显示比例，如图1-30所示。设置不同的百分比值，即可调整图像的显示比例。

图1-30　当前图像的显示比例

2. 使用缩放工具调整图像显示比例

工具箱中有一个缩放工具，使用它可以方便地调整图像的显示比例。选择工具箱中的缩放工具，其工具属性栏如图1-31所示。

图1-31　缩放工具属性栏

在缩放工具属性栏中，各选项的含义如下。

- ：用于显示当前的工具图标，以便于用户进行识别。
- ：用于切换放大工具和缩小工具，加号表示放大，减号表示缩小。
- 调整窗口大小以满屏显示：选中该复选框，使用缩放工具调整图像显示比例时，图像窗口也将随着图像放大或缩小，从而使图像在窗口中全屏显示。
- 缩放所有窗口：选中该复选框，使用缩放工具调整图像显示比例时，会同时缩放所有打开的图像窗口。
- 细微缩放：选中该复选框，使用缩放工具在图像中向左拖动以缩小图像，或向右拖动以放大图像。
- 实际像素：单击该按钮，当前图像将以100%的显示比例显示。
- 适合屏幕：单击该按钮，将当前图像缩放为适合屏幕的大小，如图1-32所示。
- 填充屏幕：单击该按钮，将当前窗口放大至屏幕大小，以填充整个屏幕。与“适合屏幕”不同的是，“适合屏幕”会在屏幕中以最大化的形式显示图像的所有部分，而“填充屏幕”以达到填充整个屏幕为目的，不一定能显示出图像的所有部分，如图1-33所示。

图1-32　适合屏幕

图1-33　填充屏幕

在工具箱中选择缩放工具后，在工具属性栏中单击按钮，在图像窗口中单击，即可放大图像；单击按钮，在图像窗口中单击，即可缩小图像，如图1-34所示。

图1-34　缩放工具的使用

1.4.3　移动图像显示画面

当图像本身尺寸过大或图像的显示比例过大而不能显示全部图像时，若要查看图像隐藏的部分，就要对图像显示画面进行移动。下面将介绍使用抓手工具和滚动条移动图像显示画面的方法。

1. 使用抓手工具移动图像显示画面

使用抓手工具可以移动图像显示画面，查看图像的不同区域。选择工具箱中的抓手工具，其工具属性栏如图1-35所示。

图1-35　抓手工具属性栏

在图像中按住鼠标左键并拖动，即可移动图像显示画面，如图1-36所示。

图1-36　使用抓手工具移动图像显示画面

2. 使用滚动条移动图像显示画面

当图像尺寸大过图像窗口时，窗口底部和右侧就会自动出现滚动条。拖动滚动条，也可以方便地改变图像画面的显示位置，如图1-37所示。

图1-37　使用滚动条移动图像显示画面

1.5 应用辅助工具

Photoshop CS6中的辅助工具主要包括标尺和参考线等。下面将简要介绍这些工具的使用方法。

1.5.1 显示图像标尺

在Photoshop CS6中，为了在处理图像时能够精确定位鼠标指针的位置并对图像进行选择，可以使用标尺来协助完成相关操作。

单击“视图”|“标尺”命令或按【Ctrl+R】组合键，可以将标尺显示或隐藏，如图1-38所示。

单击“编辑”|“首选项”|“单位与标尺”命令，或者在图像窗口中的标尺上双击，将弹出“首选项”对话框，在此对话框中可以设置标尺的相关参数，如图1-39所示。

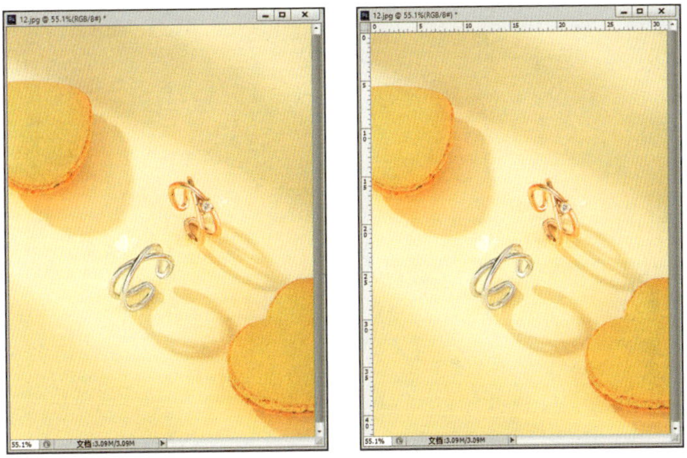

图1-38 显示标尺

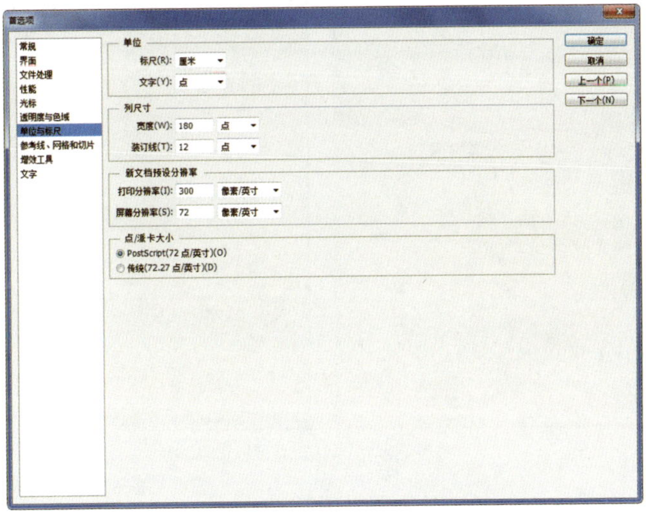

图1-39 “首选项”对话框

1.5.2 编辑图像参考线

参考线是浮在整个图像上不可打印的线，用于对图像进行精确定位和对齐。用户可以移动或删除参考线，也可以锁定参考线。

1. 新建参考线

单击“视图”|“新建参考线”命令，弹出“新建参考线”对话框。选中“水平”或“垂直”单选按钮，在“位置”数值框中输入参数，然后单击“确定”按钮，即可在当前图像中的指定位置添加参考线，如图1-40所示。

2. 移动与删除参考线

选取工具箱中的移动工具，移动鼠标指针至图像编辑窗口中的参考线上，此时鼠标指针将呈或双向箭头形状，按住鼠标左键并拖动，即可移动参考线，如图1-41所示。

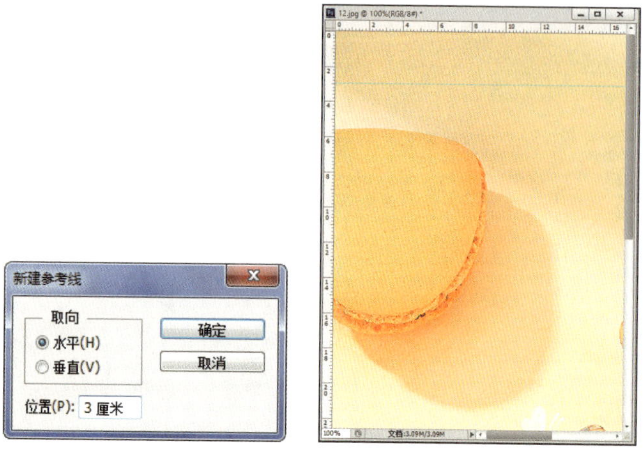

图1-40　新建参考线

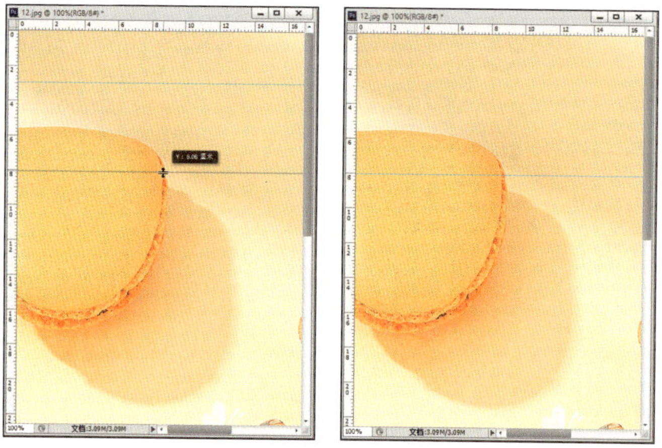

图1-41　移动参考线

当需要删除参考线时，可以将参考线拖至标尺以外；当需要删除全部参考线时，可以单击“视图”|“清除参考线”命令。

1.6 设置前景色与背景色

在编辑图像时，部分操作结果与当前设置的前景色和背景色有着非常密切的联系。例如，使用画笔、铅笔及油漆桶等工具在图像窗口中进行绘画时，使用的是前景色；在使用橡皮擦工具擦除图像窗口中的背景图层时，则是使用背景色来填充被擦除区域。

在Photoshop CS6中有多种设置前景色与背景色的方法，下面将分别对其进行介绍。

↘ 1.6.1　使用工具箱中的颜色工具

在工具箱中有一个设置前景色和背景色的工具，用户可以通过该工具设置当前使用的前景色和背景色，如图1-42所示。

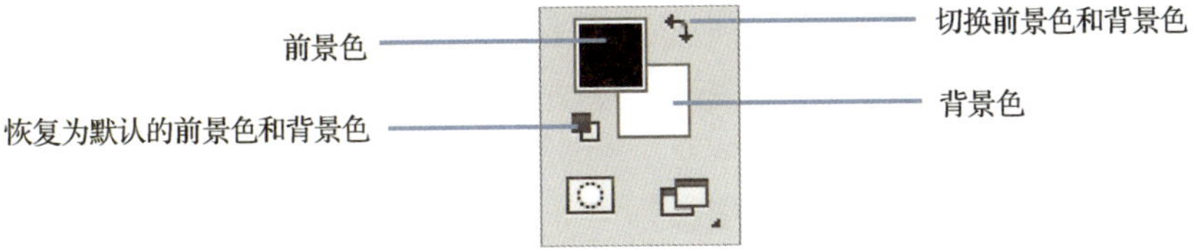

图1-42　颜色工具

1.6.2　使用“拾色器”对话框设置前景色和背景色

通过“拾色器”对话框设置前景色和背景色是最常用的方法之一。单击工具箱中的前景色色块，在弹出的“拾色器（前景色）”对话框中选择需要的颜色（如红色），然后单击“确定”按钮，即可将前景色设置为选择的颜色，如图1-43所示。

单击工具箱中的背景色色块，在弹出的“拾色器（背景色）”对话框中选择需要的颜色（如蓝色），然后单击“确定”按钮，即可将背景色设置为选择的颜色，如图1-44所示。

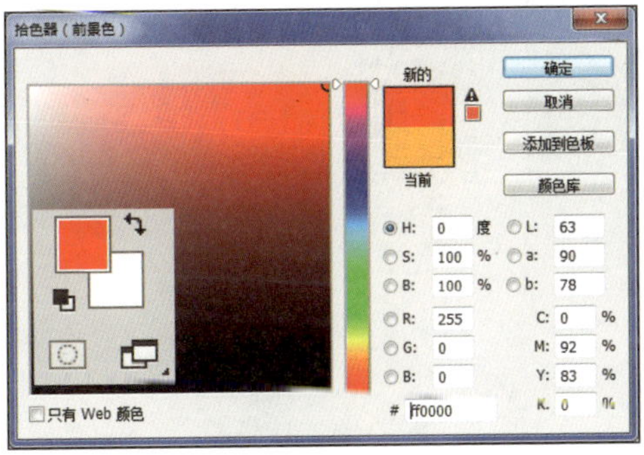

图1-43　“拾色器（前景色）”对话框

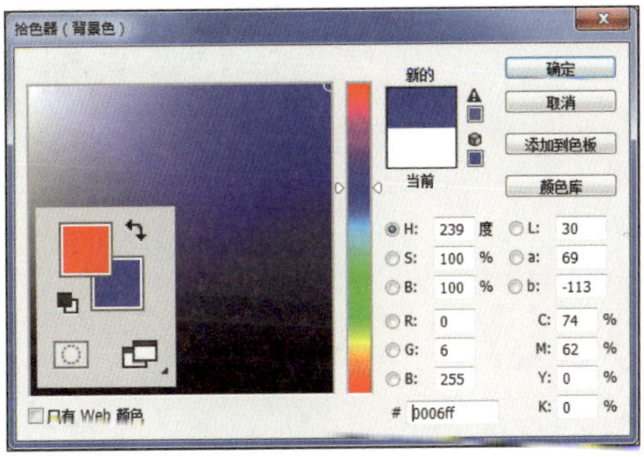

图1-44　“拾色器（背景色）”对话框

1.6.3　使用“颜色”面板设置前景色和背景色

单击“窗口”|“颜色”命令，弹出“颜色”面板。在其中单击前景色或背景色色块，通过拖动R、G、B颜色条上所对应的滑块即可调整颜色，如图1-45所示。

单击“颜色”面板右上角的按钮，在弹出的面板菜单中可以选择其他设置颜色的方式及颜色样板条类型等，如图1-46所示。

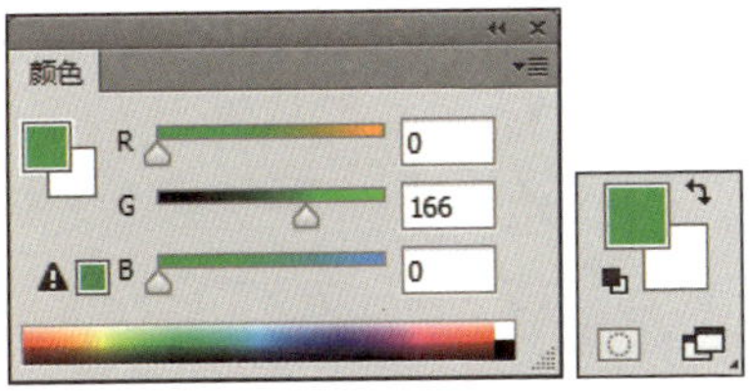

图1-45　拖动滑块调整颜色

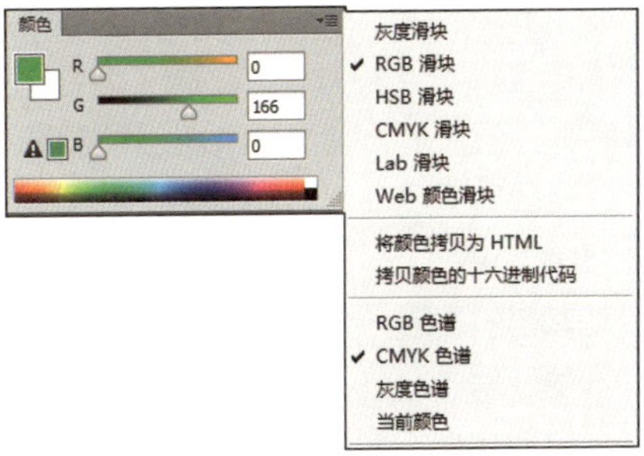

图1-46　选择其他设置颜色的方式及颜色样板条类型

1.6.4 使用吸管工具设置前景色和背景色

在处理图像时，经常需要从图像中获取颜色，以确保图像中的颜色相一致。例如，要修补图像中某个区域的颜色，通常要从该区域附近找出相近的颜色，然后用该颜色处理需要修补之处，此时便会用到吸管工具。

在工具箱中选择吸管工具，将鼠标指针移至图像窗口中，并在取色位置处单击，即可提取该处的颜色，所提取的颜色为当前前景色；如果按住【Alt】键并单击取色位置处，则所提取的颜色为当前背景色，如图1-47所示。

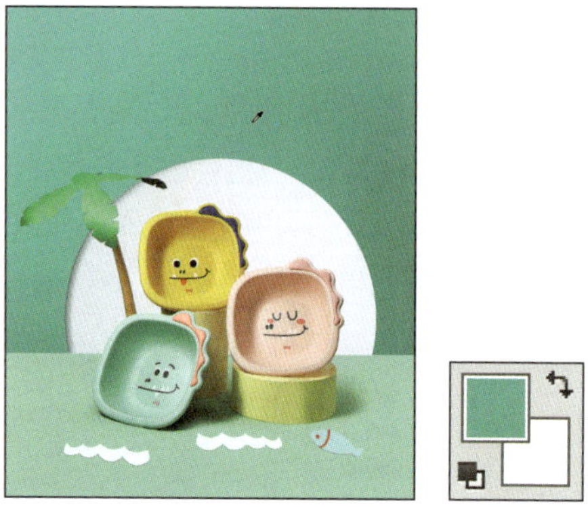

图1-47 提取颜色

1.7 常用图标汇总

- ：矩形选框工具
- ：椭圆选框工具
- ：单行选框工具
- ：单列选框工具
- ：移动工具
- ：套索工具
- ：多边形套索工具
- ：磁性套索工具
- ：快速选择工具
- ：魔棒工具
- ：裁剪工具
- ：透视裁剪工具
- ：切片工具
- ：切片选择工具
- ：吸管工具
- ：颜色取样器工具
- ：标尺工具
- ：注释工具
- ：污点修复画笔工具
- ：修复画笔工具
- ：修补工具
- ：内容感知移动工具
- ：红眼工具
- ：画笔工具
- ：铅笔工具
- ：颜色替换工具
- ：混合器画笔工具
- ：仿制图章工具
- ：图案图章工具
- ：历史记录画笔工具
- ：历史记录艺术画笔工具
- ：橡皮擦工具
- ：背景橡皮擦工具
- ：魔术橡皮擦工具
- ：渐变工具
- ：油漆桶工具
- ：模糊工具
- ：锐化工具
- ：涂抹工具
- ：减淡工具
- ：加深工具
- ：海绵工具
- ：钢笔工具
- ：自由钢笔工具
- ：添加锚点工具
- ：删除锚点工具
- ：转换点工具
- T：横排文字工具
- IT：直排文字工具
- ：横排文字蒙版工具
- ：直排文字蒙版工具

：路径选择工具

：直接选择工具

：矩形工具

：圆角矩形工具

：椭圆工具

：多边形工具

：直线工具

：自定形状工具

：抓手工具

：旋转视图工具

：缩放工具

：更改屏幕模式

1.8 常用快捷键汇总

【Ctrl＋N】：新建文件

【Ctrl＋O】：打开文件

【Ctrl++】：放大图像

【Ctrl+-】：缩小图像

【Ctrl＋R】：显示标尺

【Ctrl+Z】：还原/重做前一步操作

【Ctrl+Alt+Z】：还原两步以上操作

【Ctrl+T】：自由变换

【Ctrl+D】：取消选择

【Ctrl+J】：通过复制建立一个图层

【Ctrl+A】：全选

【Ctrl+Shift+I】：反向选择

【Ctrl+Alt+R】：调整边缘

【Ctrl+Shift+U】：去色

【Ctrl+I】：反相

【Ctrl+Shift+N】：新建一个图层

【Ctrl+G】：从图层建立组

【Ctrl+E】：向下合并

【Ctrl+Shift+E】：合并可见图层

【Ctrl+Alt+E】：盖印或盖印链接图层

【Ctrl+Alt+Shift+E】：盖印可见图层

【Ctrl+[】：将当前层下移一层

【Ctrl+]】：将当前层上移一层

【Ctrl+Shift+[】：将当前层移到最下面

【Ctrl+Shift+]】：将当前层移到最上面

【Ctrl+L】：色阶

【Ctrl+Shift+L】：自动色阶

【Ctrl+M】：曲线

【Alt+Delete】：填充前景色

【Ctrl+Delete】：填充背景色

【Ctrl+Enter】：路径转换为选区

【Ctrl+Alt+G】：创建剪贴蒙版

【Ctrl+C】：复制

【Ctrl+V】：粘帖

【Ctrl+2】：显示通道

第2章 网店美工图像处理基本操作

本章导读

要想利用Photoshop进行网店美工设计，首先要掌握Photoshop的基本操作。本章将学习使用Photoshop CS6进行商品图像处理时所涉及的各种基本操作，其中包括调整商品图像尺寸、裁剪与变换商品图像、还原与恢复图像编辑操作，以及图层的基本操作等。

知识目标

- 掌握调整商品图像尺寸的方法。
- 掌握裁剪与变换商品图像的方法。
- 掌握还原与恢复图像编辑操作的方法。
- 掌握图层的基本操作。

技能目标

- 能够调整图像大小和画布大小。
- 能够为商品重新构图。
- 能够进行还原与恢复图像编辑操作。
- 能够进行选择图层、合并图层等图层的基本操作。

素质目标

- 切实体会“打铁还需自身硬”的道理，培养潜心钻研业务、乐于精耕细作的职业素养。
- 培养一丝不苟、精益求精、求真务实的职业素养。

2.1 调整商品图像尺寸

调整商品图像尺寸主要包括调整图像大小和调整画布大小，该操作是通过“图像”菜单中的命令完成的。下面将学习如何使用“图像大小”命令调整图像大小，以及如何使用“画布大小”命令调整画布大小。

2.1.1 调整图像大小

图像的大小与图像的像素大小和分辨率有着密切的关系，使用“图像大小”命令可以调整图像的像素大小和分辨率，从而改变图像的大小。

单击“图像”|“图像大小”命令，或者直接按【Ctrl+Alt+I】组合键，在弹出的“图像大小”对话框中设置各项参数，然后单击“确定”按钮，如图2-1所示。

在“图像大小”对话框中，各选项的含义如下。

- **像素大小**：通过更改“像素大小”选项区中“宽度”和“高度”的数值可以设置图像的像素数量。
- **文档大小**：在该选项区中，可以设置图像的打印尺寸和打印分辨率。
- **自动**：单击该按钮，将弹出“自动分辨率”对话框，如图2-2所示。其中，“挂网”值表示输入与输出设备的网频，其只用于计算图像分辨率，不用于设置打印网屏。

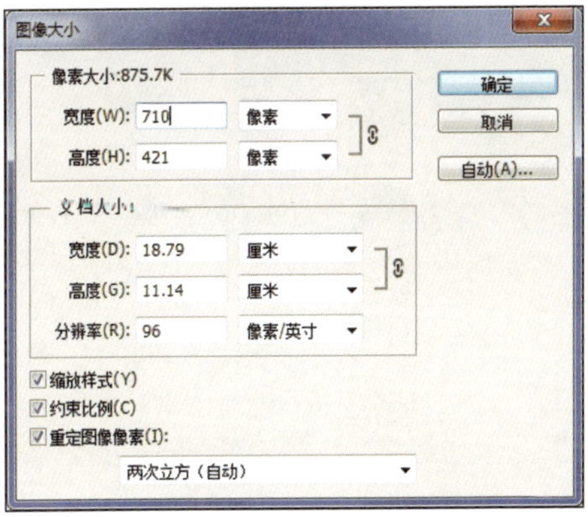

图2-1 “图像大小”对话框

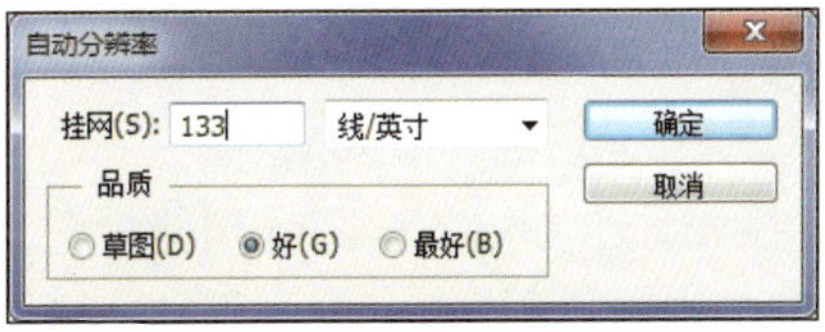

图2-2 “自动分辨率”对话框

- **缩放样式**：选中该复选框，在调整图像大小的同时，添加的图层样式也会相应地产生缩放。只有选中“约束比例”复选框，此选项才变得可用。
- **约束比例**：选中该复选框，将会限制宽高比，即在“宽度”和“高度”选项的后面出现一个图标，表示改变其中某一选项设置时，另一选项会按比例产生相应的变化。
- **重定图像像素**：如果希望在改变图像打印尺寸或分辨率时图像的像素大小产生变化，则应选中该复选框；取消选中该复选框，“像素大小”选项区中的值为固定值，不会再产生变化。

- **两次立方（自动）**：用于选择插值的方法，基于现有像素的颜色值为新像素值分配颜色值，从而重定图像像素。

2.1.2 调整画布大小

所谓画布，就是指绘制和编辑图像的工作区域。如果希望调整画布的大小，可以使用“画布大小”命令进行调整。

单击“图像”|“画布大小”命令，在弹出的“画布大小”对话框中设置各项参数，然后单击“确定”按钮，如图2-3所示。

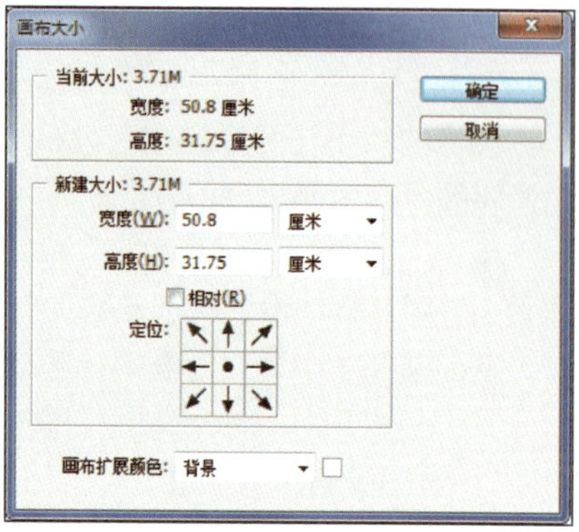

图2-3 “画布大小”对话框

在“画布大小”对话框中，各选项的含义如下。

- **当前大小**：用于显示当前画布的大小。
- **新建大小**：用于设置新画布的大小。
- **相对**：选中该复选框，在设置新画布的大小时，在当前的画布大小上进行增减操作。输入的数值为正，则增加画布大小；输入的数值为负，则减少画布大小。
- **定位**：在确定更改画布大小后，单击该选项区中的方形按钮，可以设置原图像在新画布中的位置。
- **画布扩展颜色**：用于选择画布扩展部分的填充颜色，也可以直接单击其右侧的颜色块，在弹出的“选择画布扩展颜色”对话框中设置填充颜色。

2.2 裁剪与变换商品图像

在进行商品图像处理时，往往需要裁剪图像，或者对商品图像进行一些变换与变形操作，这样才能满足美工设计中的各种需求。下面将学习在Photoshop CS6中裁剪商品图像和进行商品图像变换操作的方法。

2.2.1 裁剪商品图像

在Photoshop CS6中，使用裁剪工具裁剪图像是最常用、最方便的一种方法。选择工具箱中的裁剪工具，其工具属性栏如图2-4所示。

图2-4 裁剪工具属性栏

在裁剪工具属性栏中，各选项的含义如下。

- ：单击该按钮，通过在图像上画一条线来拉直该图像。
- ：裁剪菜单，内置了原始比例，以及1×1、3×2、4×3、4×5、5×7等常用的尺寸。
- ：输入所需的数值，可以创建固定比例的裁剪框。
- 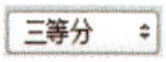：用于设置裁剪工具的视图选项。

➢ ：创建裁剪区域后，单击按钮可以设置其他裁剪选项，如图2-5所示。

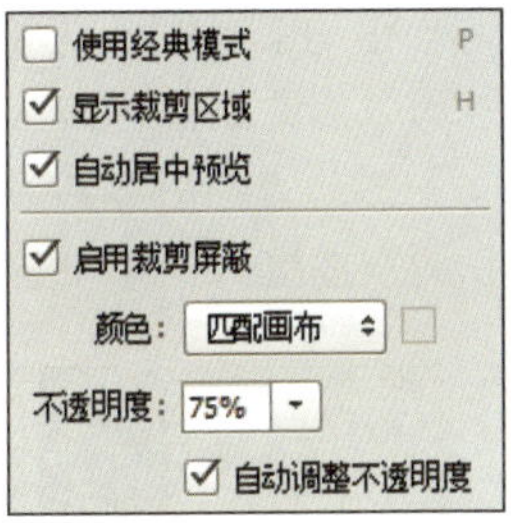

图2-5　裁剪选项

使用经典模式：选中此复选框，可以移动并旋转裁剪框，而非图像（没有裁剪预览）。

显示裁剪区域：选中此复选框，可以显示位于裁剪框外部的图像部分。

自动居中预览：选中此复选框，可以使裁剪框位于画布中央。

启用裁剪屏蔽：用于屏蔽裁剪区域。选中该复选框，“颜色”色块和“不透明度”数值框为可用状态，即可以设置裁剪区域阴影的颜色和不透明度；取消选中该复选框，“颜色”色块和“不透明度”数值框不可用，裁剪区域阴影的颜色和不透明度与原图像一致，不产生任何变化。

颜色：用于设置裁剪区域阴影的颜色。

不透明度：用于设置裁剪区域阴影颜色的不透明度。

➢ **删除裁剪的像素：**用于设置保留还是删除裁剪框外部的像素数据。

选择裁剪工具后，将鼠标指针移到图像中，按住鼠标左键并拖动，此时图像中将出现一个带有8个控制柄的裁剪框。在裁剪框内双击或者按【Enter】键确认，即可得到框内的图案，如图2-6所示。

图2-6　裁剪图像

创建裁剪框后，将鼠标指针移到裁剪框的控制点上，当鼠标指针变成、或形状时按住鼠标左键并拖动，即可调整裁剪框的范围大小，如图2-7所示。

图2-7　调整裁剪框的范围大小

移动鼠标指针到裁剪框内，当鼠标指针呈黑色箭头形状▶时按住鼠标左键并拖动，则可以移动裁剪框的位置，如图2-8所示。

移动鼠标指针到裁剪框外，将鼠标指针放在裁剪框的控制点上，当鼠标指针呈⤴形状时按住鼠标左键并拖动，即可旋转裁剪图像，如图2-9所示。

图2-8 移动裁剪框的位置

图2-9 旋转裁剪图像

↘ 2.2.2 变换商品图像

单击“编辑”|“变换”菜单下的命令（见图2-10），可以对图像进行各种变换操作。例如，对图像进行缩放、旋转、斜切、扭曲、透视、变形、水平翻转和垂直翻转等。这些操作在网店美工设计过程中经常用到，因此要熟练掌握其应用方法。

1. 图像的缩放

单击“编辑”|“变换”|“缩放”命令，调出变换控制框。将鼠标指针放在变换控制框的控制柄上，当鼠标指针呈↖形状时按住鼠标左键并拖动，即可对图像进行缩放操作，如图2-11所示。

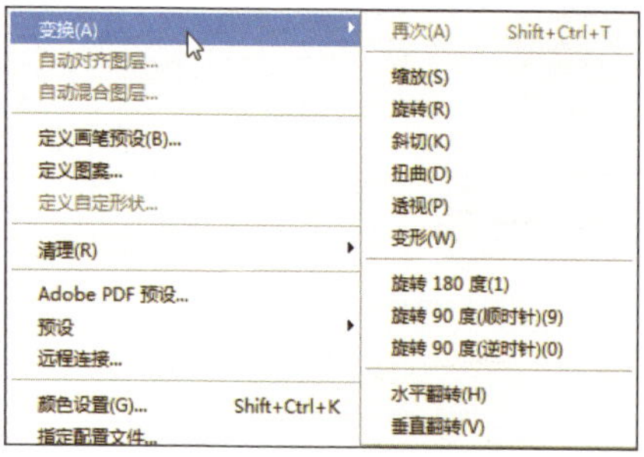

图2-10 “变换”命令

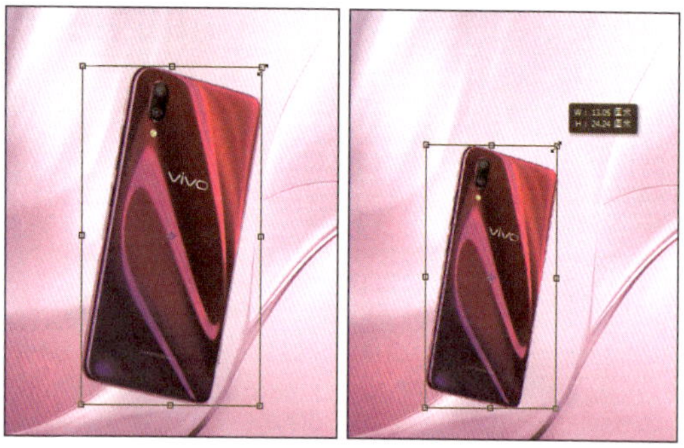

图2-11 缩放图像

如果按住【Shift】键的同时拖动控制柄，则可以等比例缩放图像；如果按【Shift+Alt】组合键的同时拖动控制柄，可以中心等比例缩放图像，缩放完毕后按【Enter】键确认，即可完成缩放操作。

2. 图像的旋转

单击“编辑”|“变换”|“旋转”命令，调出变换控制框。将鼠标指针放在变换控制框外，当鼠标指针呈形状时按住鼠标左键并拖动，即可对图像进行旋转操作，如图2-12所示。

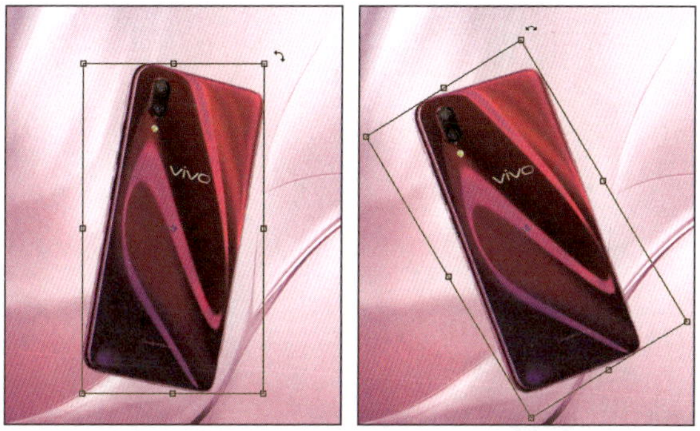

图2-12　旋转图像

3. 图像的斜切

单击“编辑”|“变换”|“斜切”命令，调出变换控制框。将鼠标指针放在变换控制框外，当鼠标指针呈形状时按住鼠标左键并拖动，即可对图像进行斜切操作，如图2-13所示。

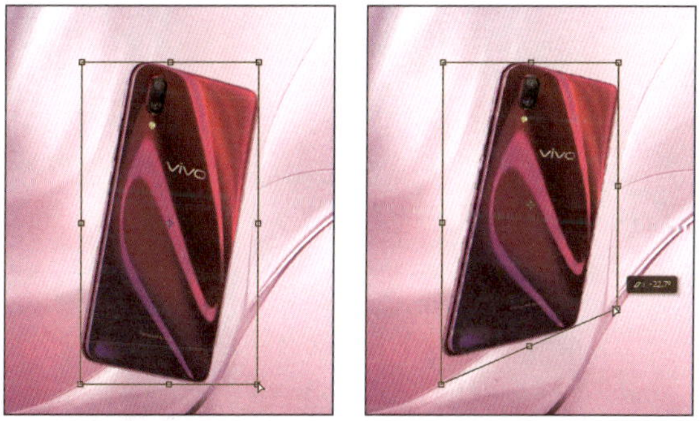

图2-13　斜切图像

4. 图像的扭曲

单击“编辑”|“变换”|“扭曲”命令，调出变换控制框。将鼠标指针放在变换控制框外，当鼠标指针呈形状时按住鼠标左键并拖动变换控制框的4个角点，即可对图像进行扭曲操作，如图2-14所示。

5. 图像的透视

单击“编辑”|“变换”|“透视”命令，调出变换控制框。将鼠标指针放在变换控制框的任意一角上，在进行拖动时拖动方向上的另一个角点会产生相反的移动，得到对称的梯形，从而得到图像的透视效果，如图2-15所示。

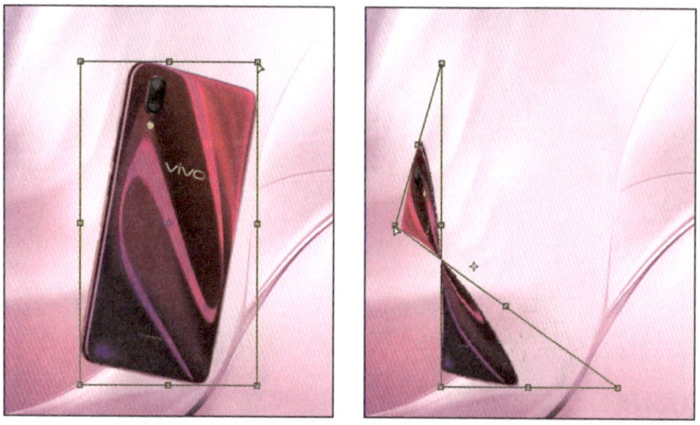

图2-14　扭曲图像

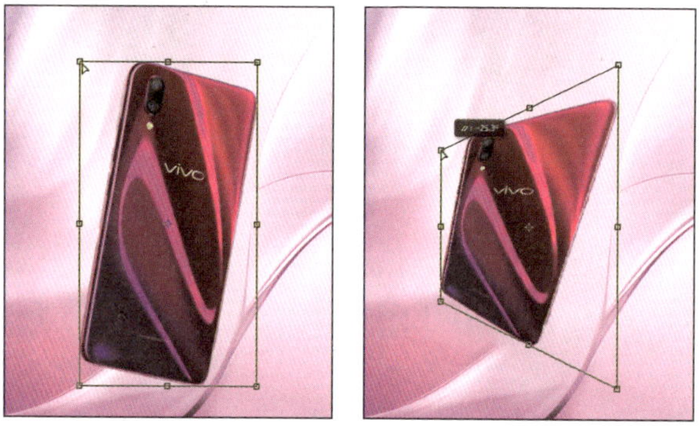

图2-15　图像的透视效果

6. 图像的变形

单击“编辑”|“变换”|“变形”命令，将出现一个3×3的变形框。拖动边框中的任何一个控制柄，都可以进行图像变形操作，如图2-16所示。

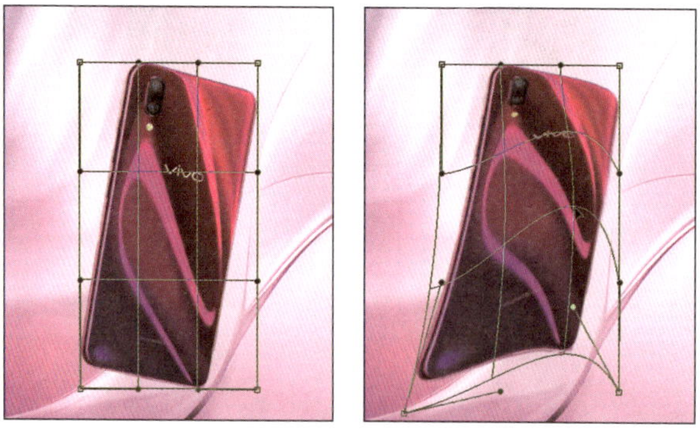

图2-16　图像变形

7. 水平翻转和垂直翻转

单击“编辑”|“变换”|“水平翻转”命令，可以将图像进行水平翻转；单击“编辑”|“变换”|“垂直翻转”命令，可以将图像进行垂直翻转，如图2-17所示。

（a）翻转前　（b）水平翻转　（c）垂直翻转

图2-17　图像翻转

除此之外，还可以使用“自由变换”命令变换图像效果。单击“编辑”|“自由变换”命令或直接按【Ctrl+T】组合键，调出变换控制框。拖动该控制框的控制柄，可以进行图像的缩放、旋转和移动等操作；或者在调出变换控制框后用鼠标右键单击，利用弹出的快捷菜单也可以进行缩放、旋转、斜切、扭曲、透视和变形等操作。

2.3 还原与恢复图像编辑操作

在编辑图像的过程中，难免会出现一些错误或不理想的操作，此时就需要进行编辑操作的撤销或状态的还原。下面将学习如何还原与恢复图像编辑操作。

2.3.1 使用菜单命令还原图像操作

单击“编辑”|“还原”命令，可以撤销最近一次对图像所做的操作。撤销之后，单击“编辑”|“重做”命令，可以重做刚刚还原的操作。需要注意的是，由于操作的不同，菜单栏中“还原”和“重做”命令的显示略有不同，如图2-18所示。

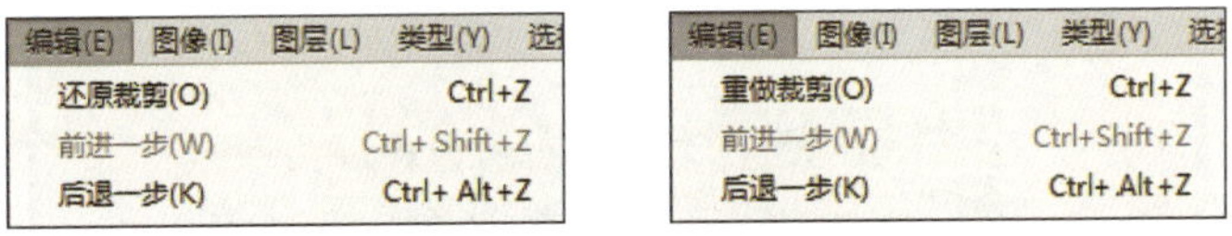

图2-18　“还原”和“重做”命令

按【Ctrl+Z】组合键，可以在“还原”和“重做”之间进行切换。如果要还原和重做多步操作，可以使用菜单中的“前进一步”和“后退一步”命令，也可以使用【Ctrl+Shift+Z】和【Ctrl+Alt+Z】组合键进行操作。

2.3.2 使用“历史记录”面板恢复图像操作

“历史记录”面板主要用于记录操作步骤，一个图像从打开后开始，对图像进行的任何操作都会记录在“历史记录”面板中。使用“历史记录”面板可以帮助用户恢复到之前所操作的任意一个步骤。

单击“窗口”|“历史记录”命令，即可打开“历史记录”面板，如图2-19所示。

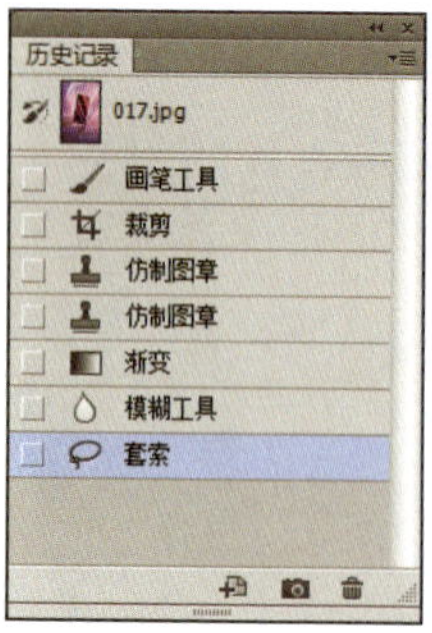

图2-19 “历史记录”面板

在“历史记录”面板中，各选项的含义如下。

- **设置历史记录画笔的源**：单击该按钮，当其变为形状时，表示其右侧的状态或快照将成为使用历史记录工具或命令的源。
- **快照**：快照的作用是无论以后进行多少步操作，只要单击创建的快照，即可将图像恢复到快照状态。
- **历史记录状态**：其中记录了从打开图像开始用户对图像所做的每一步操作。
- **“从当前状态创建新文档”按钮**：单击该按钮，将从当前选择操作步骤的图像状态复制一个新文档，创建文档的名称以当前的步骤名称来命名。
- **“创建新快照”按钮**：单击该按钮，可以为当前选择步骤创建一个快照。
- **“删除当前状态”按钮**：单击该按钮，可以将当前选中的操作及其之后的所有操作都删除。

除此之外，还可以单击“编辑”|“首选项”命令或直接按【Ctrl+K】组合键，在弹出的“首选项”对话框的“性能”选项中更改存储历史记录状态的步数，如图2-20所示。

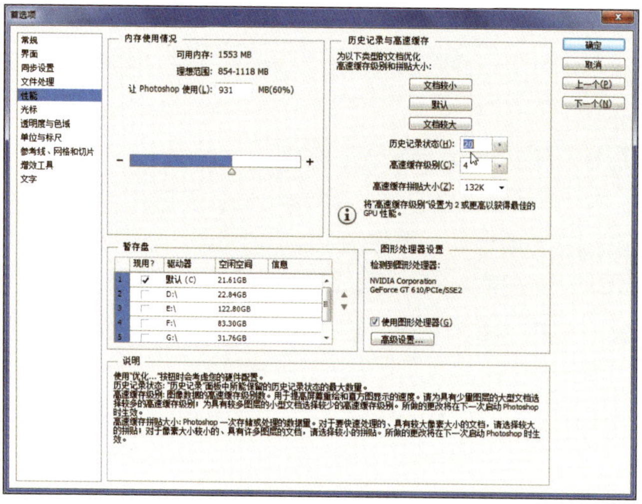

图2-20 “首选项”对话框

2.4 图层的基本操作

图层的基本操作主要包括选择图层、重命名图层、转换“背景”图层与普通图层、复制图层、栅格化图层内容、对齐和分布图层内容、合并图层和使用图层组管理图层等，下面将分别对其进行学习。

↘ 2.4.1　选择图层

要想编辑某个图层中的图像，必须先选中该图像所在的图层。当前处于选中状态的图层称为当前图层。在“图层”面板中单击某个图层即可将其选中，选中的图层将以蓝底显示。

1. 选择多个图层

如果要选择多个连续的图层，则先单击第一个图层，然后按住【Shift】键的同时单击最后一个图层，即可选中两个图层之间的所有图层，如图2-21所示。

如果要选择多个不连续的图层，可以按住【Ctrl】键的同时单击所要选择的图层，如图2-22所示。

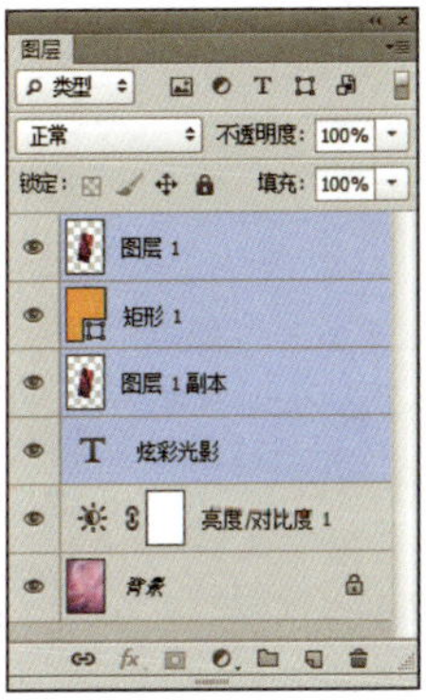

图2-21　选择多个连续的图层

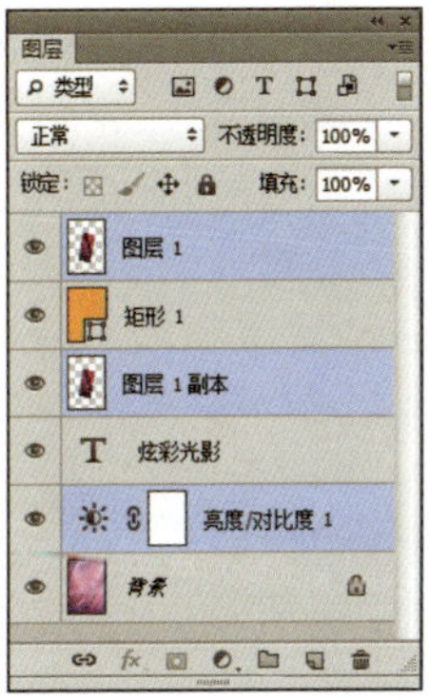

图2-22　选择多个不连续的图层

2. 取消选择图层

单击“图层”面板中“背景”图层下方的灰色空白处（见图2-23），即可取消选择图层。单击“选择”|“取消选择图层”命令，也可以取消选择图层。取消选择图层的效果如图2-24所示。

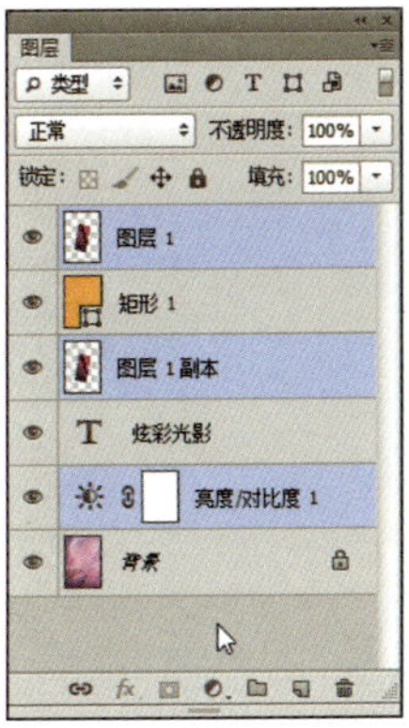

图2-23　单击灰色空白处

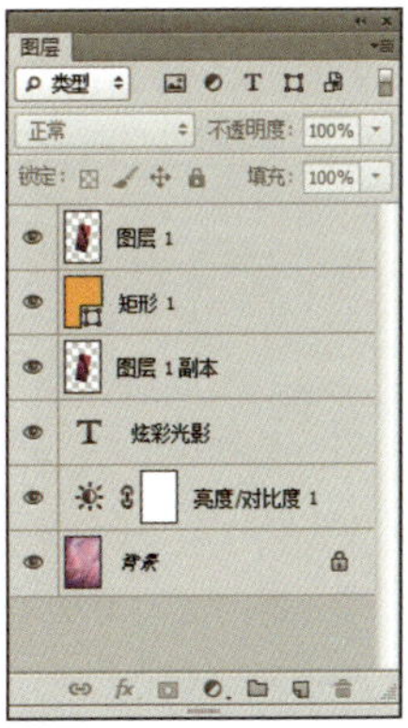

图2-24　取消选择图层

↘ 2.4.2　重命名图层

在Photoshop中，新创建的图层默认以“图层1”“图层2”“图层3”……的顺序进行命名，但这样不便于用户区分图层中的内容。因此，可以将图层名称更改为更有标识意义的名称。

在“图层”面板中双击图层名称，这时图层名称处于可修改状态，如图2-25所示。直接输入新的图层名称并按【Enter】键确认，即可重命名图层，如图2-26所示。

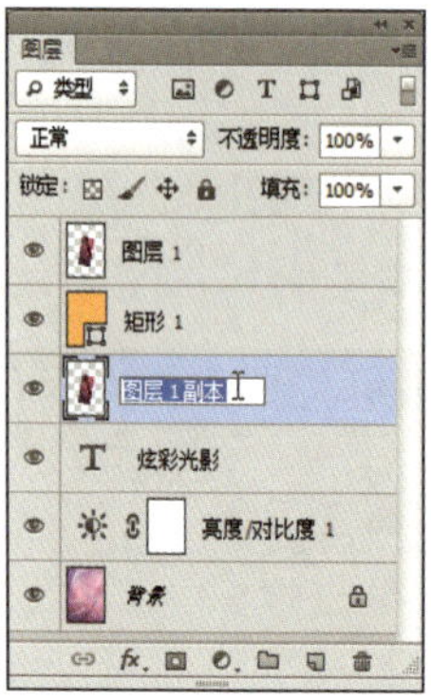

图2-25 双击图层名称

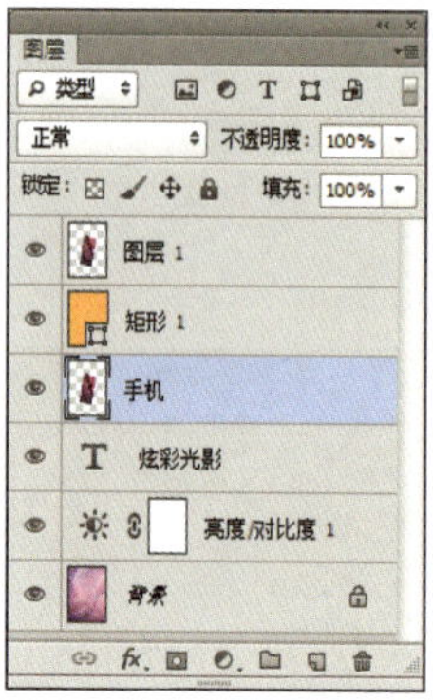

图2-26 重命名图层

2.4.3 转换“背景”图层与普通图层

在Photoshop中新建图像文件时，如果选择背景为白色或背景色，则在“图层”面板中会出现一个“背景”图层。“背景”图层相当于作画时用的纸，它在“图层”面板中只能位于图层的最下方。“背景”图层后面有个🔒图标，表示该图层已被锁定，即图层混合模式、不透明度、填充及可见性均不可更改。

普通图层是最常用的图层，为透明状态，在普通图层中可以进行各种图像编辑操作，并且可以修改图层混合模式、不透明度、填充及可见性等。

1. 将“背景”图层转换为普通图层

要想对“背景”图层进行编辑操作，必须先将其转换为普通图层。双击“背景”图层，在弹出的“新建图层”对话框中设置图层的名称、颜色、模式和不透明度等，然后单击“确定”按钮，如图2-27所示。此时，即可将“背景”图层转换为普通图层，如图2-28所示。

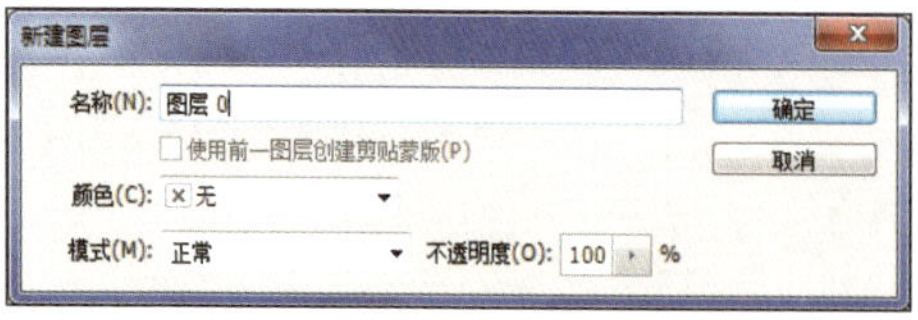

图2-27 “新建图层”对话框

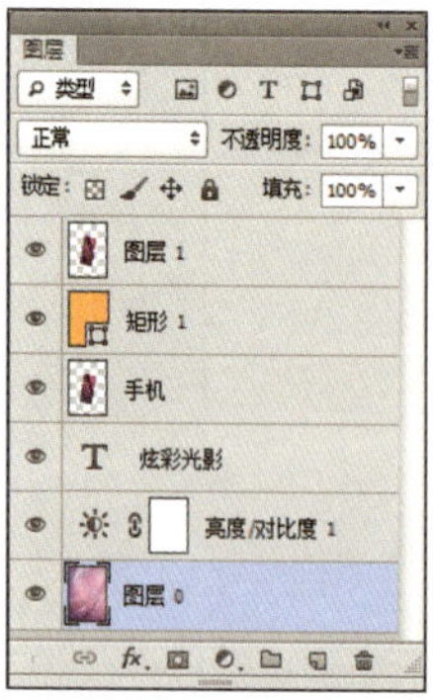

图2-28 将“背景”图层转换为普通图层

2. 将普通图层转换为“背景”图层

在“图层”面板中也可以将某个图层转换为“背景”图层。选中需要转换的普通图层，然后单击“图层”|“新建”|“图层背景”命令（见图2-29），此时即可将普通图层转换为“背景”图层，如图2-30所示。

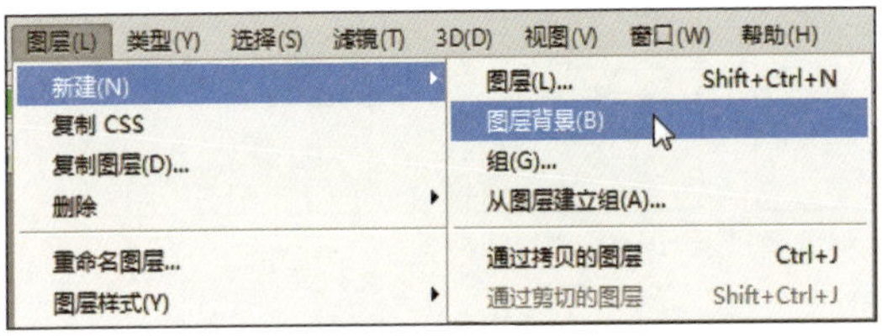

图2-29　单击“图层背景”命令

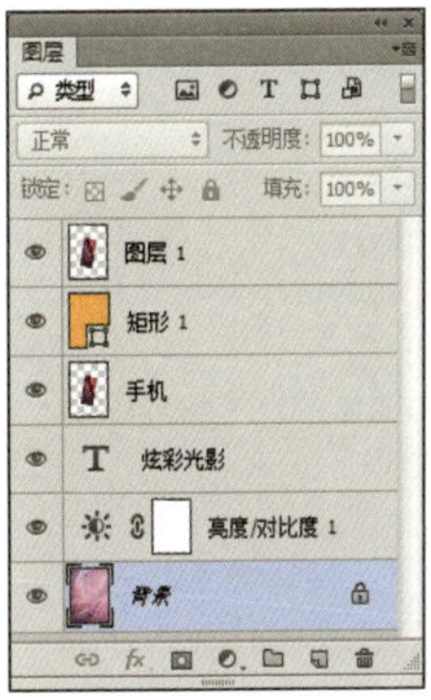

图2-30　将普通图层转换为“背景”图层

2.4.4　复制图层

在“图层”面板中，可以根据需要复制图层。将需要复制的图层拖至“创建新图层”按钮上（见图2-31），松开鼠标左键后即可复制该图层，如图2-32所示。

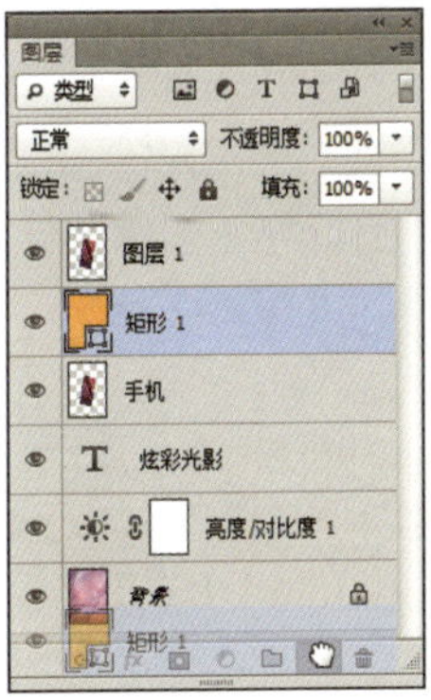

图2-31　将需要复制的图层拖至“创建新图层”按钮上

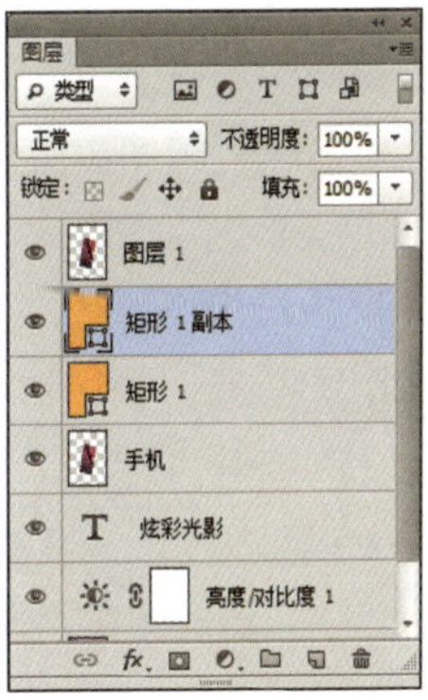

图2-32　复制图层

2.4.5　栅格化图层内容

对于文字图层、形状图层、矢量蒙版或智能对象等包含矢量数据的图层，如果要对其进行编辑操作，首先要将图层内容栅格化。

栅格化就是将矢量图层转换为位图图层的过程。选中要栅格化的图层内容，单击“图层”|“栅格化”命令，在弹出的子菜单中即可选择栅格化的内容，如图2-33所示。

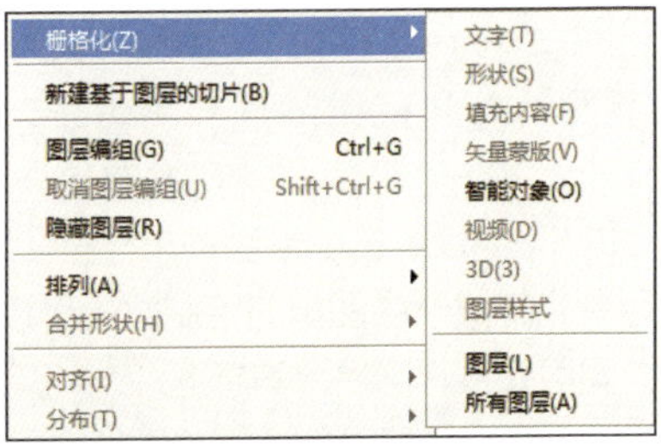

图2-33　“栅格化”子菜单

↘ 2.4.6 对齐和分布图层内容

在网店美工设计中，经常需要将多个图层中的内容进行对齐和分布操作，在此之前要先选中图层或者对图层进行链接。通过单击“图层”|“对齐”和“图层”|“分布”菜单中的子命令，即可进行图层内容的对齐和分布操作，如图2-34所示。

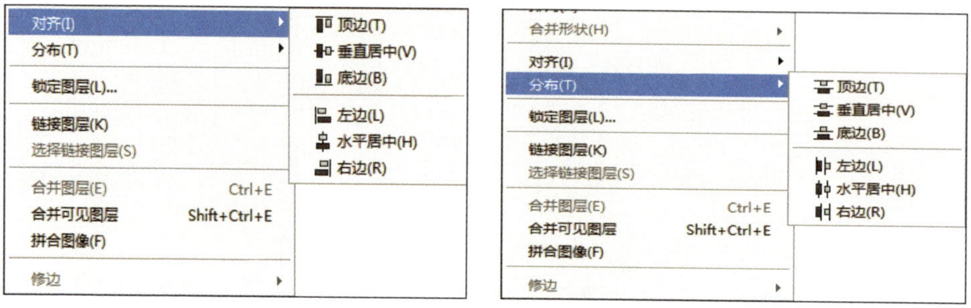

图2-34 “对齐”和“分布”命令

通过在移动工具选项栏中进行设置也可以完成对图层内容的对齐和分布操作，如图2-35所示。需要注意的是，只有选中2个或2个以上的图层，“对齐”命令才起作用；选中3个或3个以上的图层，“分布”命令才起作用。

图2-35 移动工具选项栏

↘ 2.4.7 合并图层

在Photoshop中，用户可以根据需要创建多个图层，但创建的图层越多，图像文件占用的存储空间就越大。因此，为了节省存储空间，可以对不再需要修改的图层进行合并操作，以减少图层的数量。

1. 合并图层

合并图层，包括合并图层、合并可见图层和拼合图像3种操作，可以使用“图层”菜单中对应的命令来完成，如图2-36所示。其中，各命令的功能如下。

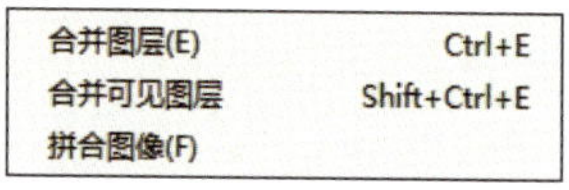

图2-36 “图层”菜单命令

- **合并图层：** 单击该命令，可以将当前选中的图层与“图层”面板中的下一个图层进行合并，合并时下一个图层必须处于可见状态，否则该命令无法使用。选择多个图层后，单击该命令可以将选择的多个图层合并。按【Ctrl+E】组合键，可以快速执行此操作。
- **合并可见图层：** 将当前可见的图层合并，留下隐藏的图层。
- **拼合图像：** 将所有图层合并，这样可以减小图像文件大小，保证图像文件在其他计算机上能够正常打开。

当完成一幅图像的绘制时，可以进行拼合图像操作。如果在合并图层时图像中有隐藏的图层，将弹出提示信息框，询问是否要扔掉隐藏的图层，如图2-37所示。单击“确定”按钮，将扔掉隐藏的图层并进行合并操作；单击“取消”按钮，将取消合并图层操作。

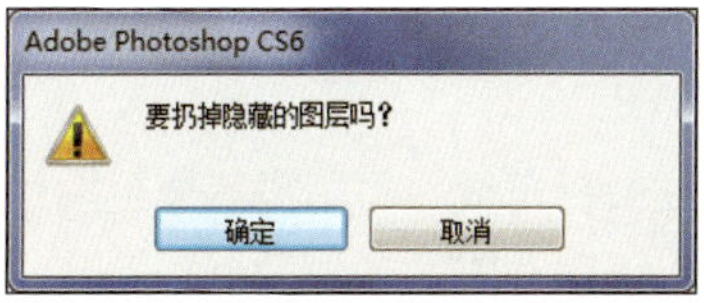

图2-37　提示信息框

2. 盖印图层

盖印图层就是将多个图层的内容合并到一个新的图层，同时保持其他图层不变。选择需要盖印的图层，然后按【Ctrl+Alt+E】组合键，即可得到包含当前所有选择图层内容的新图层，如图2-38所示。按【Ctrl+Alt+Shift+E】组合键，可以自动盖印所有可见图层。

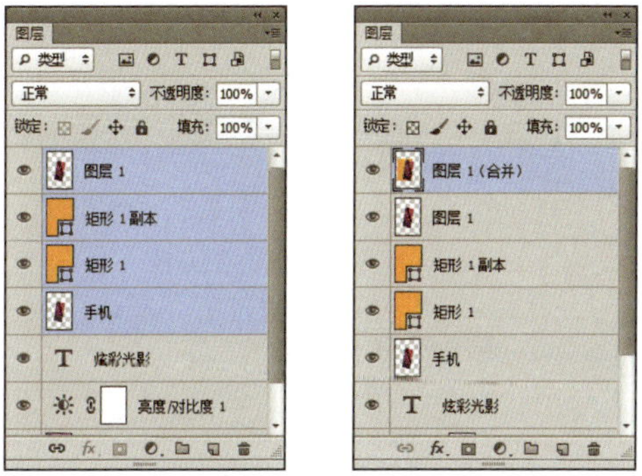

图2-38　盖印图层

2.4.8　使用图层组管理图层

在处理图像的过程中，有时用到的图层数目会很多，这会导致“图层”面板很长，在查找图层时不太方便。为了解决这个问题，Photoshop CS6提供了图层组功能，以便用户对图层进行管理。

1. 创建图层组

在“图层”面板中单击“创建新组”按钮，或者单击“图层”|“新建”|“组”命令，即可在当前图层的上方创建一个图层组，如图2-39所示。

双击创建的图层组名称，可以对该图层组进行重命名操作，如图2-40所示。

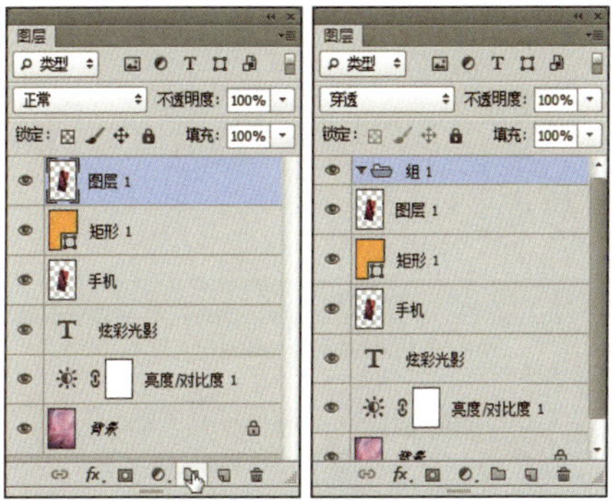

图2-39　创建图层组

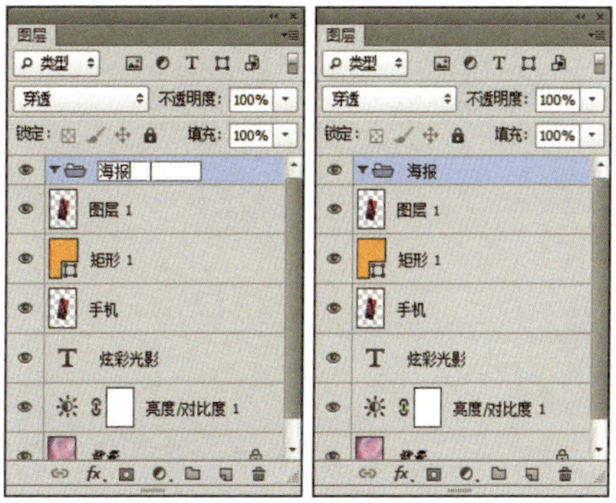

图2-40　重命名图层组

此时创建的图层组是一个空组，其中不包含任何图层。如果想将图层移到图层组中，具体操作方法如下。

在需要移动的图层上按住鼠标左键，然后将其拖至图层组名称或▭图标上，松开鼠标左键即可将该图层移到图层组中。为了表示图层和图层组的从属关系，图层组中的图层会向右缩进一段距离进行显示，如图2-41所示。

在“图层”面板中选择多个图层，然后单击“图层”|“新建”|“从图层新建组”命令或者直接按【Ctrl+G】组合键，可以将选择的多个图层快速放到一个新建图层组中，如图2-42所示。

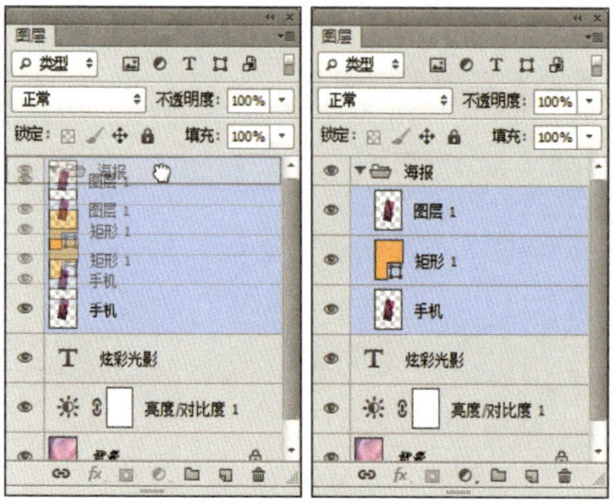

图2-41　移动图层到图层组

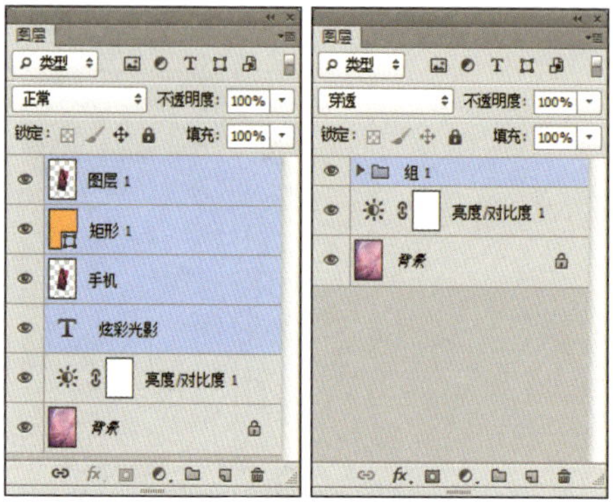

图2-42　从图层新建图层组

2. 使用图层组

用鼠标右键单击图层组，在弹出的快捷菜单中选择“合并组”命令，可以将该图层组中的所有图层合并为一个图层，如图2-43所示。

拖动图层组到“图层”面板底部的“创建新图层”按钮▭上，即可复制图层组。选中图层组后单击🗑按钮，将弹出提示信息框，如图2-44所示。单击“组和内容”按钮，将删除图层组和图层组中的所有图层；单击“仅组”按钮，则只删除图层组，而保留图层组中的图层。

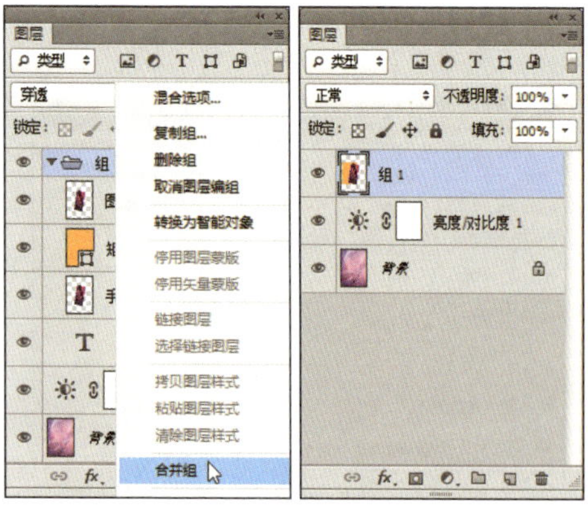

图2-43　选择“合并组”命令

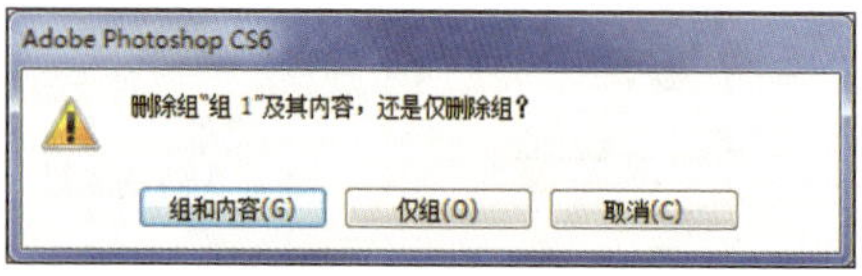

图2-44　提示信息框

第3章
选区的创建与编辑

本章导读

选区是Photoshop中非常重要的概念，将图像中想要修改的部分创建为选区，这样在对图像进行编辑操作时仅选区内的图像会产生变化，而选区外的图像不会受到影响。因此，熟练运用选区是网店美工设计必须熟练掌握的基本技能之一。

知识目标

- 掌握选框工具、磁性套索工具和魔棒工具的使用方法。
- 掌握快速选择工具和调整边缘工具的使用方法。
- 掌握移动选区的方法。
- 掌握全选和反选选区的方法。
- 掌握羽化选区的方法。

技能目标

- 能够应用选区工具创建选区。
- 能够根据需要编辑与修改选区。

素质目标

- 在工作中弘扬工匠精神，增强主人翁意识。
- 践行“爱国、敬业、诚信、友善”等社会主义核心价值观。

3.1 选区工具的应用

在Photoshop CS6工具箱中提供了3个创建选区的工具组，不同的工具组中又包含多个创建选区的工具。这些工具分别具有不同的特点，适合创建不同类型的选区。

↘ 3.1.1 应用选框工具

矩形选框工具用于创建矩形选区。选择工具箱中的矩形选框工具，其工具属性栏如图3-1所示。

图3-1 矩形选框工具属性栏

其中，各选项的含义如下。

- ：用于显示当前使用的创建选区的工具。
- ：在编辑图像的过程中，有时需要同时选择多块不相邻的选区，或者对当前已经存在的选区进行添加或者减去操作，此时可以使用这组按钮来实现。

  “新选区”按钮：单击该按钮后，可以在图像上创建一个新的选区。如果图像中已经存在选区，则新创建的选区将会替换原有的选区，如图3-2所示。

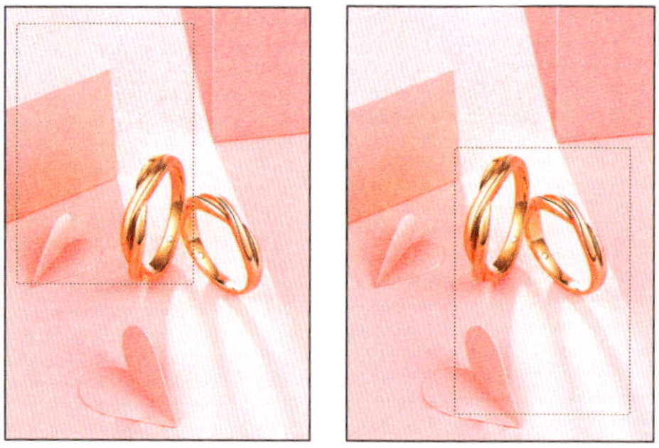

图3-2 创建新选区

  “添加到选区”按钮：单击该按钮，绘制的选区将与原来的选区合并作为新选区，如图3-3所示。

图3-3 添加到选区

“从选区减去”按钮：单击该按钮，将从原来的选区减去绘制的选区作为新选区，如图3-4所示。

“与选区交叉”按钮：单击该按钮，新绘制的选区与原选区相交的部分作为新选区，如图3-5所示。

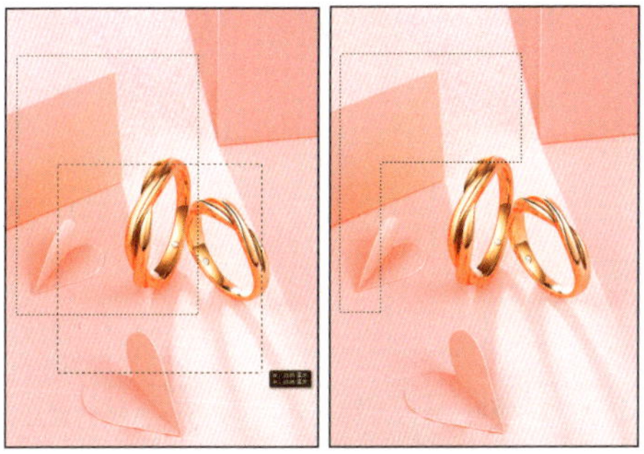

图3-4　从选区减去

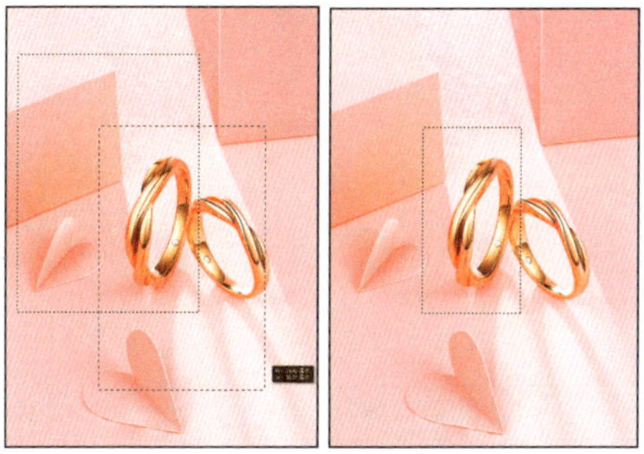

图3-5　与选区交叉

➢ 羽化：设置羽化值，可以使创建出来的选区边缘变得柔和。羽化值越高，边缘就越柔和。

➢ 样式：正常：用于选择选区的创建方法，包括以下3个选项。

正常：选择该选项，可以通过鼠标创建需要的选区，选区的大小和形状不受限制。

固定比例：选择该选项，可以在右侧的“宽度”和“高度”数值框中输入数值，创建固定宽高比例的选区。

固定大小：选择该选项，可以在右侧的“宽度”和“高度”数值框中输入数值，创建固定大小的选区。

➢ ：单击该按钮，可以将设定的宽度和高度值互换。

在使用矩形选框工具时，直接按住鼠标左键并拖动，即可创建矩形选区；若拖动鼠标指针时按住【Shift】键，可以创建正方形选区；若按住【Alt】键的同时拖动鼠标指针，可以让选区以鼠标指针按下点为中心创建选区；若按住【Shift+Alt】组合键，则以起始点为中心向外拖出正方形选区。当需要取消选区时，可以直接按【Ctrl+D】组合键，或者单击“选区”|“取消选择”命令。

椭圆选框工具的应用与矩形选框工具的应用基本相同，在此不再赘述。

3.1.2　应用磁性套索工具

磁性套索工具是一种智能化、可以识别图像边界的选区工具，适用于选择背景复杂但边缘清晰的图像。

在工具箱中选择磁性套索工具后，将鼠标指针移到图像中，在图像窗口中单击创建选区的起始点，然后沿着需要的轨迹拖动鼠标指针，系统会自动创建锚点来定位选区的边界。

如果系统创建的锚点不符合用户的需求，用户可以在拖动的过程中单击自己定义的锚点位置，最后将鼠标指针拖至起始点，当鼠标指针变成形状时单击，即可创建选区，如图3-6所示。

图3-6　使用磁性套索工具创建选区

选择磁性套索工具后，其工具属性栏如图3-7所示。

图3-7　磁性套索工具属性栏

其中，相对于其他选区工具，该工具的属性栏中有几个不同的参数，其含义如下。

- **宽度：**用于设置磁性套索工具在选取时鼠标指针两侧的检测宽度，取值范围在0～256像素之间。数值越小，检测的范围就越小，选取时也就越精确。
- **对比度：**用于控制磁性套索工具在选取时的敏感度，范围在1%～100%。数值越大，磁性套索工具对颜色反差的敏感程度就越低。
- **频率：**用于设置自动插入的节点数，取值范围在0～100。数值越大，生成的节点数就越多。

3.1.3　应用魔棒工具

魔棒工具是根据图像的饱和度、色度和亮度等信息来选择选区的范围，通过调整容差值来控制选区的精确度。选择魔棒工具，在图像中单击，则与单击处颜色相近的区域都会被选中，如图3-8所示。

图3-8　使用魔棒工具创建选区

选择工具箱中的魔棒工具，其工具属性栏如图3-9所示。

图3-9　魔棒工具属性栏

其中，部分选项的含义如下。

- **容差：** 指容许差别的程度。在选择相近的颜色区域时，容差值默认为32。容差值越大，则选择的范围就越大，反之就越小。容差值的大小决定了选择范围的大小，如图3-10所示。

（a）容差值为 10　　（b）容差值为 32

图3-10　设置不同容差值的对比效果

- **连续：** 该复选框决定着是否将不相连但颜色相同或相近的像素一起选中。选中该复选框时，使用魔棒工具单击图像中的某一区域，只能选择与单击处像素颜色相同或相近且相连接的区域。当该复选框未被选中时，则与单击处像素颜色相同或相近的所有像素都会被选中，而不管是不是与单击处相连。
- **对所有图层取样：** 选中该复选框，可以在所有可见图层上选择相近的颜色区域；如果取消选中该复选框，则只能在当前可见图层上选择相近的颜色区域。

3.1.4　应用快速选择工具

快速选择工具是魔棒工具的升级，同时又结合了画笔工具的特点，其默认选择鼠标指针周围与鼠标指针范围内的颜色类似且连续的图像区域，所以鼠标指针的大小决定着选取范围的大小。

选择工具箱中的快速选择工具，在工具属性栏中调整工具笔尖大小，然后在图像中按住鼠标左键并拖动，松开鼠标左键后即可创建选区，如图3-11所示。

图3-11　使用快速选择工具创建选区

选择工具箱中的快速选择工具，其工具属性栏如图3-12所示。

图3-12　快速选择工具属性栏

其中，部分选项的含义如下。

- ：在快速选择工具属性栏中单击按钮，在图像中单击，即可创建选区；单击按钮，在图像中单击，可以在已有选区的基础上增加选区的范围；单击按钮，在图像中单击，可以在已有选区的基础上减小选区的范围。
- ：单击右侧的下拉按钮，在弹出的下拉列表中可以设置画笔参数。快速选择工具是基于画笔的选区工具，在创建较大的选区时，可以将画笔直径设置得大一些；而创建比较精确的选区时，则可以将画笔直径设置得小一些。
- 自动增强：选中该复选框，将减小选区边缘的粗糙度和块效应。

3.1.5　应用调整边缘工具

利用Photoshop CS6的调整边缘工具可以对选区进行细化，从而更精确地选择对象。在图像中创建选区后，工具属性栏中的“调整边缘”按钮被激活，单击该按钮即可打开“调整边缘”对话框，如图3-13所示。

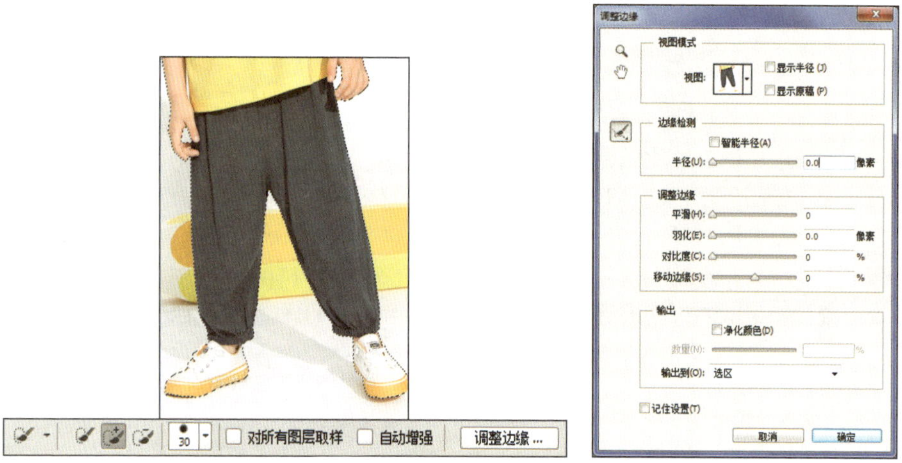

图3-13　快速选择工具属性栏和“调整边缘”对话框

在“调整边缘”对话框中，各选项的含义如下。

- **视图**：用于预览选区效果。单击该下拉按钮，在弹出的下拉列表中有7种用于设置选区的预览模式——闪烁虚线、叠加、黑底、白底、黑白、背景图层和显示图层，视图预览模式效果如图3-14所示。
- **显示半径**：选中该复选框，可以显示半径。
- **缩放工具**：使用该工具可以在图像窗口中缩放图像。
- **抓手工具**：使用该工具可以在图像窗口中移动图像。

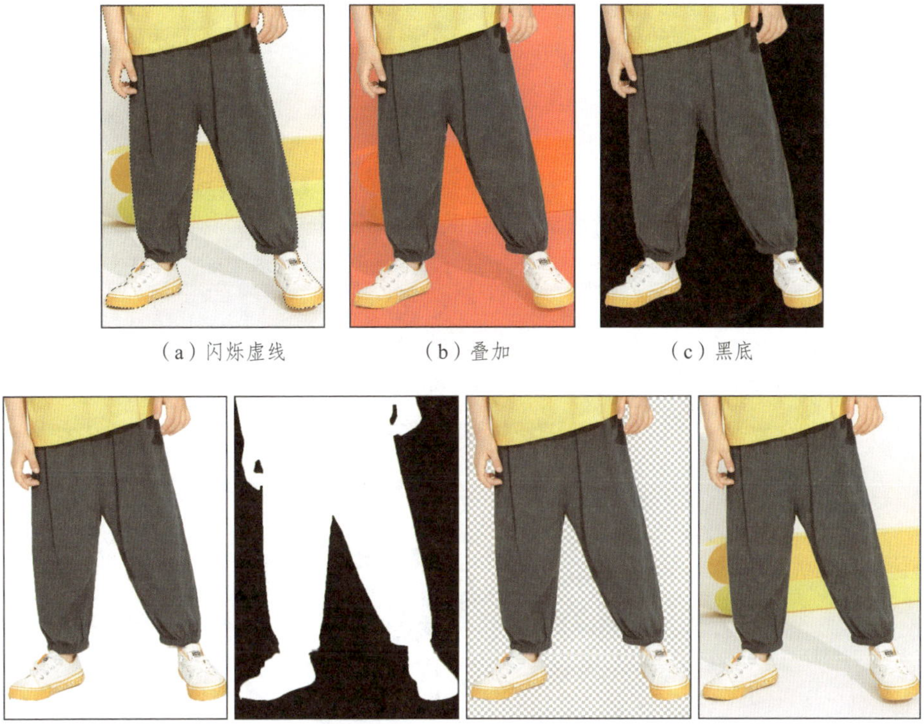

（a）闪烁虚线　（b）叠加　（c）黑底

（d）白底　（e）黑白　（f）背景图层　（g）显示图层

图3-14　视图预览模式

- **调整半径工具**：单击该工具按钮，在弹出的下拉列表中包含两个工具。使用调整半径工具在图像上进行涂抹，可以添加涂抹区域为选区。使用抹除调整工具在选区中的图像上涂抹，可以将选区转换为非选区。
- **智能半径**：选中该复选框，调整半径参数可以更加智能化。
- **半径**：用于设置选区的半径大小，即选区半径的范围，在边界的半径范围内将得到羽化效果。
- **平滑**：用于设置选区边缘的光滑程度，该数值越大，得到的选区边缘就越光滑。
- **羽化**：用于设置羽化参数的大小。
- **对比度**：用于设置选区边缘的对比度，对比度数值越大，得到的选区边界就越清晰；对比度数值越小，得到的选区边界就越柔和。
- **移动边缘**：向左拖动滑块，或者设置-100%～0%的值，可以减少百分比值，收缩选区边缘；向右拖动滑块，或者设置0%～100%的值，可以增大百分比值，扩展选区边缘。
- **净化颜色**：选中该复选框，可以调整“数量”参数。
- **输出到**：在该下拉列表框中可以选择输出选项。
- **记住设置**：选中该复选框，可以在下次打开“调整边缘”对话框时保持现有的设置。

3.2 课堂案例——制作家用咖啡机直通车主图

【案例学习目标】学习使用不同的选区工具选取不同的商品图像，并应用移动工具移动图像。在设计过程中，用户还要注重培养自己的审美能力，提升主图设计的品质。

【案例知识要点】使用矩形选框工具绘制选区，使用魔棒工具选取图像，使用移动工具移动选区内的图像，使用磁性套索工具绘制选区，效果如图 3-15 所示。

图3-15　家用咖啡机直通车主图

视频

家用咖啡机直通车主图的制作过程

【效果所在位置】效果文件 / 第 3 章 / 制作家用咖啡机直通车主图 .psd。

步骤01 单击“文件”|“打开”命令，打开“素材文件/第3章/制作家用咖啡机直通车主图/01.psd”。在“图层”面板中选择“图层1”，选择矩形选框工具，在图像窗口下方绘制一个矩形选区，如图3-16所示。设置前景色为RGB（201，48，1），按【Alt+Delete】组合键填充选区，然后按【Ctrl+D】组合键取消选区，如图3-17所示。

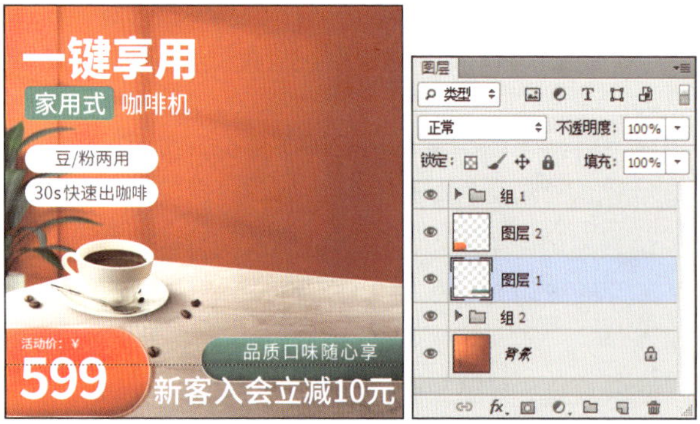

图3-16　绘制矩形选区

图3-17　填充选区并取消选区

步骤02 单击“文件”|“打开”命令，打开“素材文件/第3章/制作家用咖啡机直通车

主图/02.jpg”，如图3-18所示。选择魔棒工具，在工具属性栏中设置“容差”为30，如图3-19所示。在图像窗口背景区域单击，此时图像周围生成选区，如图3-20所示。

图3-18　打开素材文件

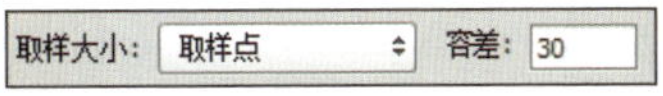

图3-19　设置“容差”值

图3-20　生成选区

步骤03 按【Ctrl+Shift+I】组合键，将选区反选。选择移动工具，将选区中的图像拖至01文件窗口中合适的位置，如图3-21所示。按【Ctrl+T】组合键，图像周围出现变换框，按住【Shift】键的同时向内拖动变换框右上角的控制手柄，等比例缩小图像，并按【Enter】键确认变换操作，如图3-22所示。

图3-21　移动选区中的图像

图3-22　变换图像

步骤04 按【Ctrl+O】组合键，打开“素材文件/第3章/制作家用咖啡机直通车主图/03.jpg”，如图3-23所示。选择磁性套索工具，在图像窗口中沿着需要的轨迹拖动鼠标指针绘制选区，此时图像周围生成选区，如图3-24所示。

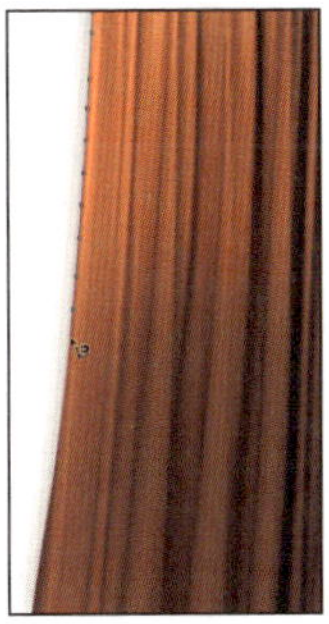

图3-23　打开素材文件

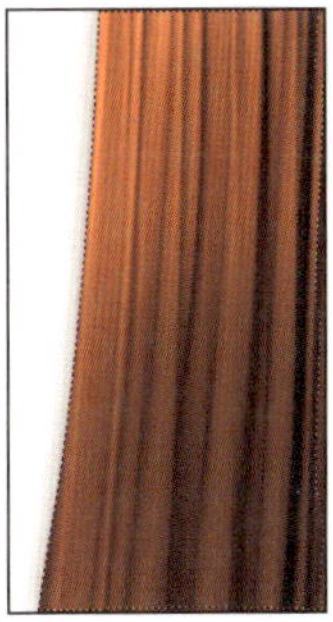

图3-24　使用磁性套索工具绘制选区

步骤 05 选择移动工具，将选区中的图像拖至01文件窗口中的合适位置，在“图层”面板中将其移到“背景”图层的上方，如图3–25所示。按【Ctrl+T】组合键，图像周围出现变换框，按住【Shift】键的同时向内拖动变换框左下角的控制手柄，等比例缩小图像，然后按【Enter】键确认变换操作，如图3–26所示。至此，家用咖啡机直通车主图制作完成。

图3–25　移动选区中的图像

图3–26　变换图像

3.3 课堂案例——制作宠物用品促销海报

【案例学习目标】学习抠取毛发等图像的方法与技巧，并应用移动工具移动图像。精确抠取图像需要用户具有工匠精神，培养细致、耐心的工作态度。

【案例知识要点】使用快速选择工具选取图像，利用调整边缘工具精确抠取图像，使用移动工具拖动抠出的图像，效果如图 3–27 所示。

图3–27　宠物用品促销海报

视频

宠物用品促销海报的制作过程

【效果所在位置】效果文件 / 第 3 章 / 制作宠物用品促销海报 .psd。

步骤 01 单击“文件”|“打开”命令，打开“素材文件/第3章/制作宠物用品促销海报/01.jpg”，如图3–28所示。按【Ctrl+O】组合键，打开“素材文件/第3章/制作宠物用品促销海报/02.jpg”，如图3–29所示。

图3-28　打开素材文件1

图3-29　打开素材文件2

步骤02 选择快速选择工具，在狗狗身上拖动鼠标指针创建选区，放大图像可以看到此时狗狗的毛发部分选取得不够准确，如图3-30所示。单击工具属性栏中的“调整边缘”按钮，在弹出的“调整边缘”对话框中单击“视图”下拉按钮，选择“黑底”选项，如图3-31所示。此时，可以看到狗狗的身体部分已经基本能够满足需求，但毛发部分显得十分生硬，查看图像效果如图3-32所示。

图3-30　创建选区

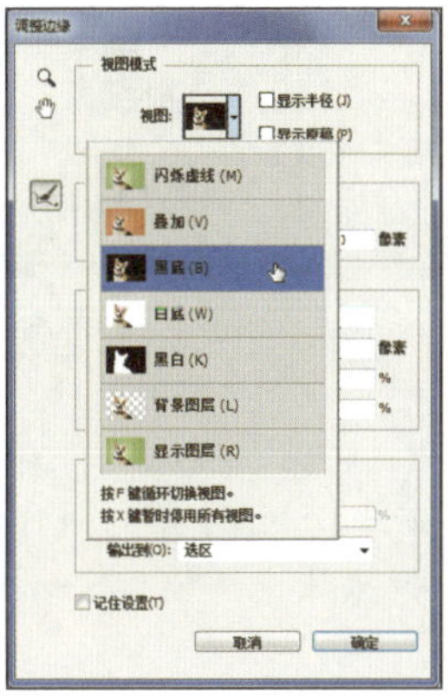

图3-31　“调整边缘”对话框

图3-32　查看图像效果

步骤03 在“调整边缘”对话框中选中“智能半径”复选框，将“半径”设置为13.0像素，如图3-33所示。此时，在图像窗口中可以看到狗狗的毛发已经显得非常自然，查看图像效果如图3-34所示。

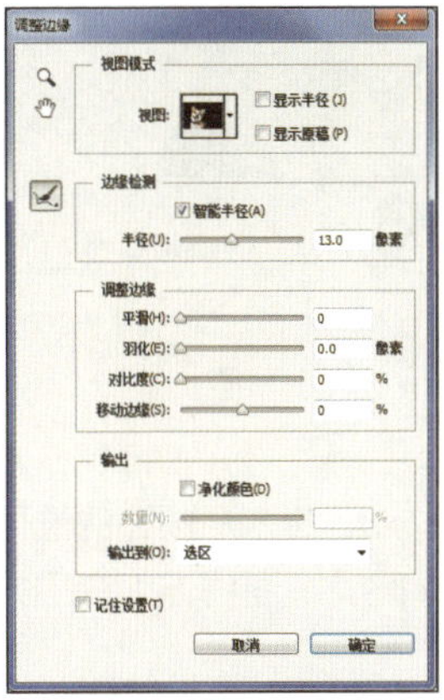

图3-33　设置“半径”选项

图3-34　查看图像效果

步骤04 在“调整边缘”对话框中，将“调整边缘”选项区中的“平滑”设置为3，“羽化”设置为0.7像素。在“输出”选项区中选中“净化颜色”复选框，设置“数量”为50%，然后单击“确定”按钮，如图3-35所示。此时，即可看到狗狗的图像已经被抠出，“图层”面板中出现一个带有图层蒙版的图层，查看抠图效果如图3-36所示。

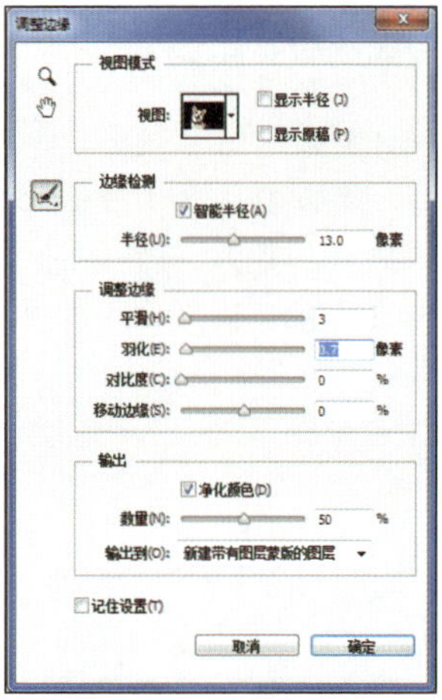

图3-35　设置“调整边缘”和“输出”选项

图3-36　查看抠图效果

步骤05 选择移动工具，将抠出的图像拖至01文件窗口中的合适位置。按【Ctrl+T】组合键，图像周围出现变换框，按住【Shift】键的同时向内拖动变换框的控制手柄，等比例缩小图像，然后按【Enter】键确认变换操作，如图3-37所示。至此，宠物用品促销海报制作完成。

图3-37　移动并变换图像

3.4 编辑与修改选区

前面介绍了创建选区的多种方法，但只使用上面介绍的方法创建的选区未必能够完全符合用户的需求，往往还需要对选区进行编辑与修改。下面将详细介绍如何编辑与修改选区。

3.4.1 移动选区

创建选区后，选择工具箱中的任意一种选区创建工具，然后将鼠标指针移至选区内，当鼠标指针呈形状时按住鼠标左键并拖动，即可移动选区。在拖动的过程中，鼠标指针呈▸形状，如图3-38所示。

图3-38 移动选区

如果要轻微地移动选区，或者要求准确地移动选区时，可以使用键盘上的4个方向键，每次只移动1像素的距离；如果按住【Shift】键的同时再按4个方向键，可以一次移动10像素的距离。

3.4.2 全选和反选选区

单击“选择”|“全部”命令或者直接按【Ctrl+A】组合键，可以选择画布范围内所有的图像，如图3-39所示。

图3-39 全选图像

在图像中创建一个选区，然后单击“选择”|“反向”命令或直接按【Ctrl+Shift+I】组合键，可以将选区反选，即取消选择当前的区域，而选择未选择的区域，如图3-40所示。

图3-40　反选选区

3.4.3　羽化选区

“羽化”命令主要用于柔化选区的边缘，使其产生一种渐变过渡的效果，以免选区边缘过于生硬。单击“选择”|“修改”|“羽化”命令，在弹出的“羽化选区”对话框的“羽化半径”数值框中设置羽化数值，数值越大，选区边缘就越柔和，如图3-41所示。

（a）羽化前

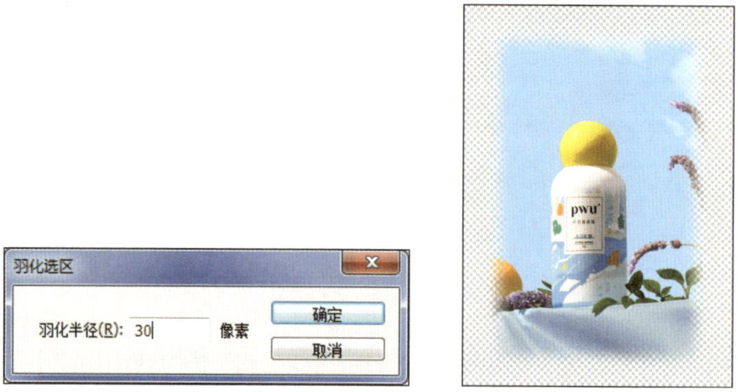

（b）羽化后

图3-41　羽化选区

3.5 课堂练习——制作夏季上新童装促销海报

【练习知识要点】使用羽化选区命令制作柔和的图像效果，使用全选命令全选图像，使用魔棒工具选取图像。

【素材所在位置】素材文件 / 第 3 章 / 制作夏季上新童装促销海报 /01.psd、02.psd。

【效果所在位置】效果文件 / 第 3 章 / 制作夏季上新童装促销海报 .psd，效果如图 3-42 所示。

图3-42　夏季上新童装促销海报

视频

夏季上新童装促销海报的制作过程

3.6 课堂练习——制作移动端清新女装海报

【练习知识要点】使用椭圆选框工具绘制并填充选区，使用剪贴蒙版制作商品展示区，使用羽化选区命令为图像制作阴影效果。

【素材所在位置】素材文件 / 第 3 章 / 制作移动端清新女装海报。

【效果所在位置】效果文件 / 第 3 章 / 制作移动端清新女装海报 .psd，效果如图 3-43 所示。

图3-43　移动端清新女装海报

视频

移动端清新女装海报的制作过程

3.7 课后练习——制作年货节中国风海报

【练习知识要点】使用魔棒工具和磁性套索工具抠出素材图像，使用移动工具将其置入海报中，变换图像的大小和位置，然后使用横排文字工具输入文字，即可得到最终效果。

【素材所在位置】素材文件 / 第 3 章 / 制作年货节中国风海报。

【效果所在位置】效果文件 / 第 3 章 / 制作年货节中国风海报 .psd，效果如图 3–44 所示。

图3–44　年货节中国风海报

视频

年货节中国风海报的制作过程

第4章
图层的高级应用

本章导读

Photoshop中的图像是由一个或多个图层组成的。图层是Photoshop进行图形绘制和图像处理的重要功能。在网店美工设计中，灵活地运用图层可以提高图像处理的效率，创作出丰富多彩的艺术效果。

知识目标

- 掌握应用图层样式的方法。
- 掌握应用图层混合模式的方法。
- 掌握应用填充图层和调整图层的方法。

技能目标

- 能够应用图层样式制作海报。
- 能够应用图层混合模式制作海报。
- 能够应用填充图层和调整图层制作海报。

素质目标

- 发挥敬业精神，树立正确的价值观。

4.1 应用图层样式

图层样式是Photoshop中的一项图层处理功能，应用图层样式是后期制作图像效果的重要手段之一。为图层中的图像添加合适的图层样式，有助于增强图像的表现力。下面将学习如何应用图层样式制作特殊的图像效果。

↘ 4.1.1 添加投影效果

投影效果，就是在图层内容背后添加阴影。图4-1所示为商品添加投影的前后对比效果。

图4-1 商品添加投影的前后对比效果

在“图层样式”对话框左侧选中“投影”复选框，即可在对话框右侧设置各项“投影”参数，如图4-2所示。

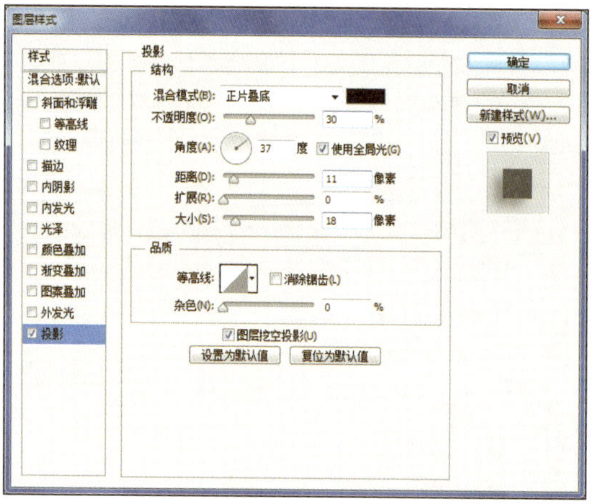

图4-2 设置“投影”参数

其中，各选项的含义如下。

- **混合模式：** 用于设置投影与下方图层的色彩混合模式，系统默认为“正片叠底”模式，这样能够得到比较暗的投影颜色。单击右侧的色块，还可以设置投影的颜色。
- **不透明度：** 用于设置投影的不透明度，数值越大，投影的颜色就越深。

- **角度：** 用于设置光源的照射角度，光源角度不同，投影的位置也不同。选中“使用全局光”复选框，可以使图像中所有图层的图层效果保持相同的光源照射角度。
- **距离：** 用于设置投影与图像的距离。数值越大，投影就越远。
- **扩展：** 默认情况下投影的大小与图层相当，如果增大扩展值，可以增大投影。
- **大小：** 用于设置投影的大小。数值越大，投影就越大。
- **等高线：** 用于设置投影边缘的轮廓形状。
- **消除锯齿：** 选中该复选框，可以消除投影边缘的锯齿。
- **杂色：** 用于设置颗粒在投影中的填充数量。
- **图层挖空投影：** 用于控制半透明图层中投影的可见或不可见效果。“投影”效果是从图层背后产生阴影的，而“内阴影”则是在前面内部边缘位置产生柔化的阴影效果。

4.1.2　添加内发光效果

内发光效果，就是在文本或图像的内部产生光晕的效果，如图4-3所示。在“图层样式”对话框左侧选中“内发光”复选框，即可在对话框右侧设置各项“内发光”参数，如图4-4所示。

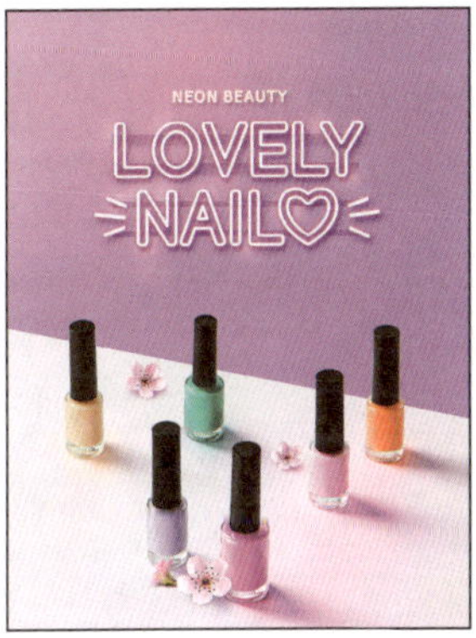

图4-3　内发光效果

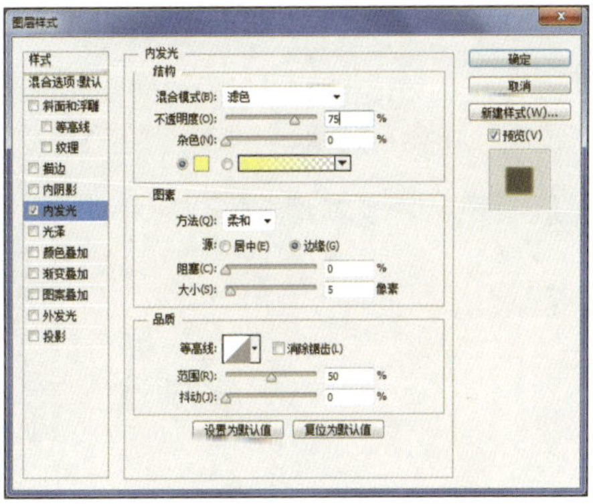

图4-4　设置“内发光”参数

其中，主要选项的含义如下。

- **源：** 在该选项区中包含两个选项，分别是“居中”和“边缘”。选中“居中”单选按钮，将从图像中心向外发光；选中“边缘”单选按钮，将从图像边缘向中心发光。
- **阻塞：** 用于设置光源向内发散的大小。
- **大小：** 用于设置内发光的大小。

4.1.3　添加斜面和浮雕效果

斜面和浮雕效果，经常用于制作各种凹陷或凸出的浮雕图像或文字效果，如图4-5所示。

在“图层样式”对话框左侧选中“斜面和浮雕”复选框，即可在右侧设置各项“斜面和浮雕”参数，如图4-6所示。

图4-5　斜面和浮雕效果

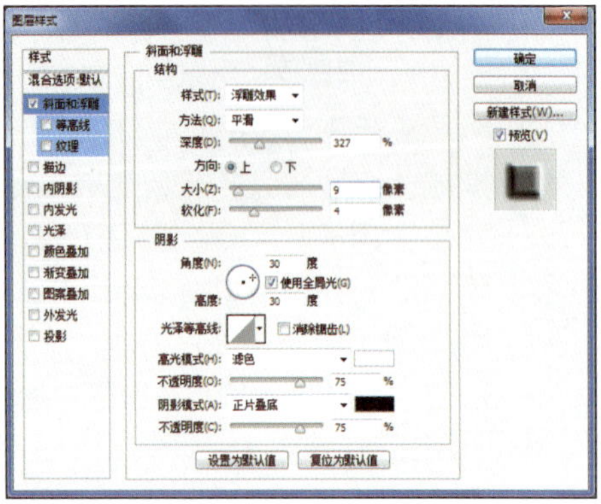

图4-6　设置“斜面和浮雕”参数

其中，主要选项的含义如下。

- **样式：**选择不同的斜面和浮雕样式，可以得到不同的效果。
- **角度：**用于设置不同的光源角度。

在“图层样式”对话框左侧选中“斜面和浮雕”下的“等高线”复选框，在右侧可以设置“等高线”参数，如图4-7所示。其中，“图素”选项区用于设置具有清晰层次感的“等高线”参数。

在“图层样式”对话框左侧选中“斜面和浮雕”下的“纹理”复选框，在右侧可以设置各项“纹理”参数，如图4-8所示。

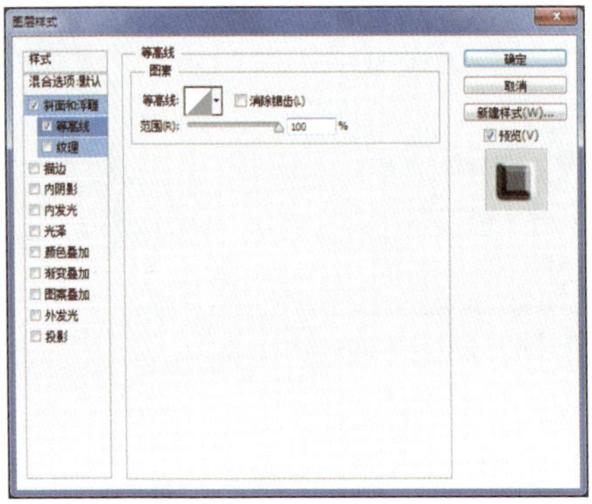

图4-7　设置“等高线”参数

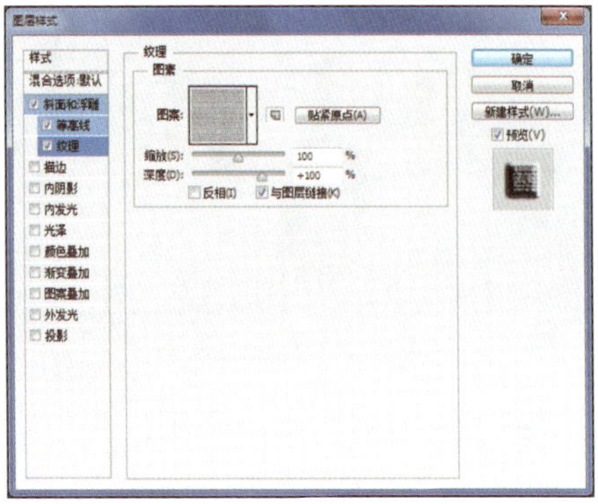

图4-8　设置“纹理”参数

例如，设置“等高线”参数，如图4-9所示。

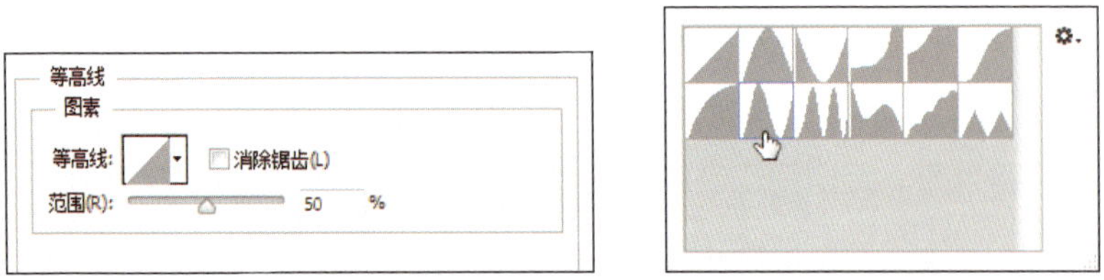

图4-9　设置“等高线”参数

设置“纹理”参数，如图4-10所示。

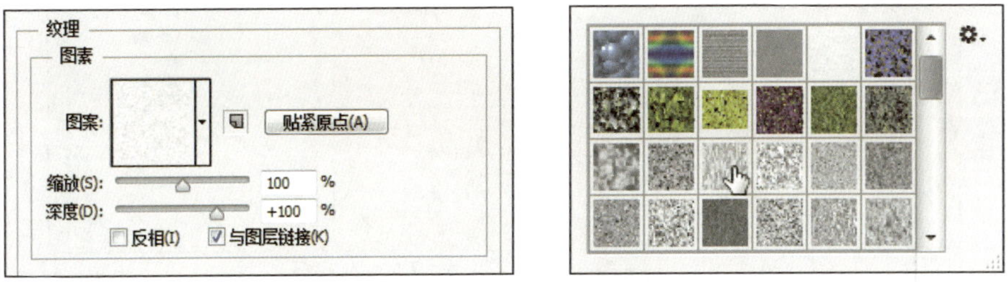

图4-10　设置“纹理”参数

4.2 课堂案例——制作99划算节优惠券海报

【案例学习目标】学习为文字添加不同的图层样式效果，制作文字的特殊效果。培养审美能力，开拓思维，勇于探索，激发创造创新能力。

【案例知识要点】选择文本图层，使用“图层样式”对话框为其添加各种图层样式，效果如图 4-11 所示。

视频

99 划算节优惠券海报的制作过程

图4-11　99划算节优惠券海报

【效果所在位置】效果文件 / 第 4 章 / 制作 99 划算节优惠券海报 .psd。

步骤 01 单击“文件” | “打开”命令，打开“素材文件/第4章/制作99划算节优惠券海报/01.psd”，如图4-12所示。选择“99划算节”图层组，单击“图层”面板下方的“添加图层样式”按钮fx.，在弹出的菜单中选择“投影”选项，如图4-13所示。

步骤 02 在弹出的“图层样式”对话框中对“投影”图层样式参数进行设置，如图4-14所示。在“图层样式”对话框左侧选中“斜面和浮雕”复选框，在右侧设置其各项参数，其中设置“高光模式”颜色为RGB（248，222，118），“阴影模式”颜色为RGB（140，77，24），如图4-15所示。

图4-12　打开素材文件

图4-13　选择“投影”选项

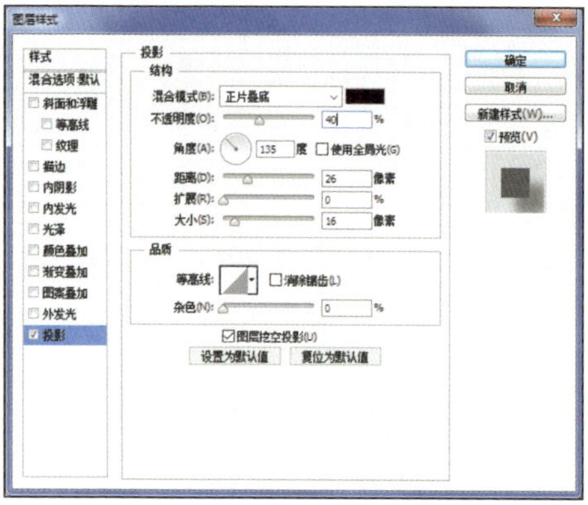

图4-14　设置“投影”参数

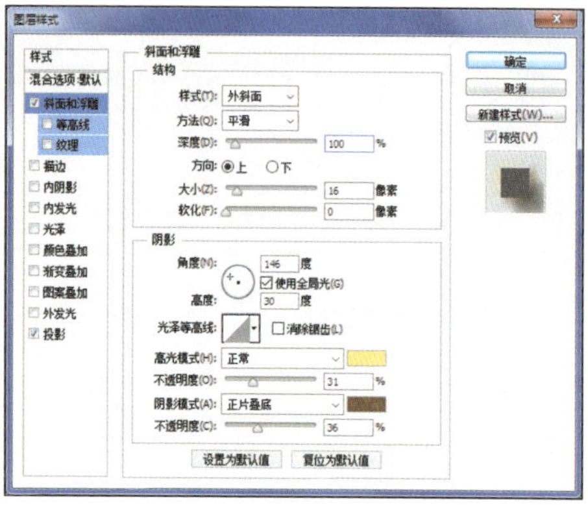

图4-15　设置“斜面和浮雕”参数

步骤03 在“图层样式”对话框左侧选中“描边”复选框，在右侧单击“颜色”选项右侧的色块，如图4-16所示。在弹出的“拾色器（叠加颜色）”对话框中设置各项参数，然后单击“确定”按钮，如图4-17所示。

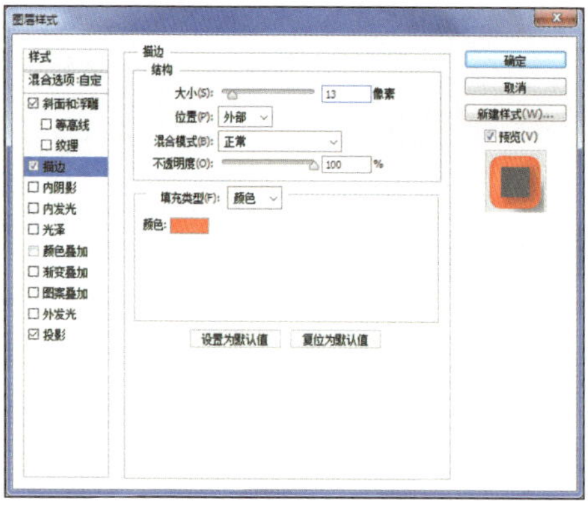

图4-16　单击色块

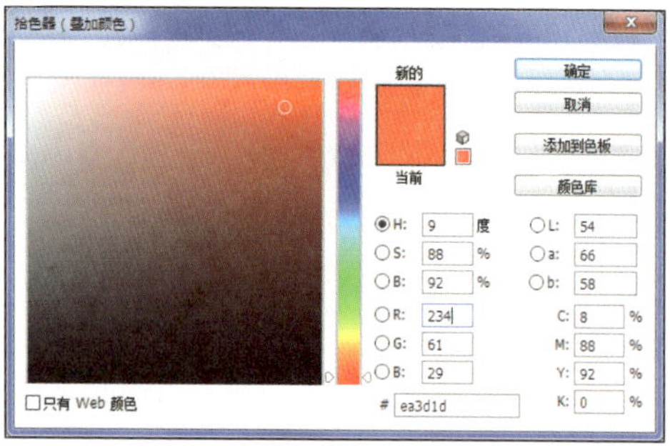

图4-17　“拾色器（叠加颜色）”对话框

步骤04 在“图层样式”对话框左侧选中“渐变叠加”选项，在右侧设置各项“渐变叠加”参数，其中渐变色为RGB（255，212，158）到RGB（255，249，238），然后单击“确定”按钮，如图4-18所示。此时，即可完成99划算节优惠券海报的制作。

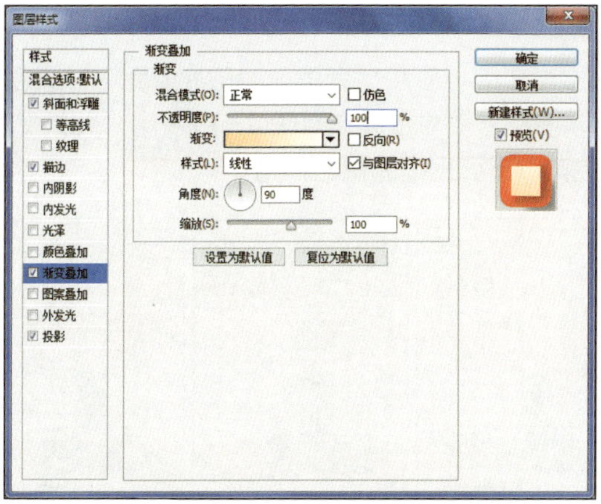

图4-18　设置“渐变叠加”参数

4.3 应用图层混合模式

图层混合模式是创建不同合成效果的重要手段，它在Photoshop图像处理中应用得非常广泛，大多数绘画工具或编辑调整工具都可以应用图层混合模式，所以灵活地应用各种图层混合模式可以为图像的设计效果锦上添花。

4.3.1　应用“正常”模式与“溶解”模式

在图层混合模式中，“正常”模式和“溶解”模式是不依赖其他图层的。“正常”模式是Photoshop的默认模式，在该模式下产生的合成色或者着色图像不会用到颜色的相加/相减属性，如图4-19所示。而“溶解”模式将产生不可知的结果，同底层的原始颜色交替，以产生一种类似扩散抖动的效果，这种效果是随机生成的。

通常“溶解”模式和图层的不透明度有很大的关系，当降低图层不透明度时，图像像素不是逐渐透明化，而是某些像素透明，其他像素则完全不透明，从而得到颗粒效果。不透明度越低，透明的像素就越多，如图4-20所示。

图4-19　“正常”模式

图4-20　“溶解”模式

4.3.2 应用压暗图像模式

在Photoshop图层模式中，应用“变暗”“正片叠底”“颜色加深”“线性加深”与“深色”模式都可以使底层图像变暗，如图4-21所示。此外，对比上下图层的“差值”与“排除”模式也可以起到压暗图像的作用。

（a）变暗 （b）正片叠底 （c）颜色加深 （d）线性加深 （e）深色

图4-21 压暗图像模式

4.3.3 应用加亮图像模式

在图像上应用“变亮”“滤色”“颜色减淡”“线性减淡（添加）”与“浅色”模式时，其黑色会完全消失，任何比黑色亮的区域都可能加亮底层图像，如图4-22所示。

（a）变亮 （b）滤色 （c）颜色减淡 （d）线性减淡（添加） （e）浅色

图4-22 加亮图像模式

4.3.4 应用叠图模式

对很多Photoshop用户来说，对图层混合的叠图模式并不陌生。在应用过程中，为了找到最佳的表现效果，常常会将图层混合模式的选项逐个尝试，以得到理想的效果。叠图模式常用的是两个图层互叠，一般来讲两个图层的互叠比较好控制，也容易出效果，两个以上的图层就很少在图层模式上相叠了。

Photoshop图层混合的叠图模式有“叠加”“柔光”“强光”“亮光”“线性光”“点光”与“实色混合”等，如图4-23所示。

（a）叠加　（b）柔光　（c）强光

（d）亮光　（e）线性光　（f）点光　（g）实色混合

图4-23　叠图模式

4.3.5　应用特殊图层模式

除了前面介绍的图层模式外，还有一组比较特殊的图层模式，分别为“差值”“排除”“减去”和“划分”，应用它们可以产生一些特殊的混合效果，如图4-24所示。

（a）差值　（b）排除　（c）减去　（d）划分

图4-24　特殊图层模式

4.3.6　应用上色模式

“色相”“饱和度”“颜色”与“明度”模式可以将上层图像中的一种或两种特性应用到下层图像中，它们是比较实用的几种上色模式，可以为图像上色，如图4-25所示。

（a）色相　（b）饱和度　（c）颜色　（d）明度

图4-25　上色模式

4.4 课堂案例——制作零食首页宽屏海报

【案例学习目标】学习为图层添加不同的混合模式，使图层产生多种不同的效果。遵守电子商务法律法规，不做虚假广告宣传。

【案例知识要点】使用移动工具移动图像，使用“深色”“叠加”“滤色”等图层混合模式制作混合效果，效果如图4-26所示。

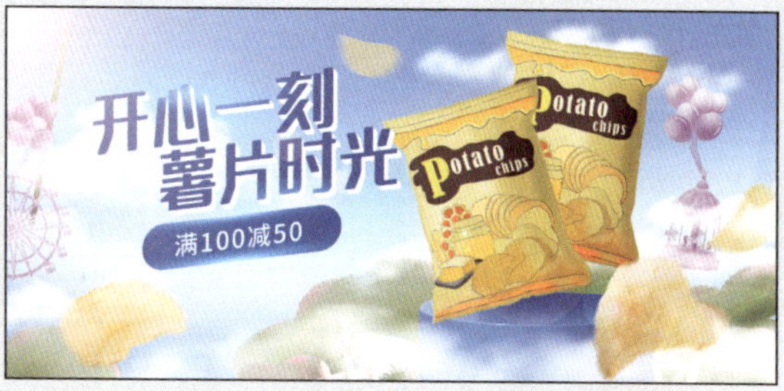

图4-26　零食首页宽屏海报

视频

零食首页宽屏海报的制作过程

【效果所在位置】效果文件/第4章/制作零食首页宽屏海报.psd。

步骤01 单击“文件”|“打开”命令，打开“素材文件/第4章/制作零食首页宽屏海报/01.jpg”，如图4-27所示。按【Ctrl+O】组合键，打开“素材文件/第4章/制作零食首页宽屏海报/02.png”，选择移动工具，将其拖至01文件窗口中的合适位置，如图4-28所示。

步骤02 按【Ctrl+T】组合键，调整产品图像的大小和角度，如图4-29所示。按【Ctrl+J】组合键复制产品图像，选择移动工具，将其移到合适的位置。按【Ctrl+T】组合键，调整复制的产品图像的大小和角度。在“图层”面板中将“图层1 副本”拖至“图层1”下方，如图4-30所示。

图4-27　打开素材文件

图4-28　拖入素材文件

图4-29　变换图像

图4-30　复制并变换图像

步骤03 单击“创建新的填充或调整图层”按钮，在弹出的菜单中选择“曲线”命令，在弹出的“属性”面板中设置各项参数，如图4-31所示。在“图层”面板中，设置前景色为黑色，按【Alt+Delete】组合键填充“曲线1”调整图层，如图4-32所示。

图4-31　设置“曲线”参数

图4-32　填充“曲线1”调整图层

步骤04 单击“图层”|“创建剪贴蒙版”命令，为该图层添加剪贴蒙版，控制图像的显示范围，如图4-33所示。选择画笔工具，设置前景色为白色，在薯片袋右侧边缘进行涂抹加深暗部，让产品图像显得更加立体，如图4-34所示。

图4-33　添加剪贴蒙版

图4-34　编辑剪贴蒙版

步骤05 采用同样的操作方法，为“图层1”添加暗部效果，如图4-35所示。按【Ctrl+O】组合键，打开“素材文件/第4章/制作零食首页宽屏海报/03.png、04.png”，分别将它们拖至01文件窗口中的合适位置，如图4-36所示。

图4-35　为“图层1”添加暗部效果

图4-36　拖入素材文件

步骤 06 单击“创建新的填充或调整图层”按钮，在弹出的菜单中选择“曲线”命令，在弹出的“属性”面板中设置各项参数，如图4–37所示。在“图层”面板中，设置“曲线3”调整图层的图层混合模式为“深色”，如图4–38所示。

图4–37　设置“曲线”参数

图4–38　设置图层混合模式

步骤 07 单击“创建新的填充或调整图层”按钮，在弹出的菜单中选择“色彩平衡”命令，在弹出的“属性”面板中设置各项参数，如图4–39所示。在“图层”面板中，设置“色彩平衡1”调整图层的图层混合模式为“叠加”，“不透明度”为50%，如图4–40所示。

图4–39　设置“色彩平衡”参数

图4–40　设置图层混合模式

步骤08 单击“图层”面板下方的“创建新图层”按钮，得到“图层4”，设置前景色为黑色，按【Alt+Delete】组合键填充前景色，如图4-41所示。单击“滤镜”|“渲染”|“镜头光晕”命令，在弹出的“镜头光晕”对话框中设置“亮度”为150%，然后单击“确定”按钮，如图4-42所示。

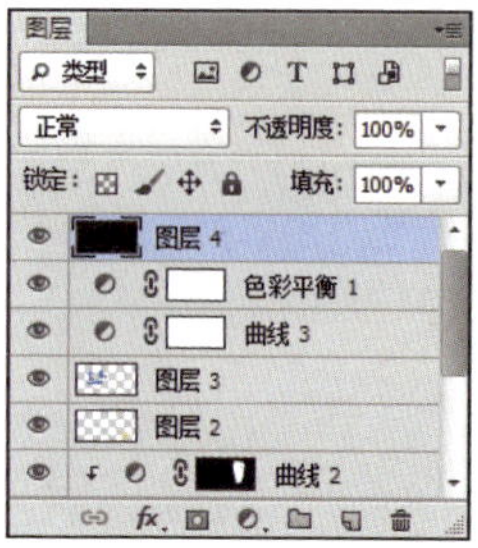

图4-41　创建并填充图层

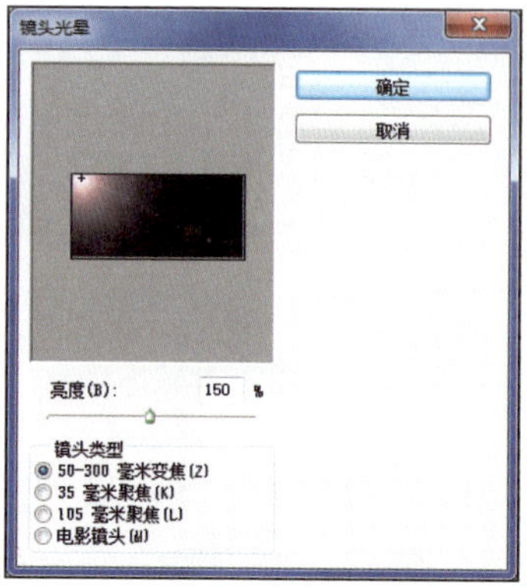

图4-42　应用“镜头光晕”滤镜

步骤09 在“图层”面板中设置“图层4”的图层混合模式为“滤色”，按【Ctrl+T】组合键，调整光效图像的大小，最终效果如图4-43所示。

图4-43　设置“滤色”图层混合模式并查看图像最终效果

4.5 应用填充图层和调整图层

如果想对多个图层进行相同的调整操作，可以在这些图层上面创建一个调整图层，通过调整图层来影响这些图层，而不必分别调整每个图层。创建调整图层以后，颜色和色调调整就存储在调整图层中，并影响它下面的所有图层。创建填充图层以后，可以用纯色、渐变和图案3种方式填充图层，与调整图层不同，填充图层不影响其下面的图层。

4.5.1 应用填充图层

填充图层包括纯色、渐变和图案3种填充方式。以“纯色填充”为例，单击“图层”面板底部的按钮，在弹出的菜单中选择“纯色”命令，或者单击“图层”|“新建填充图层”|“纯色”命令，在弹出的“拾色器（纯色）”对话框中选择所需的颜色，然后单击“确定”按钮，即可创建纯色填充图层，如图4-44所示。

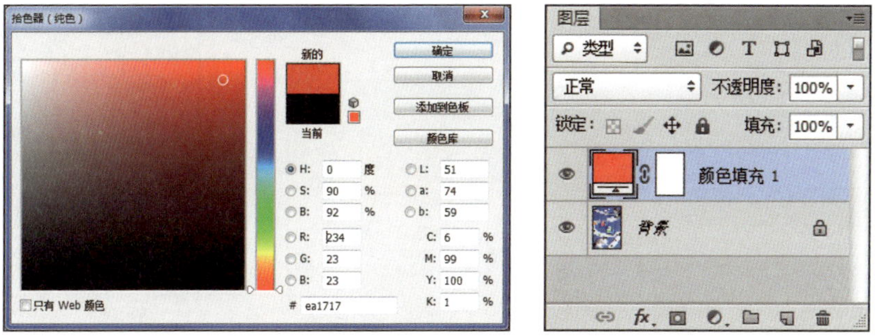

图4-44　创建纯色填充图层

↘ 4.5.2　应用调整图层

使用调整图层调整图像与使用菜单命令调整图像的功能基本相同，只是使用调整图层可以不修改原图像，且编辑起来更加方便。

单击“图层”面板底部的按钮，在弹出的菜单中选择相应的命令，或者单击“图层”|“新建调整图层”命令中的子命令，都可以创建调整图层，如图4-45所示。

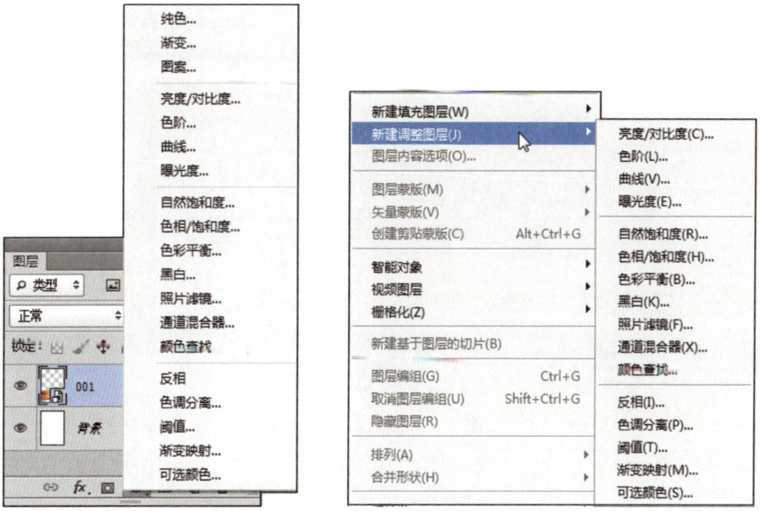

图4-45　创建调整图层

↘ 4.5.3　认识“调整”面板

在创建调整图层时，将弹出其对应的“调整”面板。下面将介绍“调整”面板中各选项的功能。

在“调整”面板的最上方是调整图层命令的图标，共16个，将鼠标指针放置于图标上方，就会出现相应命令的名称，如图4-46所示。

单击这些调整图层命令的图标，即可在当前图层的上方创建调整图层。例如，单击“色阶”图标，即可创建“色阶1”调整图层，如图4-47所示。同时，弹出“色阶”属性面板，如图4-48所示。

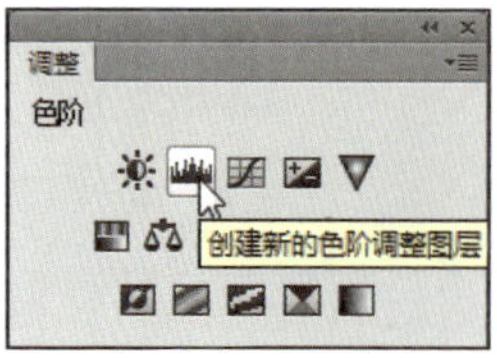

图4-46 “调整”面板

图4-47 创建“色阶1”调整图层

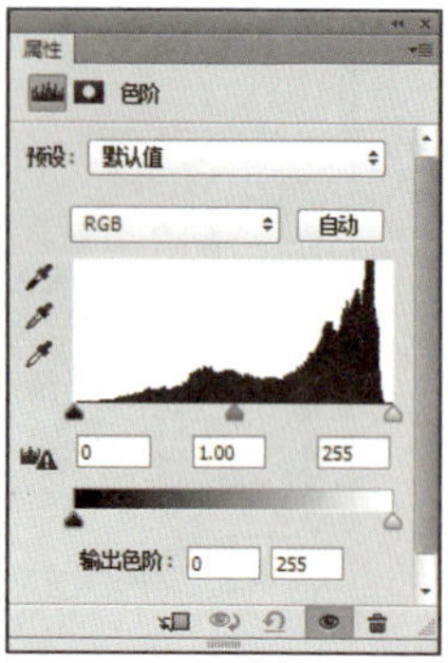

图4-48 “色阶”属性面板

在“色阶”属性面板的下方有一排按钮，各按钮的含义如下。

➢ “剪切到图层”按钮：单击此按钮，可以设置调整图层来影响其下面的所有图层，此时调整图层缩览图前面将添加一个向下的黑色箭头，如图4-49所示。

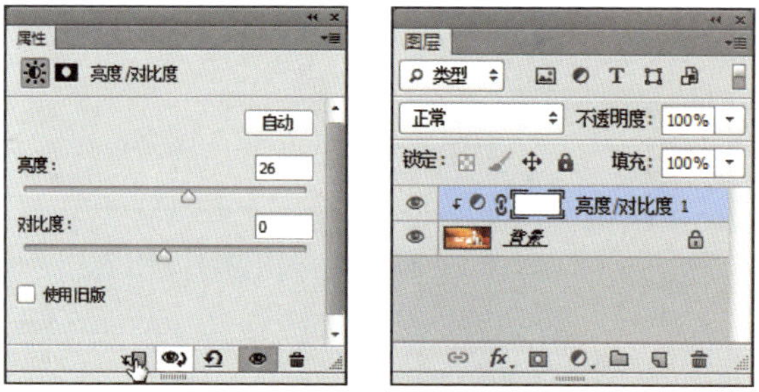

图4-49 单击“剪切到图层”按钮

➢ “查看图像效果”按钮：单击此按钮，可以将设置的参数选项恢复到默认值。

➢ “复位到调整默认值”按钮：单击此按钮，可以隐藏该调整图层效果，直到再次单击此按钮，才能显示出该调整图层效果。

➢ “切换图层可视性”按钮：单击此按钮，可以在图像窗口中查看原图像效果。

➢ “删除调整图层”按钮：单击此按钮，就会弹出提示信息框，询问是否要删除该调整图层，单击“是”按钮，即可将该调整图层删除。

4.6 课堂案例——制作周年庆美妆促销海报

【案例学习目标】学习使用填充图层和不同的调整图层制作宣传海报效果。在海报设计中传播正能量，抵制低俗广告，扫除“视觉垃圾”。

【案例知识要点】使用渐变填充图层和图层混合模式更改图像的显示效果，使用“色相/饱和度”和“亮度/对比度”调整图层为图像增加饱和度和对比度，效果如图4-50所示。

视频

周年庆美妆促销海报的制作过程

图4-50　周年庆美妆促销海报

【效果所在位置】效果文件/第4章/制作周年庆美妆促销海报.psd。

步骤01 单击“文件”|“打开”命令，打开“素材文件/第4章/制作周年庆美妆促销海报/01.jpg”文件，如图4-51所示。在“图层”面板中单击“创建新的填充或调整图层”按钮，在弹出的菜单中选择“渐变”命令，如图4-52所示。

图4-51　打开素材文件

图4-52　选择“渐变”命令

步骤02 在弹出的“渐变填充”对话框中，单击渐变条右侧的下拉按钮，在弹出的下拉面板中可以选择系统预置的渐变，单击“确定”按钮，如图4-53所示。在“图层”面板中设置“渐变填充1”图层的图层混合模式为“颜色减淡”，“不透明度”为25%，如图4-54所示。

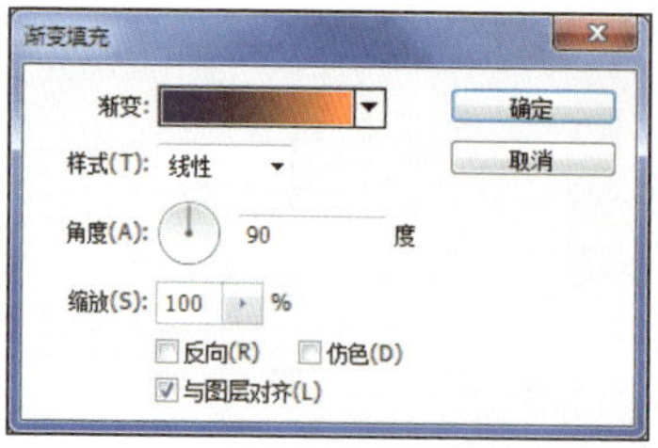

图4-53　“渐变填充”对话框

图4-54　设置图层混合模式

步骤03 单击“创建新的填充或调整图层”按钮，在弹出的菜单中选择“色相/饱和度”命令，在弹出的“属性”面板中设置“饱和度”为10，如图4-55所示。

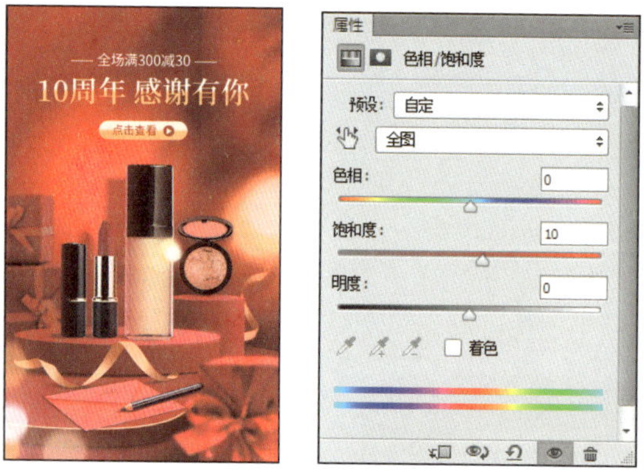

图4-55　设置图像饱和度

步骤04 单击“创建新的填充或调整图层”按钮，在弹出的菜单中选择“亮度/对比度”命令，在弹出的“属性”面板中设置“亮度”为15，最终效果如图4-56所示。

图4-56　设置图像亮度并查看图像最终效果

4.7 课堂练习——制作智能手环主图

【练习知识要点】使用添加图层样式命令制作描边和内阴影效果，使用图层混合模式制作图像视觉特效。

【素材所在位置】素材文件 / 第 4 章 / 制作智能手环主图。

【效果所在位置】效果文件 / 第 4 章 / 制作智能手环主图 .psd，效果如图 4–57 所示。

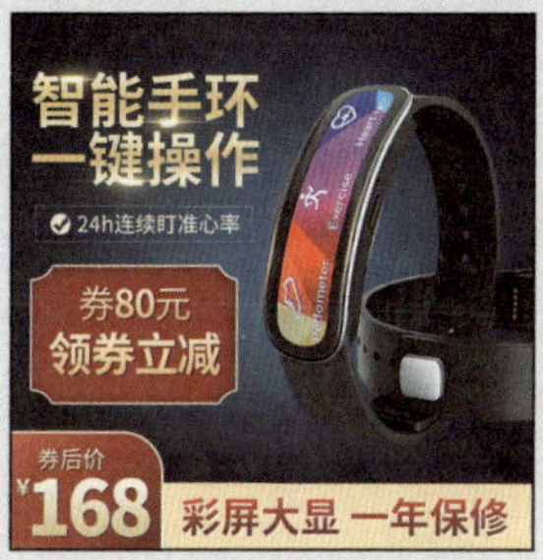

图4–57　智能手环主图

视频

智能手环主图的制作过程

4.8 课后练习——制作极简沙发详情页海报

【练习知识要点】使用移动工具导入光效素材文件，使用图层混合模式制作特殊视觉效果，使用“亮度 / 对比度”命令和曲线调整图层调整图像整体对比度。

【素材所在位置】素材文件 / 第 4 章 / 制作极简沙发详情页海报。

【效果所在位置】效果文件 / 第 4 章 / 制作极简沙发详情页海报 .psd，效果如图 4–58 所示。

图4–58　极简沙发详情页海报

视频

极简沙发详情页海报的制作过程

第5章 调整图像的色调与色彩

本章导读

在网店美工设计过程中，常常需要根据实际情况对图像的色调与色彩进行调整。在Photoshop CS6中提供了许多色调与色彩调整工具，这些工具在处理图像时极为有用。本章将介绍如何利用颜色调整命令在图像中调出富有感染力的色调与色彩。

知识目标

- 掌握调整图像色阶、曲线、曝光度的方法。
- 掌握调整图像亮度/对比度、自然饱和度、色相/饱和度的方法。
- 掌握调整图像色彩平衡、可选颜色的方法。
- 掌握通道混和器的应用方法。
- 掌握为图像去色的方法。

技能目标

- 能够调整商品图像的色调。
- 能够调整商品图像的色彩。

素质目标

- 坚持理论联系实践，在实践中深化对理论的认识。
- 培养导向正确的审美意识和审美能力，形成高尚的审美观。

5.1 调整图像的色调

由于拍摄环境光线等因素的影响，当用户对图像的明暗效果不满意时，可以对图像的色调进行调整。在Photoshop CS6中提供了很多色调调整命令，不同的命令具有不同的特点和适用范围，熟练运用这些命令能够轻松地调整图像的色调。

5.1.1 调整色阶

“色阶”命令是常用的色调调整命令之一，利用此命令可以通过修改图像的阴影区、中间调区和高光区的亮度水平来调整图像的色调范围和色彩平衡，常用于调整曝光不足或曝光过度的图像，也可用于调整图像的对比度。单击“图像”|“调整”|“色阶”命令或者直接按【Ctrl+L】组合键，即可打开“色阶”对话框。

在“色阶”对话框中，中间的直方图显示了图像的色阶信息。通常情况下，如果色阶的像素集中在左侧，说明此图像的阴影所占区域比较多，即图像整体偏暗，如图5-1所示。如果色阶的像素集中在右侧，则说明此图像的高光所占区域比较多，即图像整体偏亮，如图5-2所示。

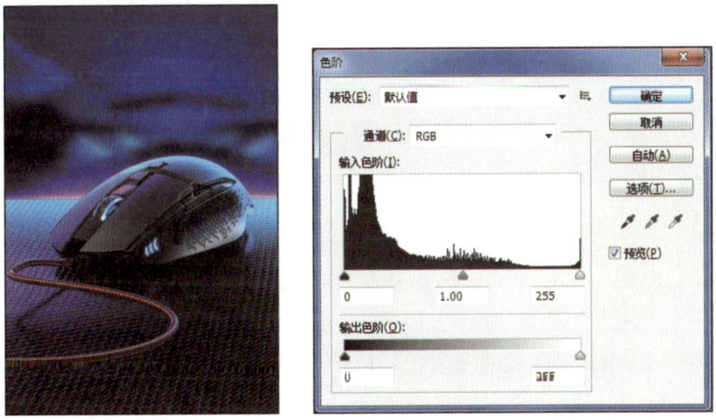

图5-1 图像整体偏暗

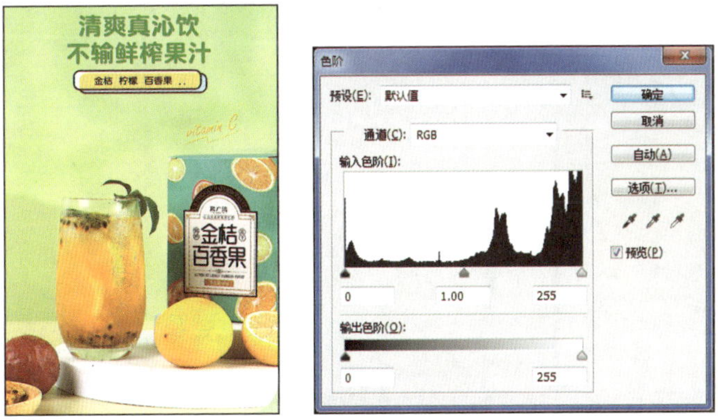

图5-2 图像整体偏亮

在“色阶”对话框中，黑色滑块代表图像的阴影区，灰色滑块代表图像的中间调区，白色滑块代表图像的高光区，可以通过拖动滑块或者直接输入数值来调整图像的阴影、中间调和高光。

在“色阶”对话框中，部分选项的含义如下。

➢ **通道：** 用于选择要进行色调调整的通道。例如，在调整RGB模式图像的色阶时，选择“蓝”通道，即可对图像中的蓝色调进行调整，如图5-3所示。

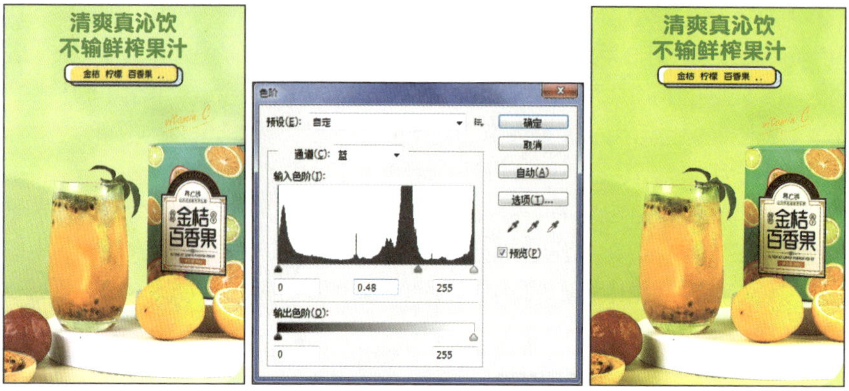

图5-3　通道调整

➢ **输入色阶：** 在该数值框中输入数值或者拖动滑块，可以调整图像的阴影、中间调和高光，从而调整图像的色调。向右拖动黑色或灰色滑块，可以使图像变暗；向左拖动白色或灰色滑块，可以使图像变亮。

↘ 5.1.2　调整曲线

“曲线”命令也是Photoshop中常用的色调调整命令之一，利用它可以在阴影到高光这个色调范围内对图像中多个不同点的色调进行调整。单击“图像”|“调整”|“曲线”命令或直接按【Ctrl+M】组合键，即可打开“曲线”对话框。

对于色调偏暗的RGB颜色模式的图像，可以将曲线调整至上凸的形态，使图像变亮，如图5-4所示。

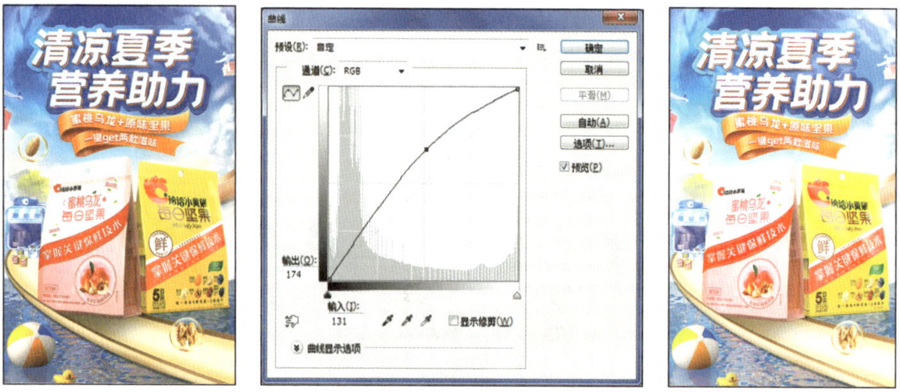

图5-4　调亮图像

对于色调偏亮的RGB颜色模式的图像，可以将曲线调整至下凹的形态，使图像变暗，如图5-5所示。

对于色调对比度不明显的图像，可以调整曲线为S形，使图像高光区更亮、阴影区更暗，从而增大图像的对比度，如图5-6所示。

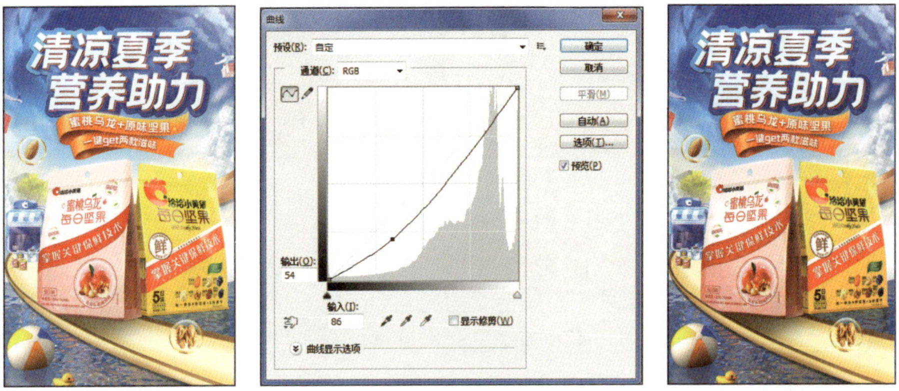

图5-5　调暗图像

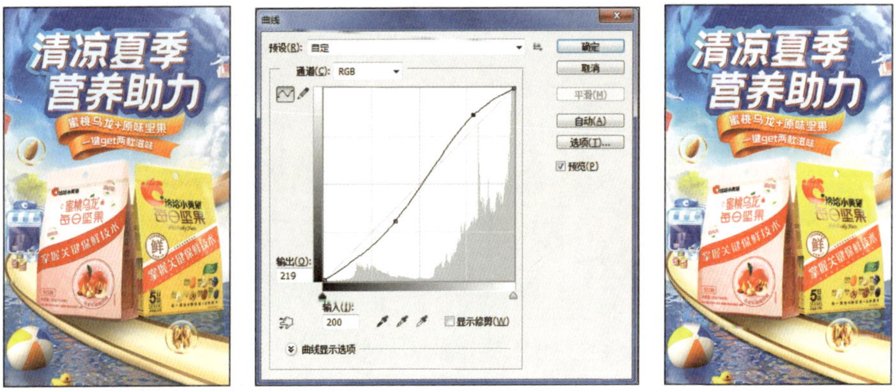

图5-6　增大图像的对比度

5.1.3　调整曝光度

“曝光度”命令用于调整图像的色调，也可用于调整曝光不足或曝光过度的数码相片。单击“图像”|“调整”|“曝光度”命令，弹出“曝光度”对话框，如图5-7所示。

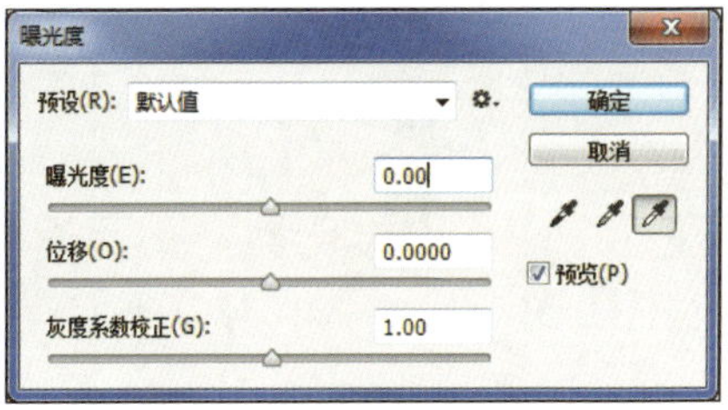

图5-7　“曝光度”对话框

在“曝光度”对话框中，各选项的含义如下。

- **曝光度：** 用于设置图像的曝光度，通过提高或降低曝光度使图像变亮或变暗。设置正值或者向右拖动滑块，可以使图像变亮；设置负值或者向左拖动滑块，可以使图像变暗，如图5-8所示。

（a）原图像　（b）设置曝光度为 0.6　（c）设置曝光度为 -0.6

图5-8　设置不同曝光度的对比效果

➢ **位移：** 用于设置图像的阴影区或中间调区的亮度，取值范围为-0.5～0.5。设置正值或者向右拖动滑块，可以使图像的阴影区或中间调区变亮；设置负值或者向左拖动滑块，可以使图像的阴影区或中间调区变暗，如图5-9所示。此选项对图像高光区的影响相对比较轻微。

（a）原图像　（b）设置位移为 0.1　（c）设置位移为 -0.1

图5-9　设置不同位移的对比效果

➢ **灰度系数校正：** 设置图像的灰度系数，可以通过拖动滑块或者在其数值框中输入数值来校正图像的灰度系数，如图5-10所示。

（a）原图像　（b）灰度系数校正为 0.7　（c）灰度系数校正为 1.3

图5-10　设置不同灰度系数的校正效果

5.1.4　调整亮度/对比度

使用“亮度/对比度”命令可以快速调整图像的亮度和对比度。单击“图像”|“调整”|“亮度/对比度”命令，弹出“亮度/对比度”对话框，如图5-11所示。

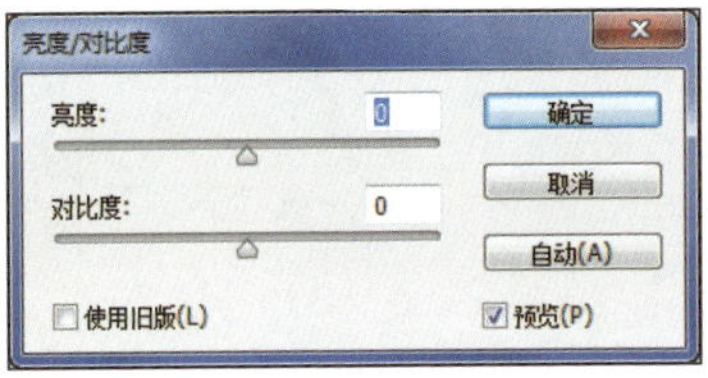

图5-11　“亮度/对比度”对话框

在该对话框中，各选项的含义如下。

- **亮度：** 拖动滑块，或者在数值框中输入数值（范围为-100～100），即可调整图像的明暗。当数值为正时，将提高图像的亮度；当数值为负时，将降低图像的亮度。
- **对比度：** 用于调整图像的对比度。当数值为正时，将提高图像的对比度；当数值为负时，将降低图像的对比度。
- **使用旧版：** Photoshop CS6对亮度/对比度的调整算法进行了改进，在调整亮度/对比度的同时能够保留更多的高光和阴影的细节。如果需要使用旧版本的调整算法，可以选中“使用旧版”复选框。

将亮度调整为40、对比度调整为15之后，新旧版本的对比效果如图5-12所示，可以看出使用旧版本的图像丢失了大量高光和阴影的细节。

（a）原图像　　（b）新版效果　　（c）旧版效果

图5-12　新旧版本的对比效果

5.2　课堂案例——处理曝光过度的商品图像

【案例学习目标】学习使用色彩调整命令调整图像颜色。善于对问题展开探究，在探究过程中发现问题，分析问题，解决问题。

【案例知识要点】使用“曲线”和“色阶”命令调整商品图像的整体颜色，效果如图 5-13 所示。

视频

处理曝光过度的商品图像

图5-13　处理曝光过度的商品图像

【效果所在位置】效果文件 / 第 5 章 / 处理曝光过度的商品图像 .psd。

步骤 01 单击“文件”|“打开”命令，打开“素材文件/第5章/处理曝光过度的商品图像/01.jpg”，如图5-14所示。按【Ctrl+J】组合键复制“背景”图层，得到“图层1”，如图5-15所示。

图5-14　打开素材文件

图5-15　复制“背景”图层

步骤 02 单击“图像”|“调整”|“曲线”命令，在弹出的“曲线”对话框中设置“预设”为“较暗（RGB）”，然后单击“确定”按钮，如图5-16所示。此时，图像整体都变暗了一些，效果如图5-17所示。

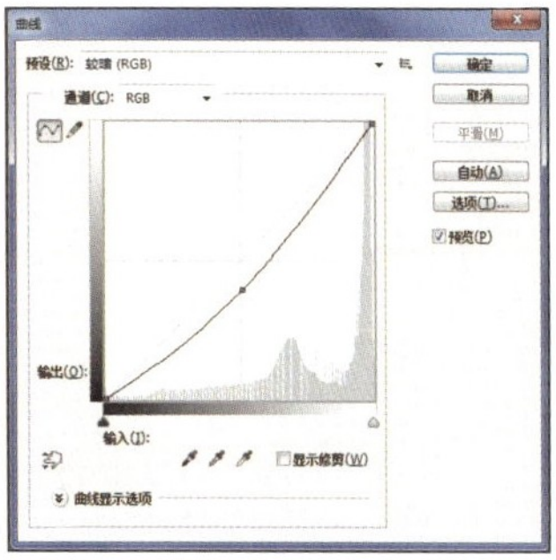

图5-16　“曲线”对话框

图5-17　图像整体变暗

步骤03 单击“图像”|“调整”|“色阶”命令，在弹出的“色阶”对话框中设置“预设”为“中间调较暗”，然后单击“确定”按钮，如图5-18所示。此时，商品图像曝光过度的情况得到了明显改善。

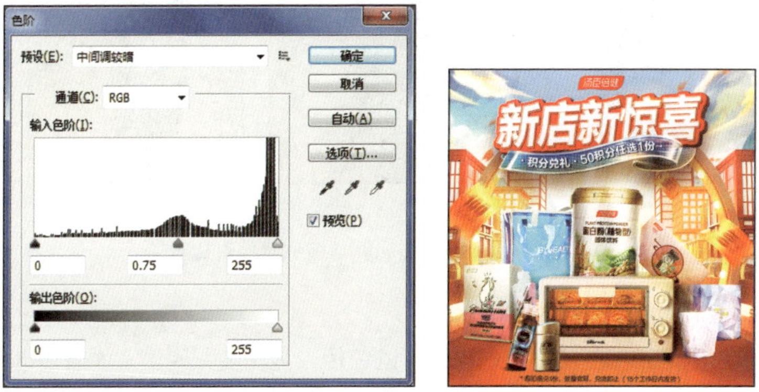

图5-18 “色阶”对话框

5.3 调整图像的色彩

当商品图像的色彩不令人满意时，或者想通过改变图像颜色使自己的商品呈现出不同的视觉效果时，可以对商品图像进行色彩调整。在Photoshop CS6中，可以通过多种方式调整图像的色彩。

5.3.1 调整自然饱和度

“自然饱和度”命令用于调整色彩的饱和度，它可以在提高饱和度的同时防止颜色过度饱和而出现溢色，比较适合处理人像。单击“图像”|“调整”|“自然饱和度”命令，弹出“自然饱和度”对话框，如图5-19所示。

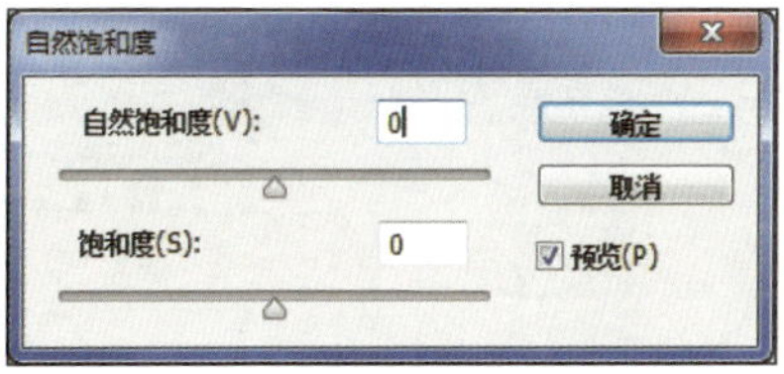

图5-19 “自然饱和度”对话框

在“自然饱和度”对话框中，各选项的含义如下。

- **自然饱和度：** 可以在颜色接近最大饱和度时最大限度地减少修剪，以防止过度饱和。
- **饱和度：** 用于调整所有颜色，而不考虑当前的饱和度。

“自然饱和度”命令可以对皮肤肤色进行一定的保护，确保在调整过程中不会变得过度饱和，设置自然饱和度与饱和度的对比效果如图5-20所示。

（a）原图像　（b）自然饱和度为 100　（c）饱和度为 100

图5-20　设置自然饱和度与饱和度的对比效果

5.3.2　调整色相/饱和度

使用“色相/饱和度”命令可以对色彩的色相、饱和度和明度三大属性进行调整。单击“图像”|“调整”|“色相/饱和度”命令，弹出“色相/饱和度”对话框。

在“色相/饱和度”对话框中，各选项的含义如下。

- **全图：** 用于设置调整范围。其中，选择“全图”选项，可以一次性调整所有颜色；选择其他单色，则调整参数时只对所选的颜色起作用。
- **色相：** 色相是各类色彩的相貌称谓，用于调整图像的颜色。在“色相”数值框中输入数值或者左右拖动滑块，可以调整图像的颜色。
- **饱和度：** 用于设置色彩的鲜艳程度。在“饱和度”数值框中输入数值或者左右拖动滑块，可以调整图像的饱和度。
- **明度：** 用于设置图像的明暗程度。在“明度”数值框中输入数值或者左右拖动滑块，可以调整图像的明度。
- **着色：** 选中该复选框，可以使灰色或彩色图像变为单一颜色的图像，此时在“全图”下拉列表框中默认选中“全图”选项，如图5-21所示。

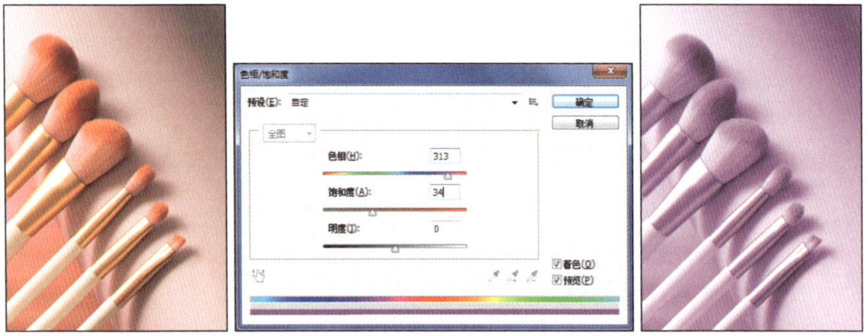

（a）原图像　（b）选中“着色”复选框　（c）图像着色效果

图5-21　图像着色

- **吸管工具：** 如果在“全图”下拉列表框中选择了一种颜色，便可以使用吸管工具提取颜色。使用吸管工具在图像中单击，可以选择颜色范围；使用“添加到取样”工具在图像中单击，可以增加颜色范围；使用“从取样中减去”工具在图像中单击，可以减少颜色范围。设置颜色范围后，可以通过拖动滑块来调整颜色的色相、饱和度和明度。

使用“色相/饱和度”命令既可以调整整个图像的色相、饱和度和明度，又可以调整图像中单个颜色成分的色相、饱和度和明度，如图5-22所示。

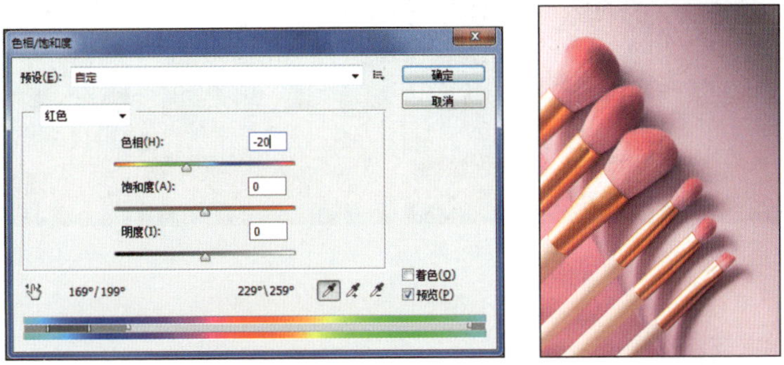

（a）“色相/饱和度”对话框　（b）调整图像效果

图5-22　调整图像中单个颜色成分的色相、饱和度和明度

5.3.3　调整色彩平衡

“色彩平衡”命令是通过调整各种色彩的色阶来校正图像中出现的偏色现象，更改图像的总体颜色混合。单击“图像”|“调整”|“色彩平衡”命令，弹出“色彩平衡”对话框。

在“色彩平衡”对话框中，各选项的含义如下。

- **色彩平衡：**该选项区用于设置调整颜色均衡。将滑块向所要增加的颜色方向拖动，即可增加该颜色，减少其互补颜色（也可以在“色阶”数值框中输入数值进行调整）。例如，若将最上面的滑块拖向“红色”，将在图像中增加红色，减少青色；若将滑块拖向“青色”，则增加青色，减少红色。图5-23所示为调整色彩平衡前后的对比效果。

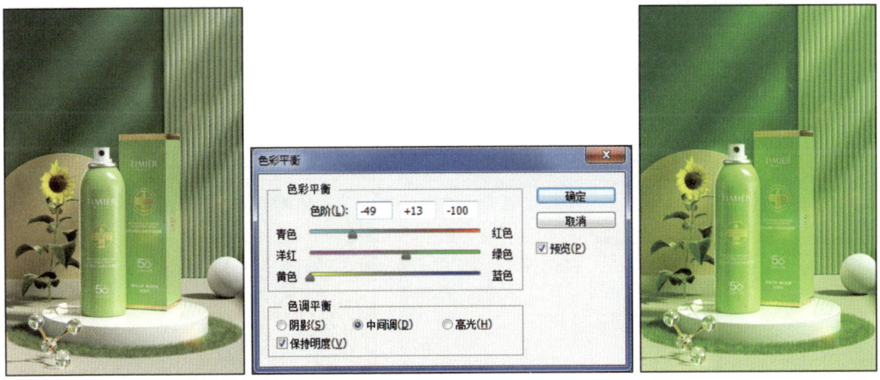

（a）原图像　（b）设置色彩平衡参数　（c）调整后的效果

图5-23　调整色彩平衡前后的对比效果

- **色调平衡：**该选项区用于设置色调范围，通过“阴影”“中间调”和“高光”3个单选按钮进行设置。选中“保持明度”复选框，可以在调整色调平衡过程中保

持图像的整体亮度不变。图5-24所示为调整色调平衡的图像效果。

（a）原图像　（b）调整阴影效果　（c）调整中间调效果　（d）调整高光效果

图5-24　调整色调平衡的图像效果

↘ 5.3.4　调整可选颜色

使用“可选颜色”命令可以对图像进行校正和调整，主要针对RGB、CMYK和黑、白、灰等主要颜色的组成进行调节。可以选择性地在图像某一主色调成分中增加或减少含量，而不影响其他主色调。单击“图像”|“调整”|“可选颜色”命令，弹出“可选颜色”对话框。

在“颜色”下拉列表框中可以选择要进行调整的颜色种类，然后分别拖动4个颜色滑块，进行颜色调整，调整可选颜色效果如图5-25所示。

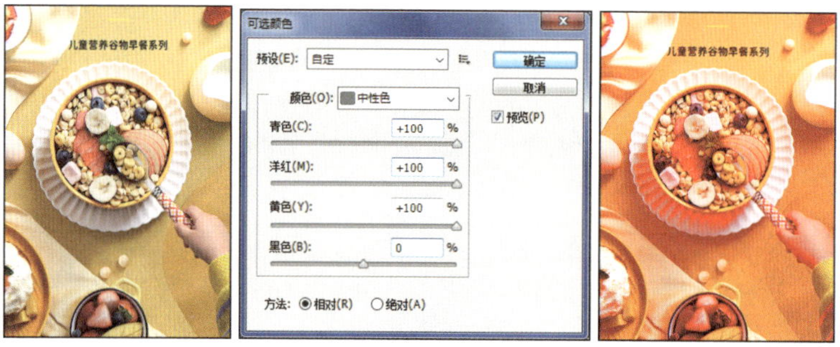

（a）调整中性色

（b）调整黄色

图5-25　调整可选颜色

↘ 5.3.5 应用通道混和器

图像的色彩是由各种颜色混合在一起组成的，其颜色信息都保存在通道中。“通道混和器”命令利用存储颜色信息的通道混合通道颜色，从而改变图像的颜色。单击“图像”|“调整”|“通道混和器”命令，弹出“通道混和器”对话框。

在“通道混和器”对话框中，各选项的含义如下。

- **预设：** 包含多个预设的调整设置文件，用于创建各种黑白效果。
- **输出通道：** 用于选择要调整的通道。
- **源通道：** 用于设置“红色”“绿色”“蓝色”3个通道的混合百分比。若调整“红色”通道的源通道，调整效果将展示在图像和“通道”面板中对应的“红色”通道上。
- **常数：** 用于调整输出通道的灰度值。
- **单色：** 选中该复选框，图像将从彩色转换为单色图像。

使用“通道混和器”命令也可以将彩色图像转换为单色图像，或者将单色图像转换为彩色图像，使用“通道混和器”调整色彩效果如图5-26所示。

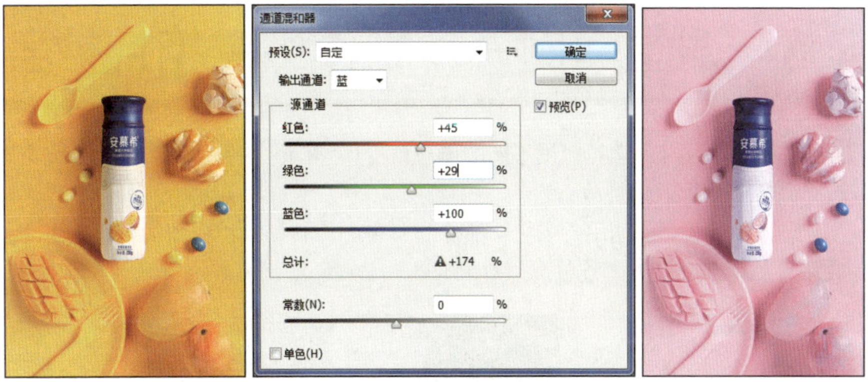

图5-26 使用“通道混和器”调整色彩

使用“通道混和器”命令是创建高品质黑白图像常用的一种方法，在数码相片处理中经常使用，如图5-27所示。

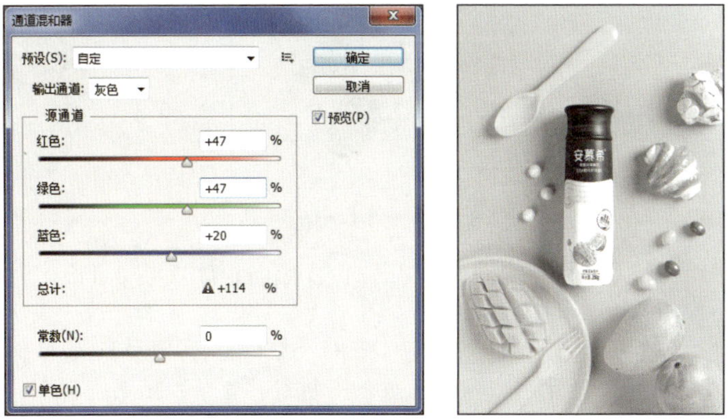

图5-27 创建黑白图像

5.3.6 图像去色

使用“去色”命令可以对图像进行去色，将彩色图像转换为灰度图像，但不改变图像的颜色模式。图5-28所示为使用“去色”命令调整图像的前后对比效果。

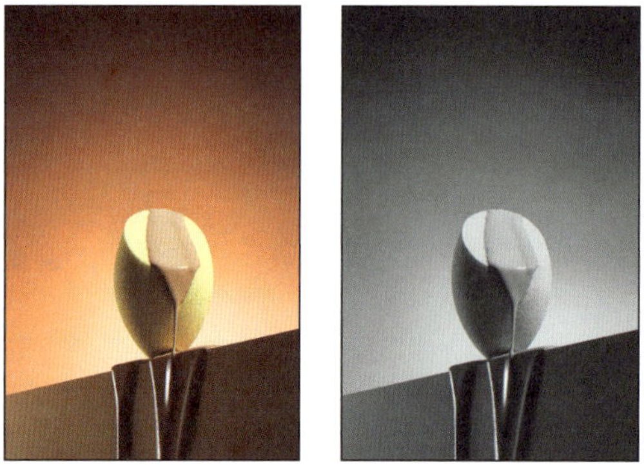

图5-28 使用“去色”命令调整图像的前后对比效果

5.4 课堂案例——制作黑白相片效果

【案例学习目标】学习使用不同的调色命令调整图像颜色。在工作上讲究方式方法，灵活应变，敢于挑战。

【案例知识要点】使用“去色”命令将彩色图像转换为黑白图像，再利用“通道混和器”命令进一步调整色调，效果如图 5-29 所示。

图5-29 黑白相片效果

视频

黑白相片效果的制作过程

【效果所在位置】效果文件 / 第 5 章 / 制作黑白相片效果 .psd。

步骤 01 单击“文件”|“打开”命令，打开“素材文件/第5章/制作黑白相片效果/01.jpg”，如图5-30所示。按【Ctrl+J】组合键复制“背景”图层，得到“图层1”，如图5-31所示。

图5-30　打开素材文件

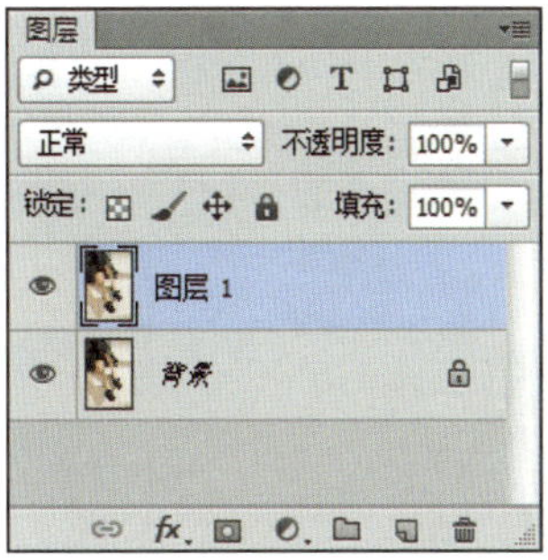

图5-31　复制“背景”图层

步骤02 单击“图像”|“调整”|“去色”命令，将彩色图像转换为黑白图像，如图5-32所示。单击“图像”|“调整”|“通道混和器”命令，在弹出的“通道混和器”对话框中选中“单色”复选框，然后设置各项参数，单击“确定”按钮，如图5-33所示。

图5-32　图像去色

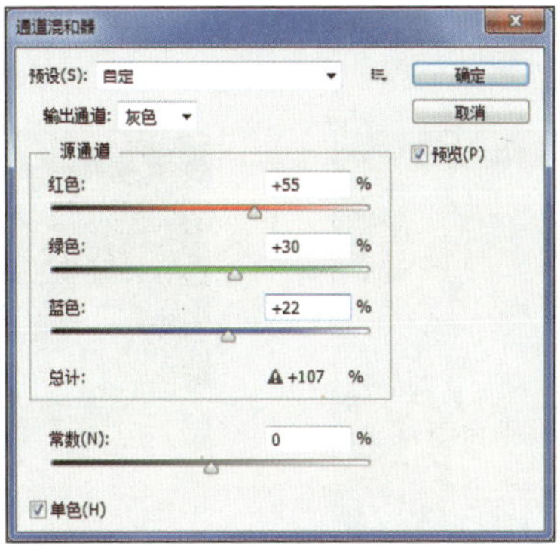

图5-33　“通道混和器”对话框

步骤03 单击“图像”|“调整”|“亮度/对比度”命令，在弹出的“亮度/对比度”对话框中设置各项参数（见图5-34），然后单击“确定”按钮，效果如图5-35所示。

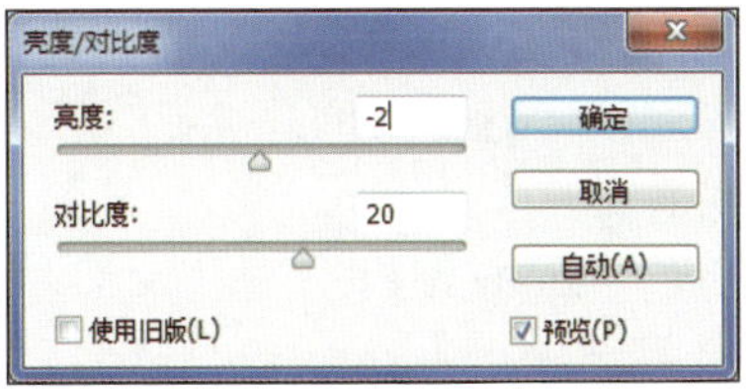

图5-34　“亮度/对比度”对话框

图5-35　设置“亮度/对比度”效果

步骤04 按【Ctrl+Alt+Shift+E】组合键盖印可见图层，得到“图层2”。按【Ctrl+J】组合键复制图层，得到“图层2副本”，如图5-36所示。单击“滤镜”|“其他”|“高反差保留”命令，在弹出的“高反差保留”对话框中设置参数，然后单击“确定”按钮，如图5-37所示。

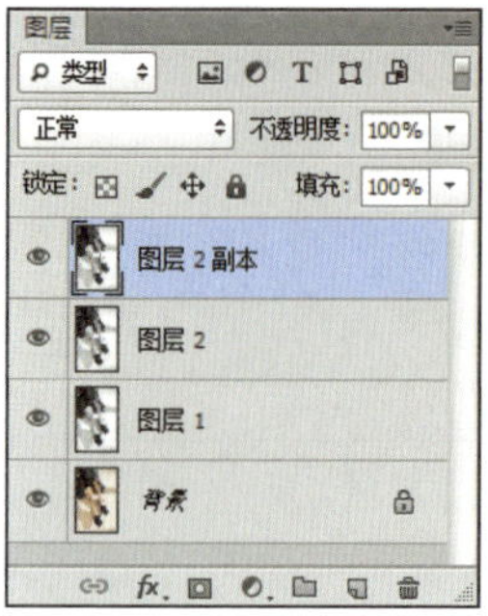

图5-36 复制图层

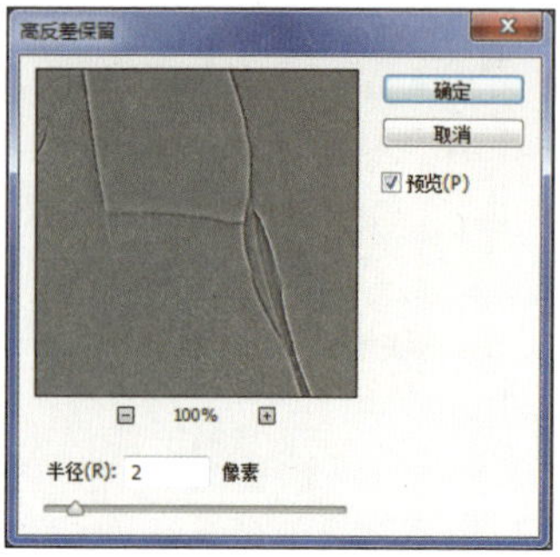

图5-37 “高反差保留”对话框

步骤05 此时，即可为图像应用“高反差保留”滤镜，如图5-38所示。设置“图层2副本”的图层混合模式为“叠加”，“不透明度”为60%，锐化图像中的细节，即可完成黑白相片效果的制作，如图5-39所示。

图5-38 应用“高反差保留”滤镜

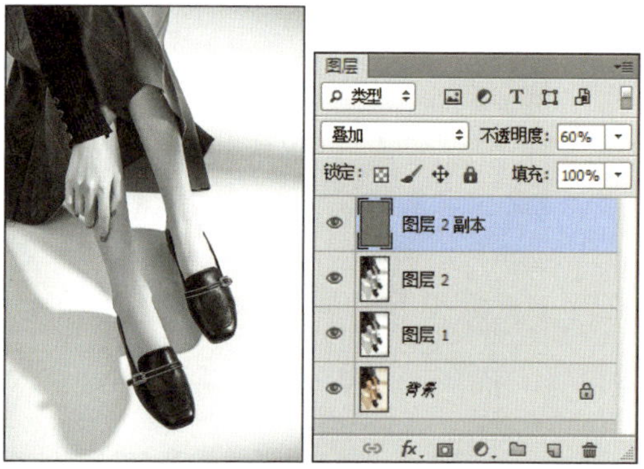

图5-39 设置图层混合模式并查看图像效果

5.5 课堂案例——增强商品图像的色彩鲜艳度

【案例学习目标】学习使用不同的调色命令调整图像的饱和度。增强学生对民族品牌的自信，推动中国产品向中国品牌转变。

【案例知识要点】使用“亮度/对比度”“色相/饱和度”和“自然饱和度”命令对图像进行调整，效果如图 5-40 所示。

视频

增强商品图像的色彩鲜艳度

图5-40 增强商品图像的色彩鲜艳度

【效果所在位置】效果文件/第5章/增强商品图像的色彩鲜艳度.psd。

步骤01 单击“文件”|“打开”命令，打开“素材文件/第5章/增强商品图像的色彩鲜艳度/01.jpg”，如图5-41所示。按【Ctrl+J】组合键复制“背景”图层，得到“图层1”，如图5-42所示。

图5-41 打开素材文件

图5-42 复制“背景”图层

步骤02 单击“图像”|“调整”|“亮度/对比度”命令，在弹出的“亮度/对比度”对话框中设置各项参数，然后单击“确定”按钮，如图5-43所示。此时，即可提高图像亮度和对比度，如图5-44所示。

步骤03 单击“图像”|“调整”|“色相/饱和度”命令，在弹出的“色相/饱和度”对话框中设置各项参数，然后单击“确定”按钮，如图5-45所示。此时，即可提高图像饱和度，如图5-46所示。

步骤04 单击“图像”|“调整”|“自然饱和度”命令，在弹出的“自然饱和度”对话框

框中设置各项参数，然后单击“确定”按钮，如图5-47所示。此时，图像的色彩给人以清新、亮丽的感觉。

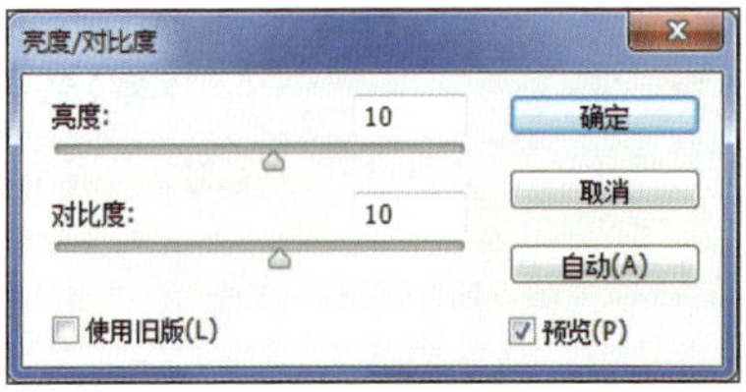

图5-43 “亮度/对比度”对话框

图5-44 提高图像亮度和对比度

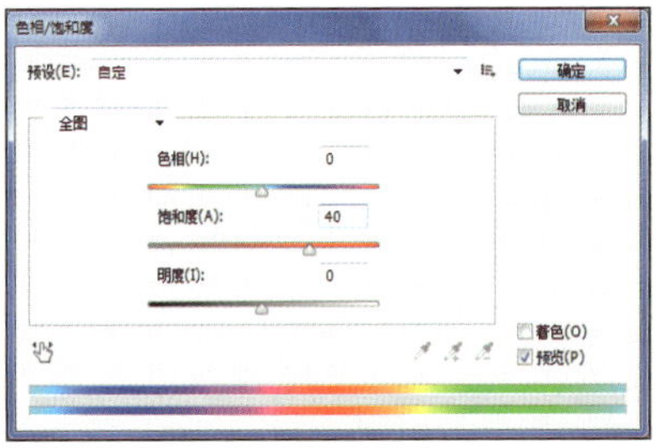

图5-45 “色相/饱和度”对话框

图5-46 提高图像饱和度

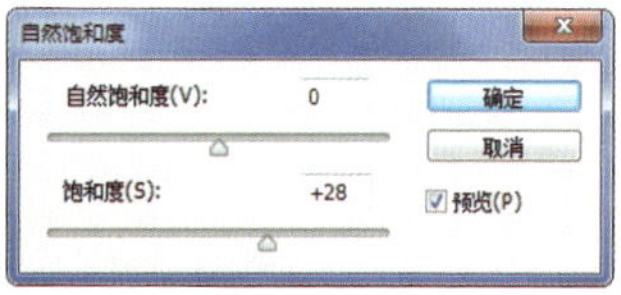

图5-47 “自然饱和度”对话框

5.6 课堂练习——调出优雅暖色调

【练习知识要点】使用多种调色工具校正偏色的图像，然后添加纯色图层润色。

【素材所在位置】素材文件 / 第 5 章 / 调出优雅暖色调 /01.jpg。

【效果所在位置】效果文件 / 第 5 章 / 调出优雅暖色调 .psd，效果如图 5-48 所示。

图5-48 调出优雅暖色调

视频

调出优雅暖色调

5.7 课堂练习——为模特还原白皙肌肤

【练习知识要点】使用“曲线”调整图层将模特偏黄的肌肤还原到自然，使用“色相 / 饱和度”调整图层降低黄色的饱和度，使用“亮度 / 对比度”和“色阶”命令提高图像整体的对比度。

【素材所在位置】素材文件 / 第 5 章 / 为模特还原白皙肌肤。

【效果所在位置】效果文件 / 第 5 章 / 为模特还原白皙肌肤 .psd，效果如图 5–49 所示。

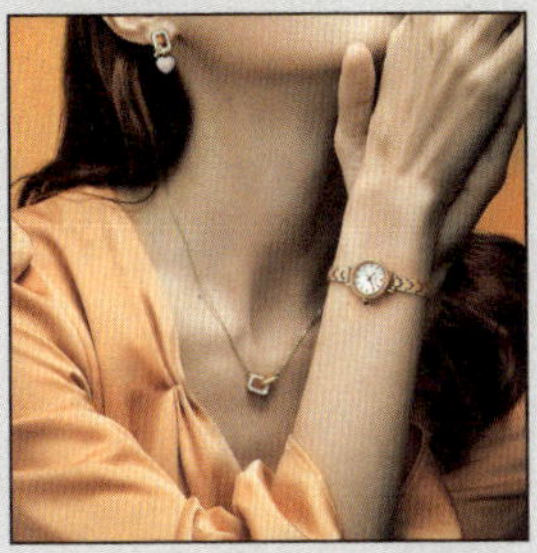

图5–49　为模特还原白皙肌肤

视频

为模特还原白皙肌肤

5.8 课后练习——制作绚丽珠宝直通车主图

【练习知识要点】使用“色相 / 饱和度”和“亮度 / 对比度”调整图层调整背景图层的色调，使用移动工具拖入主图素材，使用文本工具输入主图文案。

【素材所在位置】素材文件 / 第 5 章 / 制作绚丽珠宝直通车主图。

【效果所在位置】效果文件 / 第 5 章 / 制作绚丽珠宝直通车主图 .psd，效果如图 5–50 所示。

唯美系列
加入会员享专属优惠券
889元
活动价
全场满399减20

图5–50　绚丽珠宝直通车主图

视频

绚丽珠宝直通车主图的制作过程

第6章 网店图像的修复、修饰与绘制

本章导读

用数码相机拍摄的相片或从网上下载的图片往往会有一些不尽如人意的地方，这时可以利用Photoshop提供的多种工具对图像进行修复、修饰与绘制，快速去除图像中的一些缺陷，从而得到比较完美的图像效果。

知识目标

- 掌握图像修复工具的使用方法。
- 掌握图像修饰工具的使用方法。
- 掌握图像画笔工具和填充工具的使用方法。
- 掌握图像擦除工具的使用方法。

技能目标

- 能够使用修复工具修复网店图像。
- 能够使用修饰工具修饰网店图像。
- 能够使用画笔工具和填充工具绘制与填充网店图像。
- 能够使用擦除工具抠取网店图像。

素质目标

- 关注国家时事，宣扬社会主义核心价值观。
- 用图像技术讲好中国故事。

6.1 网店图像的修复

Photoshop CS6的工具箱中提供了很多对图像的污点和瑕疵进行修复的工具。使用这些工具处理图像，可以使图像变得更加完美。下面将学习如何使用这些修复工具对网店图像进行修复操作。

6.1.1　应用污点修复画笔工具

使用污点修复画笔工具可以快速移除图像中的杂色或污点。使用该工具时，只要在图像中有污点的地方单击，即可快速修复污点。污点修复画笔工具可以自动从所修复区域的周围取样进行修复操作，且不需要用户定义参考点。

选择污点修复画笔工具，其工具属性栏如图6-1所示。

图6-1　污点修复画笔工具属性栏

使用污点修复画笔工具修复图像污点前后的对比效果如图6-2所示。

图6-2　修复图像污点前后的对比效果

6.1.2　应用修复画笔工具

如果需要修复大片区域，或者需要更大程度地控制取样来源，可以选择使用修复画笔工具。使用修复画笔工具可以通过从图像中取样或用图案来填充图像，以达到修复图像的目的。

选择工具箱中的修复画笔工具，其工具属性栏如图6-3所示。

图6-3　修复画笔工具属性栏

在该工具属性栏中可以设置取样方式，其中部分选项的含义如下。

- **取样**：选中该单选按钮，可以从图像中取样来修复有缺陷或多余的图像。
- **图案**：选中该单选按钮，将使用图案填充图像。该工具在填充图案时将根据周围的图像来自动调整图案的色彩和色调。

选择修复画笔工具，按住【Alt】键，当鼠标指针呈⊕形状时，在图像中没有多余图像的地方单击进行取样，然后松开【Alt】键，单击有多余图像的地方，即可将刚才取样位置的图像复制到当前单击位置。

利用修复画笔工具去除多余图像的前后对比效果如图6-4所示。

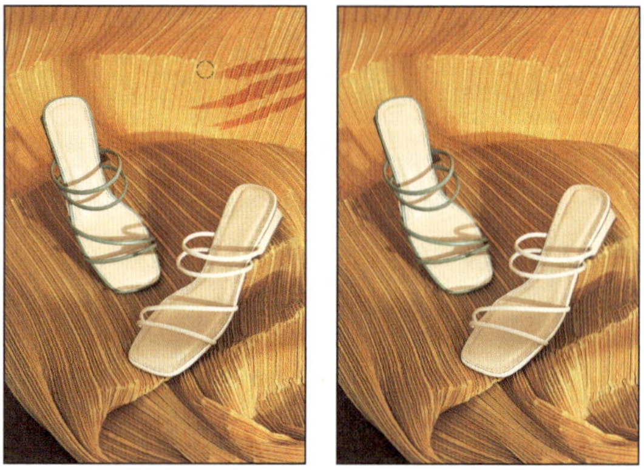

图6-4　去除多余图像的前后对比效果

6.1.3　应用红眼工具

红眼是由于相机闪光灯在被摄主体视网膜上反光引起的。在光线暗淡的房间里拍摄时使用闪光灯，由于人的虹膜张开得很宽，就会出现红眼。为了避免出现红眼，现在很多数码相机都有红眼去除功能。

利用Photoshop红眼工具也可以轻松去除拍摄相片时产生的红眼。选择工具箱中的红眼工具，其工具属性栏如图6-5所示。在该工具属性栏中，可以设置瞳孔大小和变暗量。

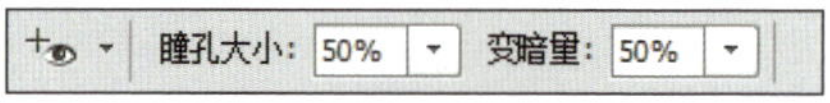

图6-5　红眼工具属性栏

红眼工具的使用方法非常简单，只需在工具属性栏中设置参数，然后在图像红眼位置单击，即可修复红眼。使用红眼工具修复人物红眼前后的对比效果如图6-6所示。

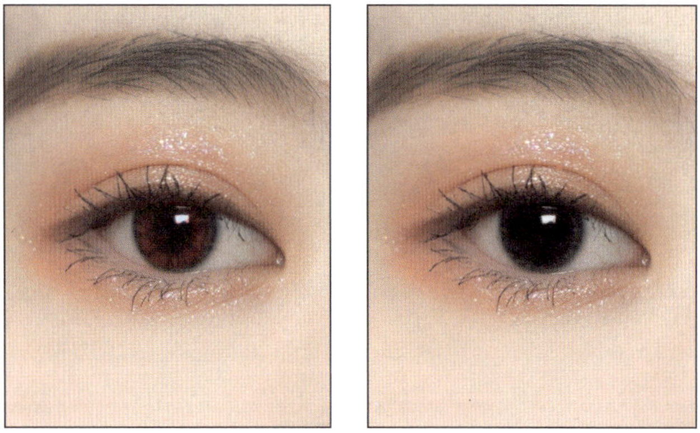

图6-6　修复人物红眼前后的对比效果

6.1.4　应用修补工具

修补工具适用于对图像的某一块区域进行整体操作。利用该工具修补图像时，首先要创建一个选区，将要修补的区域选中，然后将选区拖至要修补的目标区域即可。图6-7所示为修补工具的工具属性栏。

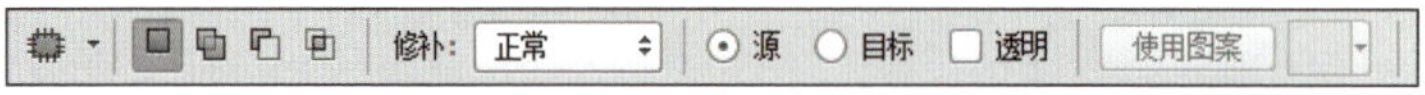

图6-7　修补工具的工具属性栏

该工具属性栏中部分选项的含义如下。

- **源：** 选中该单选按钮后，如果将源图像选区拖至目标区域，则源区域图像将目标区域的图像覆盖。
- **目标：** 选中该单选按钮，表示将选定区域作为目标区域，用其覆盖需要修补的区域。
- **透明：** 选中该复选框，可以将图像中差异较大的形状图像或颜色修补到目标区域中。
- **使用图案：** 创建选区后该按钮就会被激活，单击其右侧的下拉按钮，可以在弹出的图案列表中选择一种图案，用来对选区图像进行图案修复。

图6-8所示为利用修补工具修复图像的过程和效果。

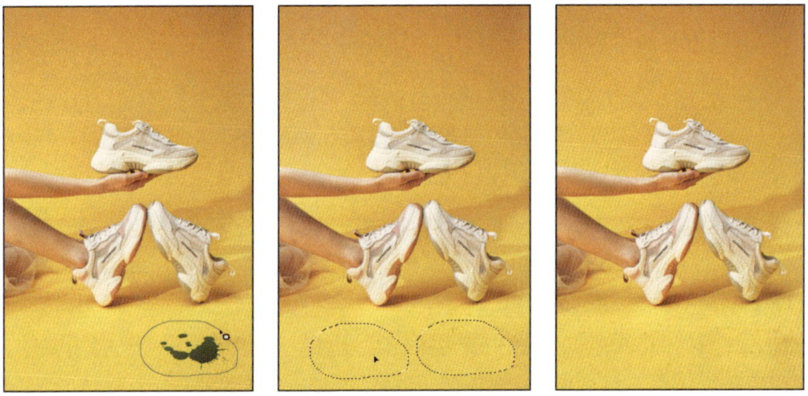

（a）使用修补工具创建选区　　（b）移动选区　　（c）修补效果

图6-8　利用修补工具修复图像的过程和效果

6.1.5　应用仿制图章工具

仿制图章工具用于复制图像内容，它可以将一幅图像的全部或部分内容复制到同一幅图像或另一幅图像中。

选择仿制图章工具，在其工具选项栏中选择合适的画笔大小，然后将鼠标指针移到图像窗口中，按住【Alt】键的同时单击进行取样，然后移动鼠标指针到当前图像的其他位置或者另一幅图像中，按住鼠标左键并拖动，即可复制取样的图像，如图6-9所示。

图6-9　使用仿制图章工具复制图像

选择工具箱中的仿制图章工具，其工具属性栏如图6-10所示。

图6-10　仿制图章工具属性栏

在应用取样的图像源时，如果由于某些原因停止操作，当再次仿制图像时，如果选中“对齐”复选框，仍可以从上次仿制结束的位置开始应用图像源；如果未选中该复选框，则每次仿制图像时，将从取样点的位置开始应用图像源。

6.1.6　应用内容感知移动工具

使用内容感知移动工具可以移动或复制选中的某个区域的内容。使用内容感知移动工具时，首先要为需要移动的区域创建选区，然后将选区拖至所需位置即可。选择内容感知移动工具，其工具属性栏如图6-11所示。

图6-11　内容感知移动工具属性栏

该工具属性栏中部分选项的含义如下。

- **模式：**包含“移动”和“扩展”两种模式。选择“移动”选项，将选取的区域内容移到其他位置，并自动填充原来的区域；选择“扩展”选项，则将选取的区域内容复制到其他位置。
- **适应：**设置选择区域保留的严格程度，包含“非常严格”“严格”“中”“松散”和“非常松散”5个选项。

使用内容感知移动工具“移动”与“扩展”模式来移动与复制图像，效果如图6-12所示。

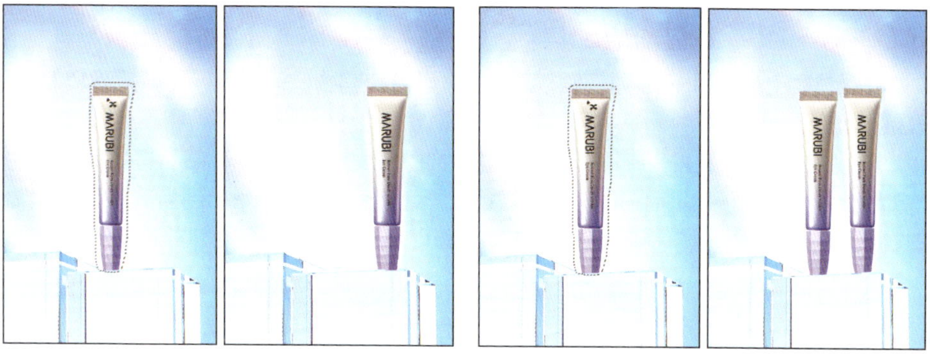

（a）使用“移动”模式移动图像　　（b）使用“扩展”模式复制图像

图6-12　使用内容感知移动工具移动与复制图像

6.2 课堂案例——修复模特面部瑕疵

【案例学习目标】学习使用多种修图工具修复人物图像。弘扬工匠精神，在修图过程中一丝不苟，细致入微。

【案例知识要点】使用缩放快捷键调整图像大小，使用污点修复画笔工具修复人物面部的雀斑等瑕疵，使用修复画笔工具修复人物眼部细纹，效果如图 6-13 所示。

视频

修复模特面部瑕疵

图6-13　修复模特面部瑕疵

【效果所在位置】效果文件 / 第 6 章 / 修复模特面部瑕疵 .psd。

步骤01 单击“文件”|“打开”命令，打开“素材文件/第6章/修复模特面部瑕疵/01.jpg”，如图6-14所示。按【Ctrl+J】组合键复制“背景”图层，得到“图层1”，如图6-15所示。

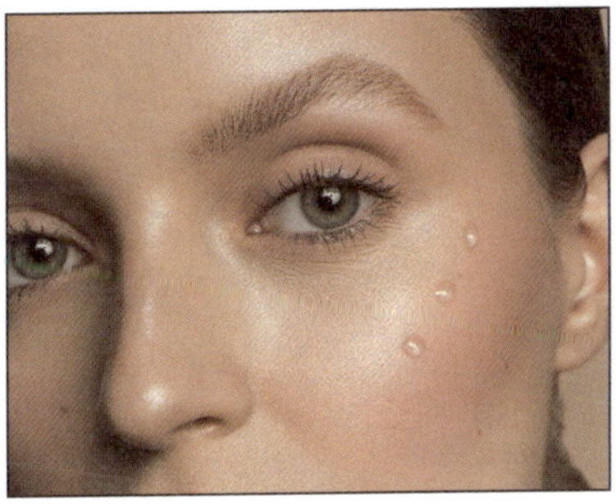

图6-14　打开素材文件

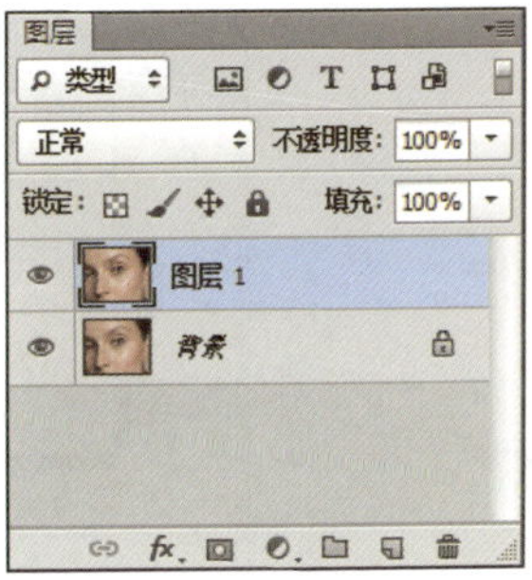

图6-15　复制“背景”图层

步骤02 按【Ctrl++】组合键放大图像，选择污点修复画笔工具，在模特面部有雀斑的地方单击进行修复，如图6-16所示。采用同样的方法，修复模特面部的所有瑕疵效果如图6-17所示。

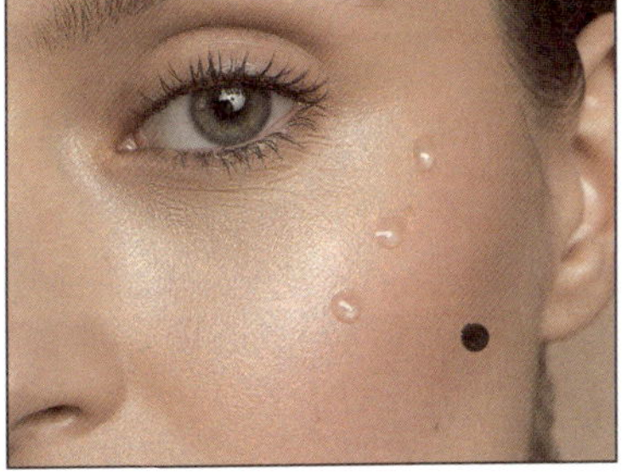

图6-16　单击雀斑进行修复

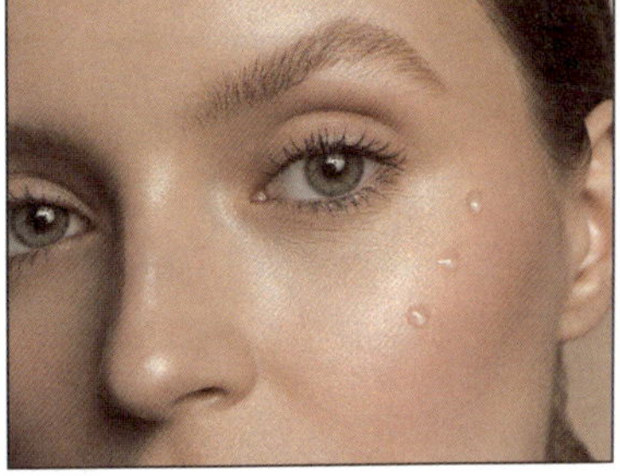

图6-17　修复模特面部的所有瑕疵

步骤03 使用抓手工具拖动图像，使模特的眼睛处于图像中央。选择修复画笔工具，按住【Alt】键的同时单击皮肤光滑处，设置取样点，如图6-18所示。松开【Alt】键，然后在眼部细纹处进行涂抹，用采样处的皮肤替换细纹处的皮肤，去除细纹效果如图6-19所示。

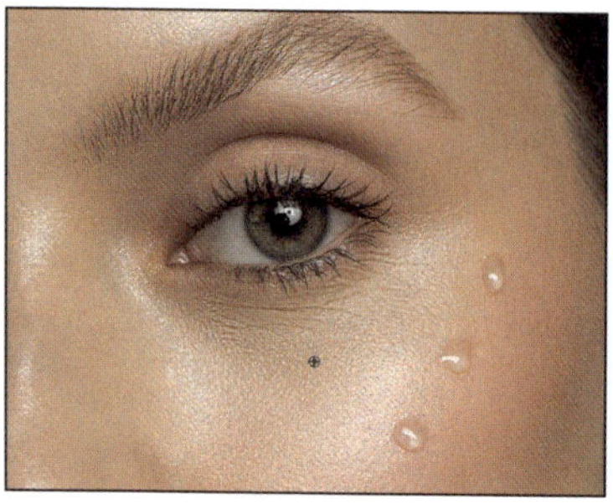

图6-18 设置取样点

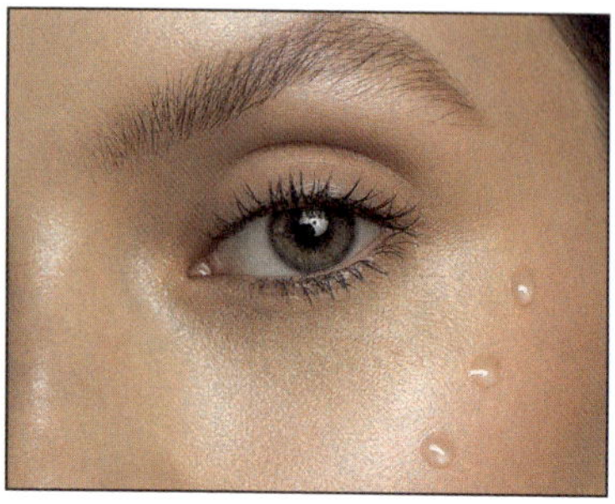

图6-19 去除细纹

步骤04 单击“图像”｜“调整”｜“曲线”命令，在弹出的“曲线”对话框中设置各项参数，然后单击“确定”按钮，如图6-20所示。此时，即可提高图像的整体亮度。

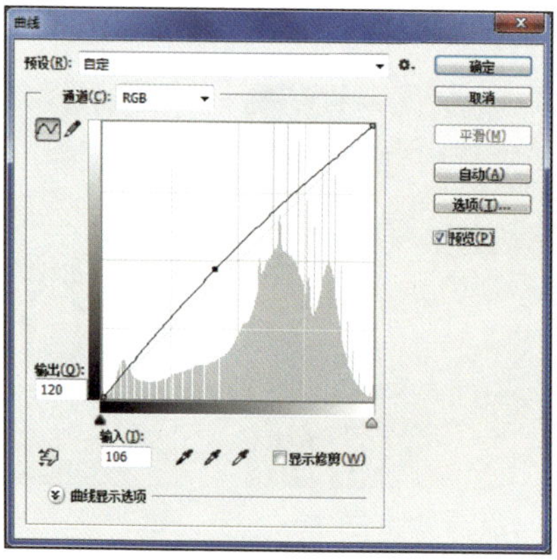

图6-20 设置“曲线”参数

6.3 课堂案例——修复洗护用品相片

【案例学习目标】学习使用多种修图工具修复洗护用品相片。坚持诚信原则，在网店美工设计中拒绝夸大、虚假广告宣传。

【案例知识要点】使用缩放快捷键调整图像大小，使用修补工具修复图像瑕疵，使用内容感知移动工具复制图像，使用仿制图章工具修复图像边缘，效果如图 6-21 所示。

视频

修复洗护用品相片

图6–21　修复洗护用品相片

【效果所在位置】效果文件 / 第 6 章 / 修复洗护用品相片 .psd。

步骤01 单击“文件”｜“打开”命令，打开“素材文件/第6章/修复洗护用品相片/01.jpg”，如图6–22所示。按【Ctrl+J】组合键复制“背景”图层，得到“图层1”，如图6–23所示。

图6–22　打开素材文件

图6–23　复制“背景”图层

步骤02 按【Ctrl++】组合键放大图像，选择修补工具，在图像窗口中拖动鼠标指针圈选污渍区域，以创建选区，如图6–24所示。在选区中单击并按住鼠标左键不放，将选区拖至右侧合适的位置，如图6–25所示。

步骤03 松开鼠标左键，选区中的图像就会被新放置位置的图像所修补，修补效果如图6–26所示。采用同样的方法，对图像中其他区域中的污渍部分进行修补，效果如图6–27所示。

步骤04 选择内容感知移动工具，在其工具属性栏中设置“模式”为“扩展”，“适应”为“中”，沿着花的边缘绘制选区，如图6–28所示。将选区拖至合适的位置，如图6–29所示。

图6-24　创建选区

图6-25　拖动选区

图6-26　修补效果

图6-27　修补其他区域后的效果

图6-28　绘制选区

图6-29　复制选区内的图像

步骤05 此时，选区内的图像被复制到新的位置，按【Ctrl+T】组合键调出变换框，按住【Shift】键的同时向内拖动变换框右上角的控制手柄等比例缩小图像，并按【Enter】键确认操作，如图6-30所示。按【Ctrl+D】组合键取消选区，按【Ctrl++】组合键放大图像后可以看到复制的图像边缘比较生硬，如图6-31所示。

步骤06 选择仿制图章工具，按住【Alt】键的同时单击进行取样，移动鼠标指针到复制图像的边缘，按住鼠标左键并拖动，复制取样的图像，修复图像边缘效果如图6-32所示。采用同样的方法，继续进行修复操作。

图6-30　变换图像

图6-31　查看图像

图6-32　修复图像边缘

6.4 网店图像的修饰

在Photoshop CS6中，除了可以对网店图像的缺陷进行修复外，还可以对网店图像进行一定的修饰，使其更趋于完美。下面将学习修饰网店图像的方法与技巧。

6.4.1　应用模糊工具

使用模糊工具可以使图像产生模糊效果，从而柔化图像，减少图像细节。选择模糊工具后，在图像中按住鼠标左键并拖动，即可进行模糊操作。使用模糊工具模糊图像前后的对比效果如图6-33所示。

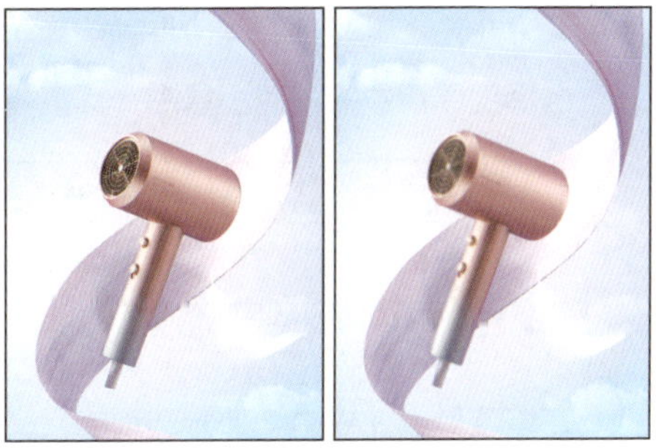

图6-33　模糊图像前后的对比效果

选择工具箱中的模糊工具，其工具属性栏如图6-34所示。

图6-34　模糊工具属性栏

其中，该工具栏中部分选项的含义如下。

- **模式：** 用于设置操作模式，其中包括“正常”“变暗”“变亮”“色相”“饱和度”“颜色”和“亮度”等模式。
- **强度：** 用于设置模糊的程度，数值越大，模糊的程度就越明显。
- **对所有图层取样：** 选中该复选框，即可对所有图层中的图像进行模糊操作；取消选中该复选框，则只对当前图层中的图像进行模糊操作。

6.4.2　应用锐化工具

使用锐化工具可以增强图像中相邻像素之间的对比，使图像产生更加清晰的效果。选择锐化工具后，在图像中按住鼠标左键并拖动，即可进行锐化操作，锐化图像前后的对比效果如图6-35所示。

图6-35　锐化图像前后的对比效果

↘ 6.4.3　应用减淡工具

使用减淡工具可以提高图像的曝光度，使图像变亮。选择工具箱中的减淡工具，在图像中按住鼠标左键并拖动，即可进行减淡操作，减淡图像前后的对比效果如图6-36所示。

图6-36　减淡图像前后的对比效果

选择工具箱中的减淡工具，其工具属性栏如图6-37所示。

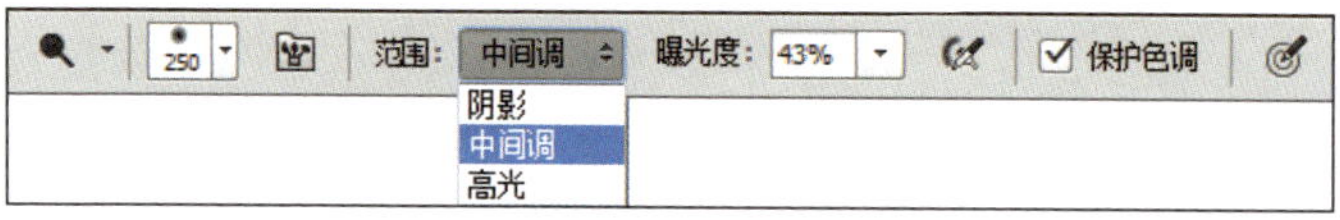

图6-37　减淡工具属性栏

在该工具属性栏中，部分选项的含义如下。

- **范围：** 用于设置减淡操作作用的范围。选择“阴影”选项，减淡操作仅对图像阴影区域的像素起作用；选择“中间调”选项，减淡操作仅对图像中间调区域的像素起作用；选择“高光”选项，减淡操作仅对图像高光区域的像素起作用。
- **曝光度：** 用于设置曝光，数值越大，曝光度就越高，图像变亮的程度也就越明显。
- **保护色调：** 选中该复选框，可以在操作过程中保护画面的高光区域和阴影区域尽量不受影响，以保护图像的原始色调和饱和度。

↘ 6.4.4　应用加深工具

使用加深工具可以降低图像的曝光度，使图像变暗。加深工具和减淡工具是一组作用相反的工具。选择工具箱中的加深工具，在图像中按住鼠标左键并拖动，即可进行加深操作，加深图像前后的对比效果如图6-38所示。

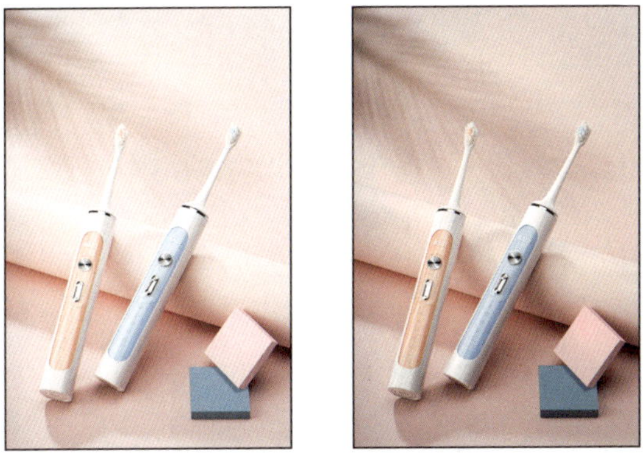

图6-38　加深图像前后的对比效果

6.4.5　应用海绵工具

使用海绵工具可以降低或提高图像的色彩饱和度，选择工具箱中的海绵工具，其工具属性栏如图6-39所示。

图6-39　海绵工具属性栏

其中，部分选项的含义如下。

- **模式：** 如果选择“降低饱和度”模式，然后使用该工具在图像中涂抹，可以看到相应区域的颜色变暗且纯度降低；如果选择“饱和”模式，涂抹后相应区域的颜色会变亮且纯度提高，选择不同模式修饰图像的效果如图6-40所示。

（a）原图像　（b）“降低饱和度”模式　（c）“饱和”模式

图6-40　选择不同模式修饰图像

- **流量：** 用于设置饱和度的变化程度。
- **自然饱和度：** 选中该复选框，可以在增加饱和度时防止颜色过度饱和而出现溢色。

6.5 课堂案例——修饰手表实拍相片

【案例学习目标】学习使用多种修饰工具对实拍相片进行修饰。培养求真务实、精益求精、实践创新的专业技能精神。

【案例知识要点】使用加深工具、减淡工具、锐化工具和模糊工具制作图像，效果如图 6-41 所示。

图6-41　修饰手表实拍相片

视频

修饰手表实拍相片

【效果所在位置】效果文件 / 第 6 章 / 修饰手表实拍相片 .psd。

步骤 01 单击“文件”|“打开”命令，打开“素材文件/第6章/修饰手表实拍相片/01.jpg”，如图6-42所示。按【Ctrl+J】组合键复制“背景”图层，得到“图层1”，如图6-43所示。

图6-42　打开素材文件

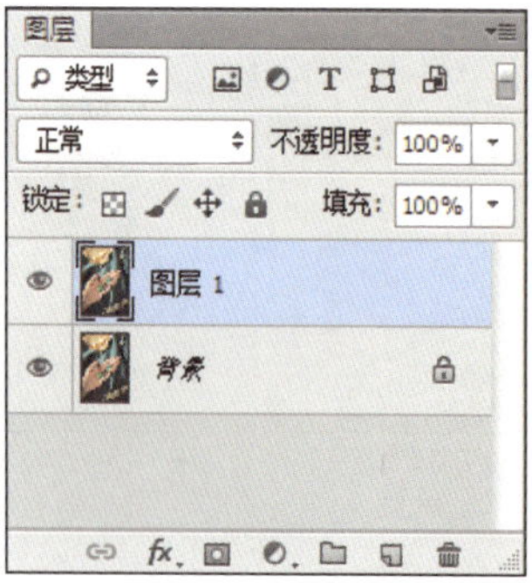

图6-43　复制“背景”图层

步骤 02 选择加深工具，在其工具属性栏中单击“画笔”选项右侧的按钮，在弹出的画笔选择面板中选择需要的画笔形状，将“大小”设置为450像素，“曝光度”设置为50%，如图6-44所示。在图像背景四角边缘使用该工具进行涂抹，制作暗角效果，如图6-45所示。

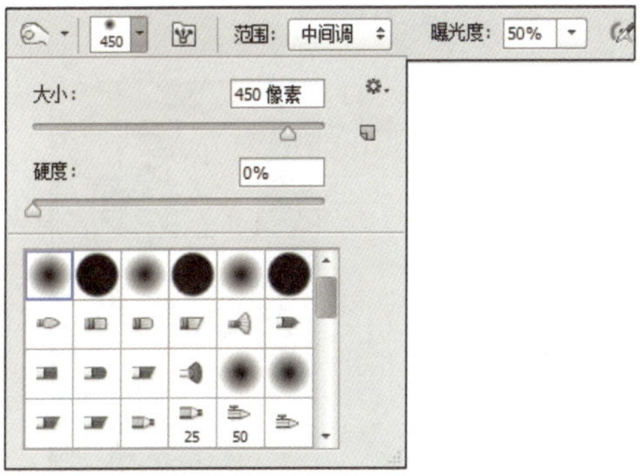

图6-44　设置工具属性

图6-45　制作暗角效果

步骤 03 选择模糊工具，在其工具属性栏中单击“画笔”选项右侧的按钮，在弹出的画笔选择面板中选择需要的画笔形状，将“大小”设置为400像素，“强度”设置为100%，如图6-46所示。在图像背景区域使用该工具进行涂抹，模糊背景效果如图6-47所示。

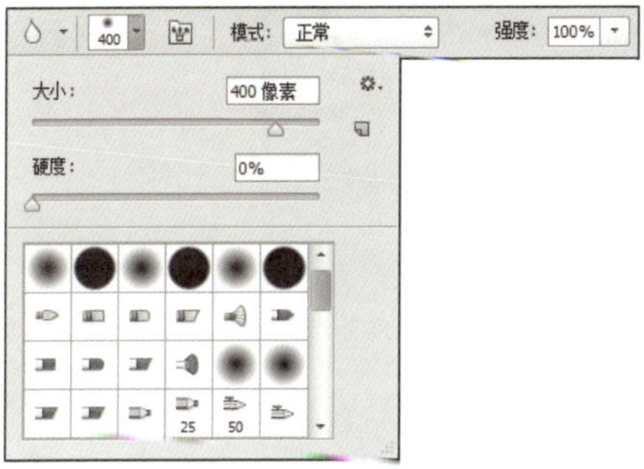

图6-46　设置工具属性

图6-47　模糊背景

步骤 04 选择减淡工具，在其工具属性栏中将“大小”设置为40像素，“范围”设置为“中间调”，“曝光度”设置为50%，如图6-48所示。按【Ctrl++】组合键放大图像，在手表的高光区域使用该工具进行涂抹，减淡效果如图6-49所示。

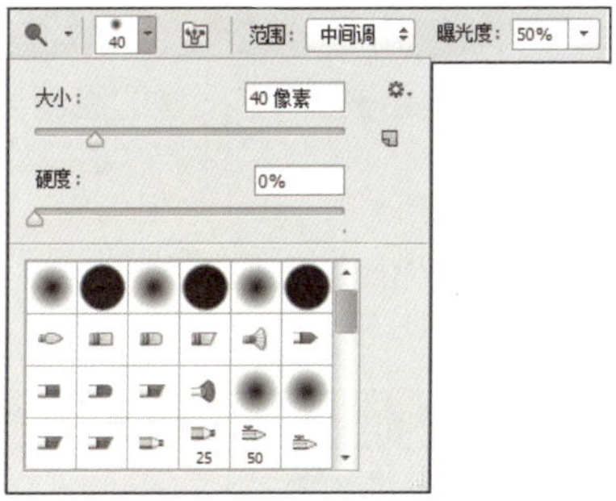

图6-48　设置工具属性

图6-49　减淡效果

步骤 05 选择锐化工具△，在其工具属性栏中将“大小”设置为125像素，“模式”设置为“正常”，“强度”设置为50%，如图6-50所示。在手表区域使用该工具进行涂抹，尤其是表盘部分可以进行多次锐化，锐化效果如图6-51所示。

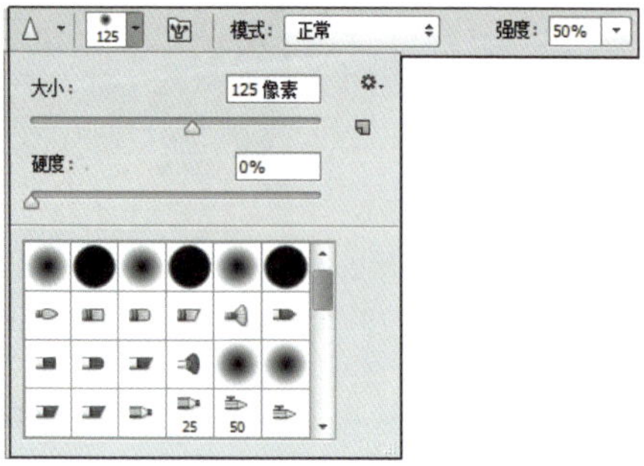

图6-50 设置工具属性

图6-51 锐化效果

步骤06 单击“图像”|“调整”|“曲线”命令，在弹出“曲线”对话框的“预设”下拉列表框中选择“中对比度（RGB）”选项，然后单击“确定”按钮，如图6-52所示。此时，即可提高图像的整体对比度。

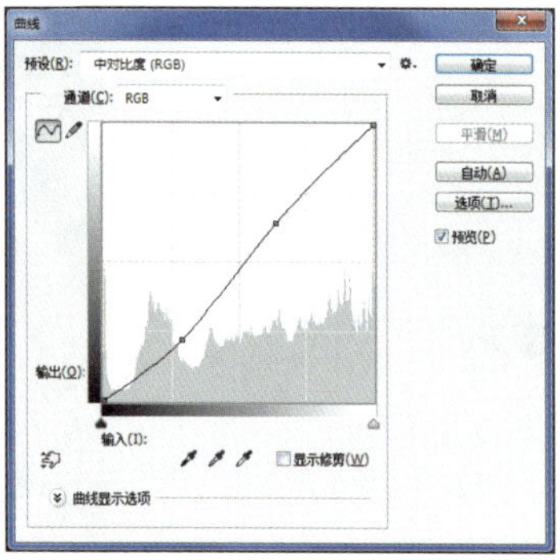

图6-52 “曲线”对话框

6.6 网店图像的绘制与填充

在Photoshop CS6中，不仅可以对图像进行处理，还可以绘制自己需要的图形或图像效果。下面将学习如何使用画笔工具和填充工具进行网店图像的绘制与填充。

↘ 6.6.1 应用画笔工具

选择画笔工具，其工具属性栏如图6-53所示。在使用画笔工具绘制图形之前，应先选择所需的画笔笔尖形状和大小，并设置不透明度、流量等属性。

图6-53 画笔工具属性栏

1. 笔刷的设置

在Photoshop CS6中，可以选择系统自带的笔刷，或者将图案定义成笔刷，还可以加载、保存和删除笔刷。

单击画笔工具属性栏中的画笔笔触下拉按钮，在弹出的下拉面板中可以设置画笔笔触、大小和硬度等参数，如图6-54所示。

其中，各选项的含义如下。

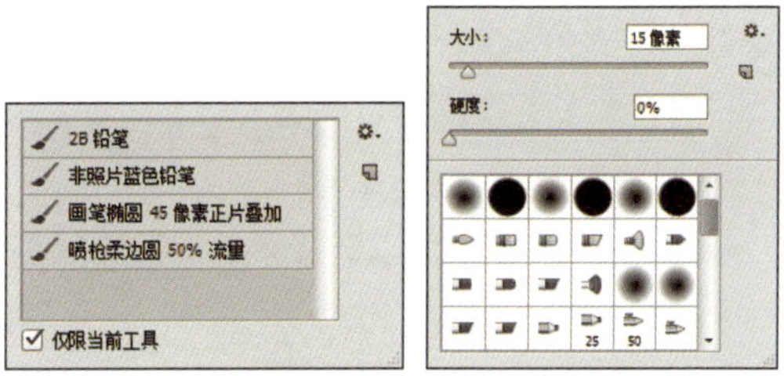

图6-54　设置画笔笔触、大小和硬度等参数

- **大小：**拖动滑块或在数值框中输入数值，可以设置画笔笔尖的大小。
- **硬度：**用于设置画笔笔尖的硬度。
- **画笔列表：**在列表框中可以选择画笔笔触形状。
- **“从此画笔创建新的预设”按钮：**在对画笔笔尖的大小和硬度进行设置后，如果想保存此笔触，可以单击“从此画笔创建新的预设”按钮，在弹出的“画笔名称”对话框中设置画笔的名称，然后单击“确定”按钮，即可将当前画笔保存为新的画笔预设样本，如图6-55所示。
- **：**单击面板右上角的按钮，将弹出控制菜单，如图6-56所示。利用该菜单可以进行重命名画笔、删除画笔、复位画笔、载入画笔、存储画笔和替换画笔等操作。

2. 设置画笔流量

利用“流量”数值框可以控制绘制过程中颜色的流动速度，数值越大，颜色流动得就越快，颜色饱和度也就越高。

图6-55　将当前画笔保存为新的画笔预设样本

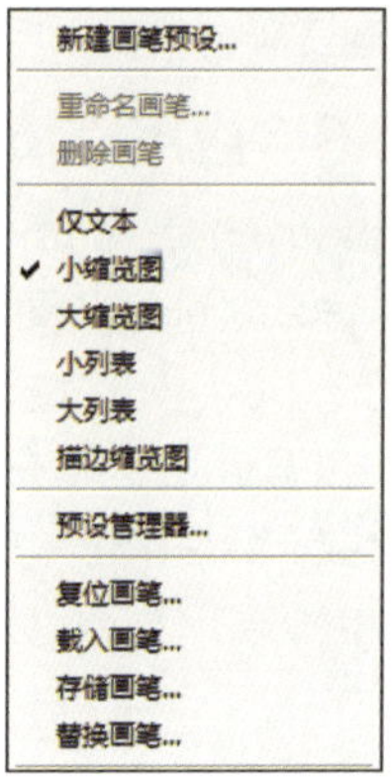

图6-56　控制菜单

在效果上看似设置流量和设置不透明度的效果相同，但其实不是。设置“流量”值后，当画笔绘制的图案重叠时，颜色的饱和度会提高，这与设置“不透明度”值的效果不同。

6.6.2　应用渐变工具

使用渐变工具可以快速填充渐变色。所谓渐变色，就是具有多种过渡颜色的混合色。选择工具箱中的渐变工具，其工具属性栏如图6-57所示。

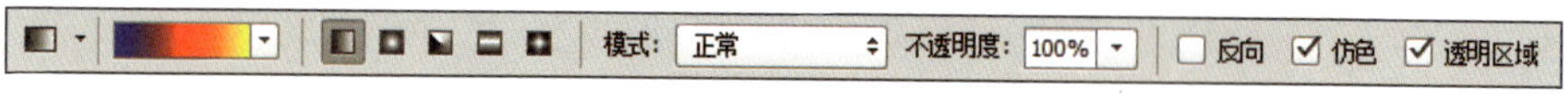

图6-57 渐变工具属性栏

其中，各选项的含义如下。

- ：单击色块右侧的下拉按钮，在弹出的下拉面板中可以选择系统内置的渐变色，如图6-58所示。

图6-58 系统内置的渐变色

- ：用于设置渐变填充类型，包括线性渐变、径向渐变、角度渐变、对称渐变和菱形渐变，如图6-59所示。

（a）线性渐变　（b）径向渐变　（c）角度渐变　（d）对称渐变　（e）菱形渐变

图6-59 渐变填充类型

- **模式：**用于选择渐变填充的颜色与底图的混合模式。
- **不透明度：**用于控制渐变填充的不透明度。
- **反向：**选中该复选框，可以将渐变图案反向。
- **仿色：**选中该复选框，可以使渐变图案的颜色过渡得更加柔和、平滑。
- **透明区域：**选中该复选框，即可启用编辑渐变时设置的透明效果，渐变填充得到透明效果。

6.6.3 应用“填充”命令

在Photoshop CS6中，除了可以使用油漆桶工具填充颜色或图案外，还可以使用“填充”命令对选区或图像填充颜色或图案。“填充”命令的一项重要功能是可以有效地保护图像中的透明区域，有针对性地填充图像。

单击“编辑”|“填充”命令，弹出“填充”对话框。在其中设置使用、模式和不透明度等参数，然后单击“确定”按钮，即可完成填充操作，如图6-60所示。

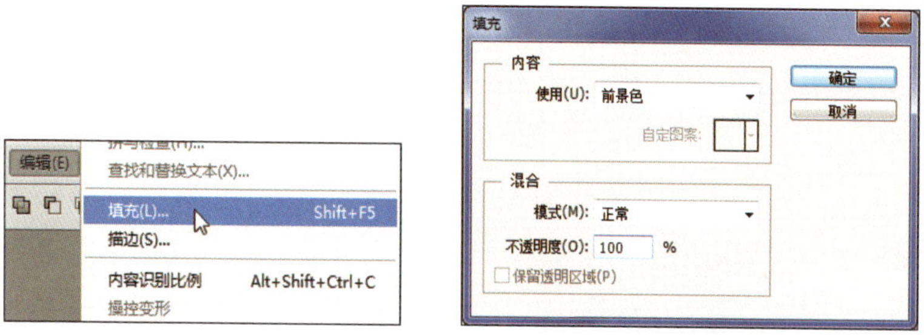

图6-60 使用“填充”命令填充图像

6.7 课堂案例——制作母婴用品梦幻海报

【案例学习目标】 学习使用画笔工具绘制图像。

【案例知识要点】 使用画笔工具绘制圆形光晕来装饰海报背景，效果如图 6-61 所示。

【效果所在位置】 效果文件 / 第 6 章 / 制作母婴用品梦幻海报 .psd。

图6-61　母婴用品梦幻海报

视频

母婴用品梦幻海报的制作过程

步骤 01 单击“文件” | “新建”命令，在弹出的“新建”对话框中设置各项参数，然后单击“确定”按钮，如图6-62所示。选择画笔工具，在其工具属性栏中设置“画笔笔尖”为“硬边圆”，“大小”为720像素，“不透明度”为50%，如图6-63所示。

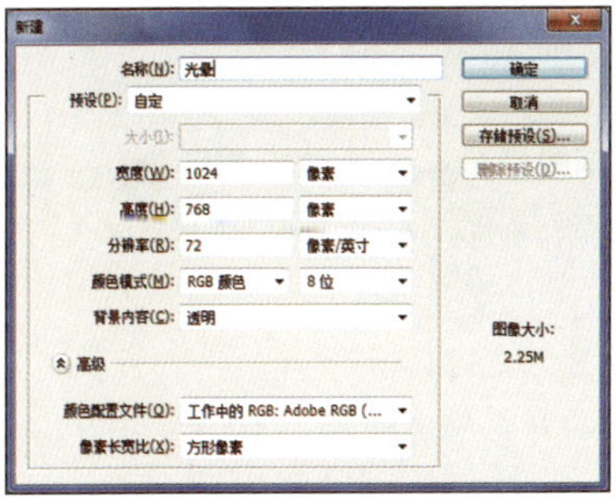

图6-62　“新建”对话框

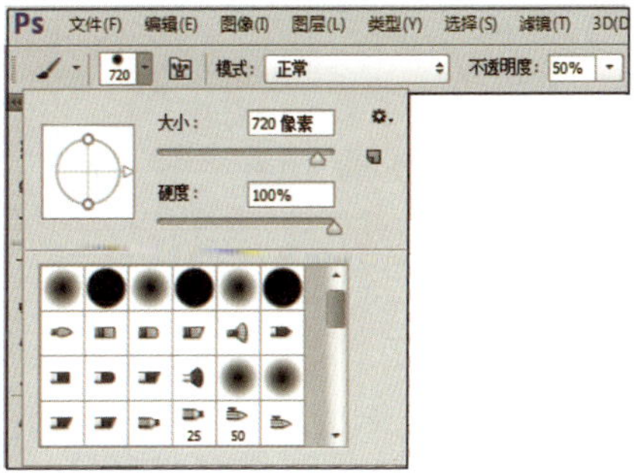

图6-63　设置画笔属性

步骤 02 设置前景色为黑色，使用画笔工具在画面中单击，绘制一个灰色的圆形，如图6-64所示。单击“编辑” | “定义画笔预设”命令，在弹出的“画笔名称”对话框中输入画笔名称，然后单击“确定”按钮，如图6-65所示。

图6-64　绘制一个灰色的圆形

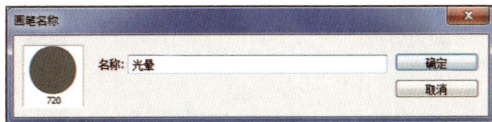

图6-65　“画笔名称”对话框

步骤03 单击“文件”|“打开”命令，打开“素材文件/第6章/制作母婴用品梦幻海报/01.jpg”，如图6-66所示。单击“创建新图层”按钮，创建“图层1”，如图6-67所示。

图6-66　打开素材文件

图6-67　创建图层

步骤04 选择画笔工具，按【F5】键打开“画笔”面板，分别对画笔的“平滑”“形状动态”“散布”和“颜色动态”等选项进行设置，如图6-68所示。

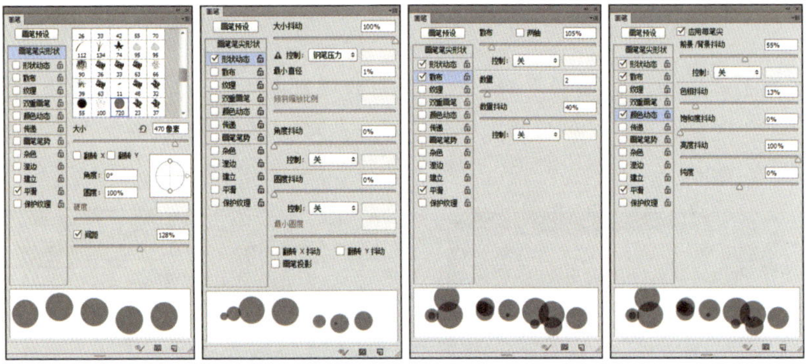

图6-68　设置“画笔”面板参数

步骤05 选择画笔工具，在其工具属性栏中设置“不透明度”为100%，设置前景色为RGB（255，150，98），在图像窗口中使用画笔工具，绘制出随意的圆形作为光晕，如图6-69所示。

步骤06 在“图层”面板中设置“图层1”的图层混合模式为“颜色减淡”，“不透明度”为60%。选择橡皮擦工具，擦除多余的光晕效果，即可得到最终效果，如图6-70所示。

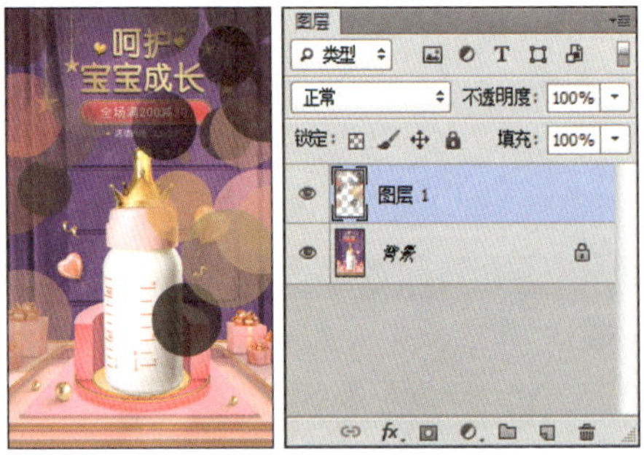

图6-69　绘制光晕

图6-70　设置图层混合模式并查看图像最终效果

6.8 网店图像的抠取

使用擦除工具可以擦除图像中的颜色，在擦除位置上可以填入背景色或使其变为透明。下面将学习如何通过使用这些工具擦除图像中的颜色来达到抠取网店图像的目的。

6.8.1　应用背景橡皮擦工具

使用背景橡皮擦工具可以将图像中的背景涂抹成透明，并在擦除背景的同时在前景中保留其边缘，比较适合擦除一些背景较为复杂的图像。选择工具箱中的背景橡皮擦工具，其工具属性栏如图6-71所示。

图6-71　背景橡皮擦工具属性栏

该工具属性栏中各选项的含义如下。

- ：单击该按钮，在弹出的下拉面板中可以设置画笔大小、硬度、角度、圆度和间距等参数。
- ：利用取样按钮组可以设置取样方式。单击“取样连续”按钮，表示擦除过程中连续取样；单击“取样：一次”按钮，表示仅取样单击时鼠标指针所在位置的颜色，并将该颜色设置为基准颜色；单击“取样：背景色板”按钮，表示将背景色设置为基准颜色。
- **限制：**用于设置擦除限制类型，包含“连续”“不连续”和“查找边缘”3个选项。
  连续：选择该选项，则与取样颜色相关联的区域被擦除。
  不连续：选择该选项，则所有与取样颜色一致的颜色均被擦除。
  查找边缘：选择该选项，则与取样颜色相关的区域被擦除，保留区域边缘的锐利清晰。
- **容差：**用于设置擦除颜色的范围，数值越小，被擦除的图像颜色与取样颜色越接近。
- **保护前景色：**选中该复选框，可以防止具有前景色的图像区域被擦除，如图6-72所示。

图6-72　保护前景色

6.8.2　应用魔术橡皮擦工具

魔术橡皮擦工具其实是魔棒工具和背景橡皮擦工具的结合，它具有自动分析的功能，可以自动分析图像的边缘，将一定容差范围内的背景颜色全部清除。选择工具箱中的魔术橡皮擦工具，其工具属性栏如图6-73所示。

图6-73　魔术橡皮擦工具属性栏

其中，各选项的含义如下。

- **容差：** 用于设置擦除颜色的范围。
- **消除锯齿：** 选中该复选框，可以使擦除区域的边缘变得平滑。
- **连续：** 选中该复选框，只能擦除与目标位置颜色相同且连续的图像；取消选中该复选框，则可以擦除图像中所有颜色的像素。
- **对所有图层取样：** 选中该复选框，可以对当前图像所有可见图层中的图像进行擦除操作。
- **不透明度：** 用于设置擦除强度。

选择魔术橡皮擦工具，在工具属性栏中设置各项参数，然后在背景中单击，即可去除背景，如图6-74所示。

图6-74　去除背景

6.9 课堂案例——制作吸尘器直通车主图

【案例学习目标】学习使用擦除工具擦除多余的图像。树立正确的网络营销职业观和价值观，培养良好的职业操守。

【案例知识要点】使用魔术橡皮擦工具擦除不需要的图像，使用移动工具合成图像，效果如图 6-75 所示。

【效果所在位置】效果文件 / 第 6 章 / 制作吸尘器直通车主图 .psd。

图6-75　吸尘器直通车主图

视频

吸尘器直通车主图的制作过程

步骤01 单击“文件”|“打开”命令，打开“素材文件/第6章/制作吸尘器直通车主图/01.jpg”，如图6-76所示。选择魔术橡皮擦工具，在其工具属性栏中设置各项参数，如图6-77所示。

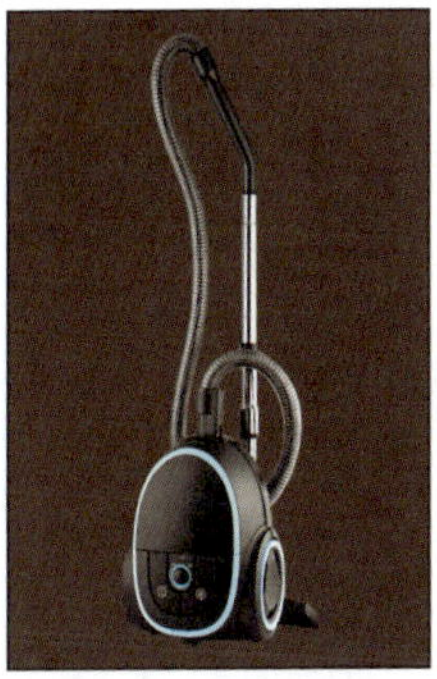

图6-76　打开素材文件

图6-77　设置魔术橡皮擦工具参数

步骤02 在图像背景上单击，将背景擦除，进而抠取图像，如图6-78所示。单击“文件”|“打开”命令，打开“素材文件/第6章/制作吸尘器直通车主图/02.psd”，如图6-79所示。

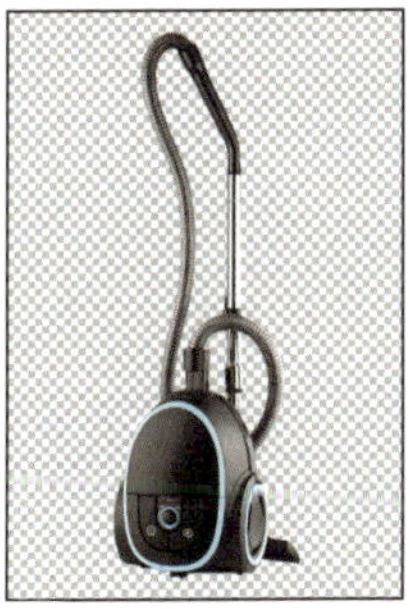

图6-78　抠取图像

图6-79　打开素材文件

步骤03 选择移动工具，将抠出的图像拖入主图窗口中，如图6-80所示。按【Ctrl+T】组合键调出变换框，按住【Shift】键的同时向内拖动变换框右上角的控制手柄等比例缩小图像，并按【Enter】键确认操作，即可完成制作吸尘器直通车主图，如图6-81所示。

图6-80　拖入抠出的图像

图6-81　完成制作吸尘器直通车主图

6.10 课堂练习——制作新年美妆促销海报

【练习知识要点】使用加深工具对海报背景边缘进行加深处理，使用画笔工具绘制圆形，设置图层混合模式，制作出光晕效果。

【素材所在位置】素材文件 / 第 6 章 / 制作新年美妆促销海报。

【效果所在位置】效果文件 / 第 6 章 / 制作新年美妆促销海报 .psd，效果如图 6–82 所示。

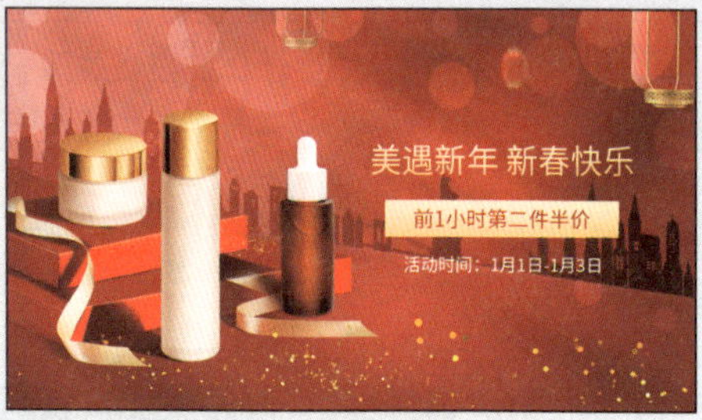

图6–82　新年美妆促销海报

视频

新年美妆促销海报的制作过程

6.11 课后练习——制作时尚童装海报

【练习知识要点】使用污点修复画笔工具修复童装上面的污渍，使用减淡工具调整图像颜色，使用魔术橡皮擦工具擦除童装背景以抠取图像，使用画笔工具绘制装饰图案。

【素材所在位置】素材文件 / 第 6 章 / 制作时尚童装海报。

【效果所在位置】效果文件 / 第 6 章 / 制作时尚童装海报 .psd，效果如图 6–83 所示。

图6–83　时尚童装海报

视频

时尚童装海报的制作过程

第7章 路径的创建与应用

本章导读

使用路径不仅可以精确地创建选区，还可以随心所欲地绘制各种图形，这是使用Photoshop进行图像处理所必须熟练掌握的重要技能之一。本章将介绍创建与应用路径的各种方法与技巧。

知识目标

- 掌握使用路径工具绘制多种路径的方法。
- 熟练掌握编辑路径的方法。
- 掌握使用形状工具绘制各种形状的方法。

技能目标

- 能够使用路径工具绘制与编辑各种路径。
- 能够使用形状工具绘制各种形状。

素质目标

- 培养知识产权保护的意识，严格遵守职业规范和职业道德。
- 培养爱岗敬业的工匠精神。

7.1 绘制与编辑路径

利用路径工具可以绘制各种形状的矢量图形，还可以帮助用户精确地创建选区。与路径有关的操作基本都可以在“路径”面板中完成，下面将详细介绍“路径”面板。

↘ 7.1.1 认识“路径”面板

“路径”面板是用于保存和管理路径的工具，其中显示了当前工作路径、存储的路径和当前矢量蒙版的名称及缩览图。路径的基本操作和编辑基本可以通过该面板来完成。单击“窗口”|“路径”命令，即可打开“路径”面板，如图7-1所示。

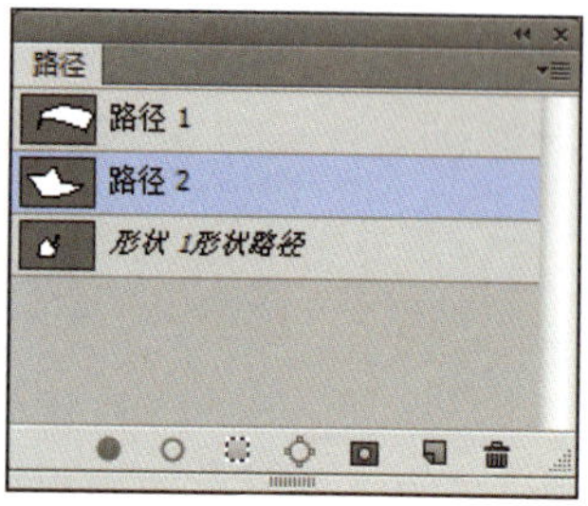

图7-1 “路径”面板

其中，各选项的含义如下。

- **路径：**当前文件中包含的路径。
- **工作路径：**当前文件中包含的临时路径。如果没有存储工作路径，在绘制新的路径时，原工作路径将被新的工作路径所替代。
- **矢量蒙版：**当前文件中包含的矢量蒙版。
- **用前景色填充路径：**单击该按钮，可以用前景色填充路径。
- **用画笔描边路径：**单击该按钮，将以画笔工具和设置的前景色对路径进行描边。
- **将路径作为选区载入：**单击该按钮，可以将路径转换为选区。
- **从选区生成工作路径：**单击该按钮，可以从当前选区生成一条工作路径。
- **创建新路径：**单击该按钮，可以创建一条新路径。
- **删除当前路径：**单击该按钮，可以将选择的路径删除。

单击“路径”面板右上角的按钮，利用弹出的面板菜单也可以实现与路径相关的操作，如图7-2所示。

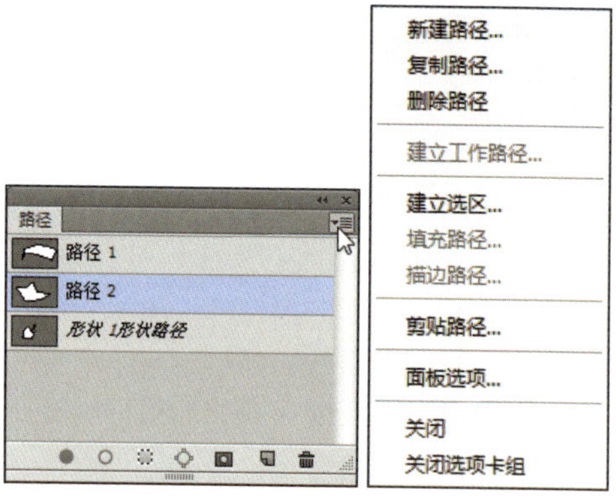

图7-2 “路径”面板菜单

↘ 7.1.2 应用钢笔工具绘制路径

钢笔工具是绘制路径的基本工具，使用钢笔工具可以绘制出各种各样的路径。下面将详细介绍如何使用钢笔工具绘制直线路径和曲线路径。

1. 认识钢笔工具

选择工具箱中的钢笔工具，其工具属性栏如图7-3所示。

图7-3 钢笔工具属性栏

其中，各选项的含义如下。

- 路径：用于选择钢笔工具模式，其中包括“形状”“路径”和“像素”3种模式。
- 选区...：单击该按钮，可以创建选区，并可以设置选区的羽化半径。
- 蒙版：单击该按钮，可以创建矢量蒙版。
- 形状：单击该按钮，可以创建形状图层。
- ：单击该按钮，可以选择“新建图层”“合并形状”“减去顶层形状”“与形状区域相交”“排除重叠形状”和“合并形状组件”6种路径操作模式。
- ：单击该按钮，可以选择路径对齐方式。
- ：单击该按钮，可以选择“将形状置为顶层”“将形状前移一层”“将形状后移一层”和“将形状置为底层”4种路径排列方式。
- **自动添加/删除：**选中该复选框，可以让用户在单击线段时添加锚点，或者在单击锚点时删除锚点。

2. 绘制直线路径

选取钢笔工具，在图像窗口中单击确定起始锚点；移动鼠标指针到下一个需要创建锚点位置，单击创建第二个锚点，即可得到一条直线路径，如图7-4所示。

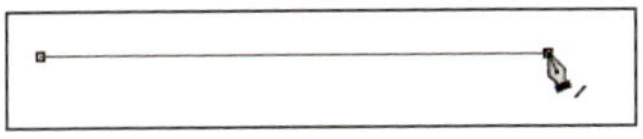

图7-4　绘制直线路径

继续在其他位置单击确定其他锚点，最后添加的锚点显示为实心方形，表示其处于已选中状态。当添加更多的锚点时，以前定义的锚点会变成空心并被取消选中。当移动鼠标指针到起始锚点处时，钢笔的右下角会出现一个小圆圈，单击即可闭合路径，如图7-5所示。

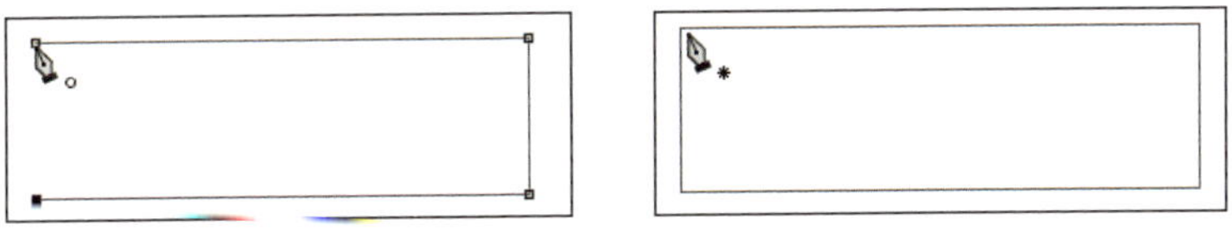

图7-5　绘制闭合路径

3. 绘制曲线路径

选择钢笔工具，将鼠标指针移动到曲线路径的起点，并按住鼠标左键，此时会出现第一个锚点，同时钢笔工具变为箭头形状，拖动锚点以设置要创建曲线路径的斜度，然后松开鼠标左键，如图7-6所示。一般来说，将方向线向计划绘制的下一个锚点延长约1/3的距离。

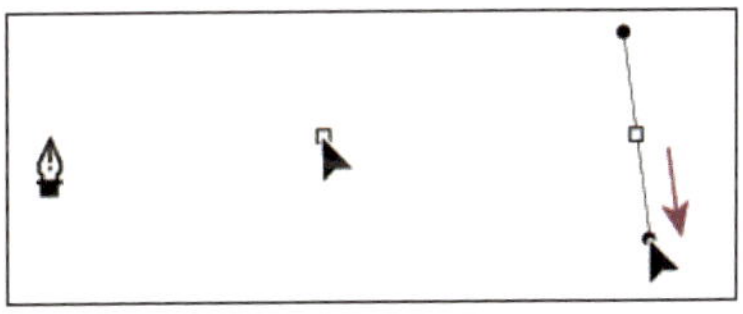

图7-6　绘制曲线路径

将钢笔工具移动到希望曲线路径结束的位置，然后执行以下操作之一。

如果要创建C形曲线，可以向前一条方向线的相反方向拖动，然后松开鼠标左键，如图7-7所示；如果要创建S形曲线，可以向与前一条方向线相同的方向拖动，然后松开鼠标左键，如图7-8所示。

继续从不同的位置拖动钢笔工具，以创建一系列平滑的曲线路径。需要注意的是，应将锚点放置在每条曲线路径的起点和结束位置，而不是曲线路径的顶点，并单击远离所有曲线路径的任何位置。

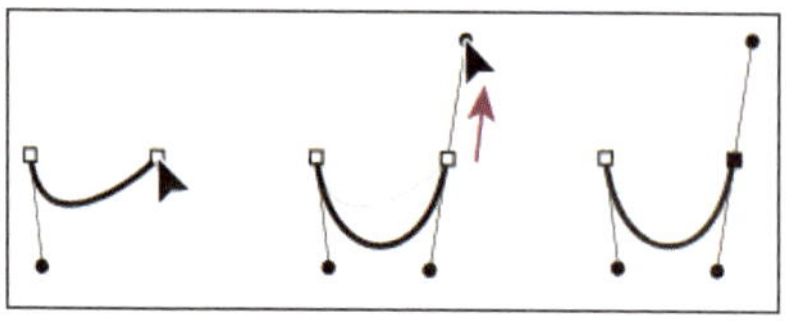

图7-7 创建C形曲线

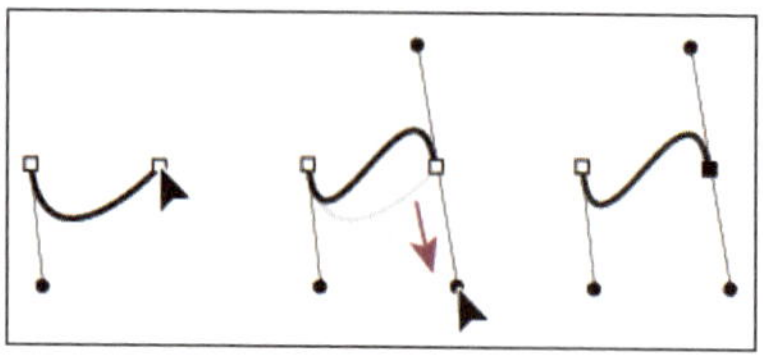

图7-8 创建S形曲线

7.1.3 选择与移动路径

选择与移动路径主要通过使用路径选择工具和直接选择工具来完成，下面将分别对其进行介绍。

1. 路径选择工具

路径选择工具主要用于选择整条路径。选择工具箱中的路径选择工具，在路径上的任意位置单击，此时路径上的所有锚点呈黑色实心显示，即选择整条路径，如图7-9所示。

在选中的路径上按住鼠标左键并拖动，即可移动选中的路径，如图7-10所示。如果在移动路径的过程中按住【Alt】键，则可以复制路径，如图7-11所示。

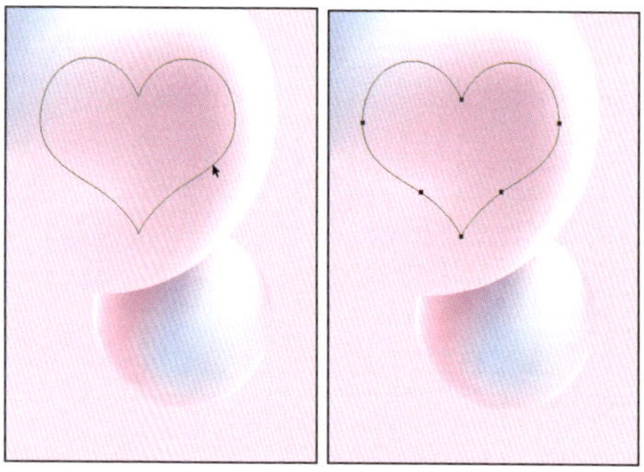

图7-9 选择整条路径

图7-10 移动路径

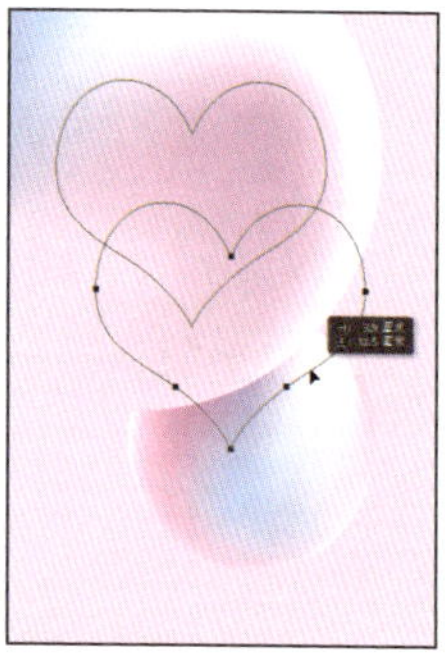

图7-11 复制路径

如果当前有多条路径，则可以在按住【Shift】键的同时依次单击要选择的路径，将其全部选中；或者拖动鼠标指针拉出一个虚线框，与虚线框交叉或被虚线框包围的所有路径都将被选中，如图7-12所示。

图7-12 选择多条路径

选中多条路径后，利用路径选择工具属性栏中的“路径操作”按钮可以对路径进行对齐和分布操作。选择路径操作模式中的“合并形状”选项，可以将选中的路径组合在一起，作为一个整体进行操作，如图7-13所示。

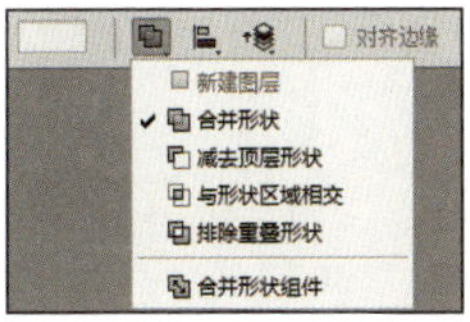

图7-13　选择“合并形状”选项

2. 直接选择工具

使用直接选择工具可以对路径中的某个或几个锚点进行选择和调整。选择直接选择工具，单击路径，此时路径将被激活，如图7-14所示。此时，路径上的所有锚点都以空心方框显示，然后移动鼠标指针单击锚点，即可选中该锚点。选中的锚点将以黑色实心显示，并显示出方向线，如图7-15所示。

如果想选择多个锚点，可以在按住【Shift】键的同时依次单击要选择的多个锚点；或者拖动鼠标指针拉出一个虚线框，被虚线框包围的所有锚点都将被选中。

使用直接选择工具单击两个锚点之间的线段，即可将其选中。拖动线段，可以调整线段的形状，如图7-16所示。如果在选中线段后按【Delete】键，则可以删除该线段，如图7-17所示。

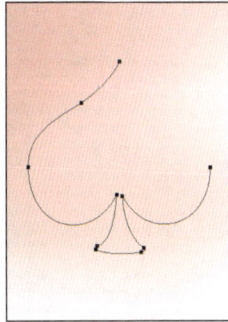

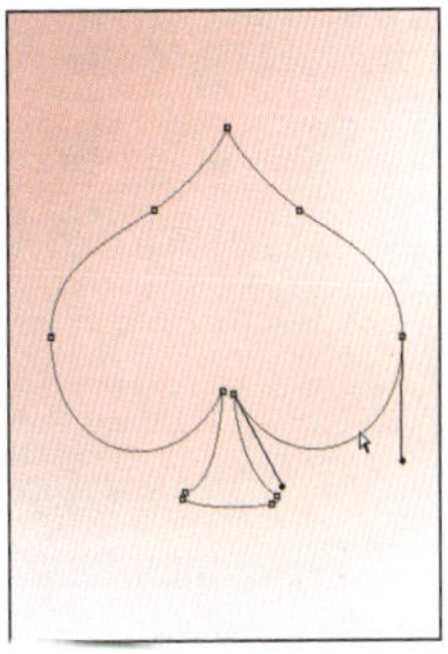

图7-14　激活路径

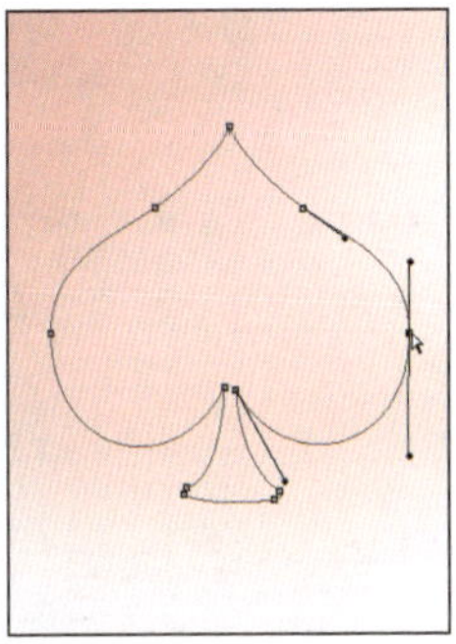

图7-15　选中锚点

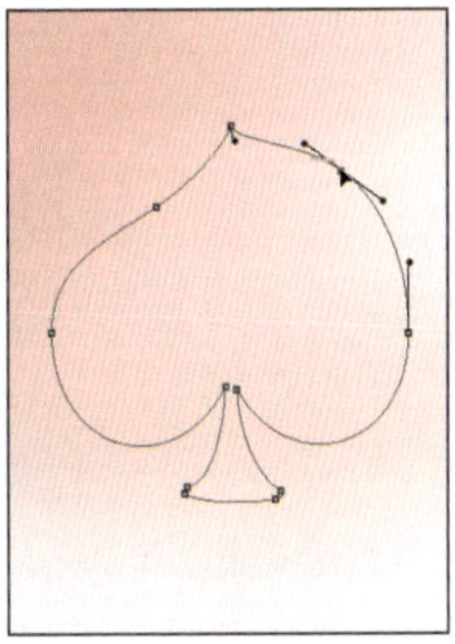

图7-16　调整线段的形状

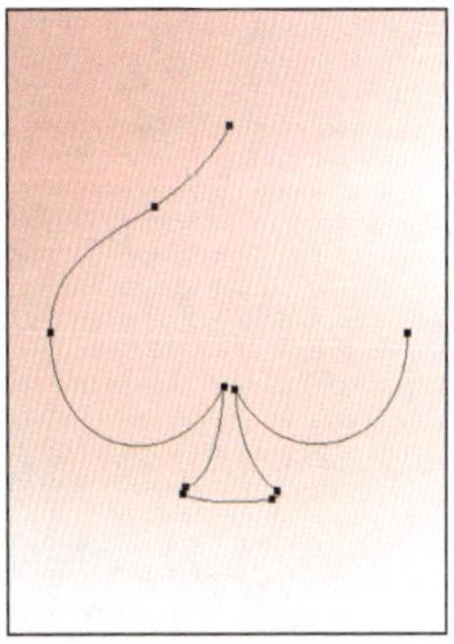

图7-17　删除线段

7.1.4　转换锚点类型

在路径中，锚点和方向线决定了路径的形状。锚点共有4种类型，分别为直线锚点、平滑锚点、拐点锚点和复合锚点。通过改变锚点的类型，可以改变路径的形状。

- **直线锚点：**直线锚点没有调整柄，用于连接两个直线段。
- **平滑锚点：**平滑锚点有两个调整柄，且调整柄在一条直线上。
- **拐点锚点：**拐点锚点有两个调整柄，但调整柄不在一条直线上。
- **复合锚点：**复合锚点只有一个调整柄。

图7-18所示为4种锚点的示意图。

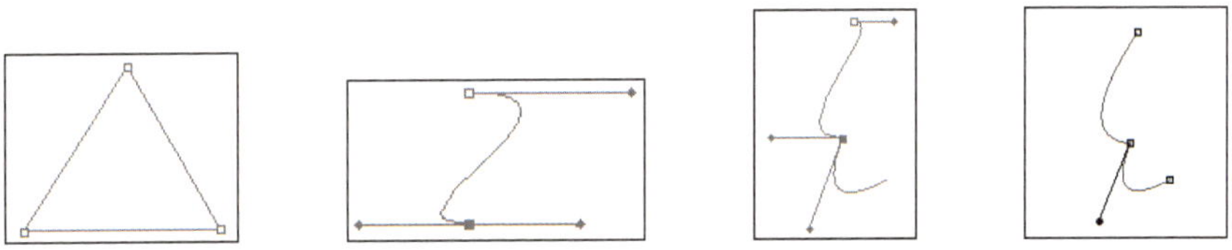

（a）直线锚点　（b）平滑锚点　（c）拐点锚点　（d）复合锚点

图7-18　4种锚点的示意图

使用工具箱中的转换点工具可以实现各锚点之间的转换，下面将对其进行简单介绍。

1. 转换为直线锚点

选择工具箱中的转换点工具，将鼠标指针移至路径中任意一个平滑锚点、拐点锚点或复合锚点上，单击锚点即可将其转换为直线锚点，如图7-19所示。

2. 转换为平滑锚点

选择工具箱中的转换点工具，将鼠标指针移至图像中路径的角点处，按住鼠标左键并拖动，即可将角点转换为平滑锚点，如图7-20所示。

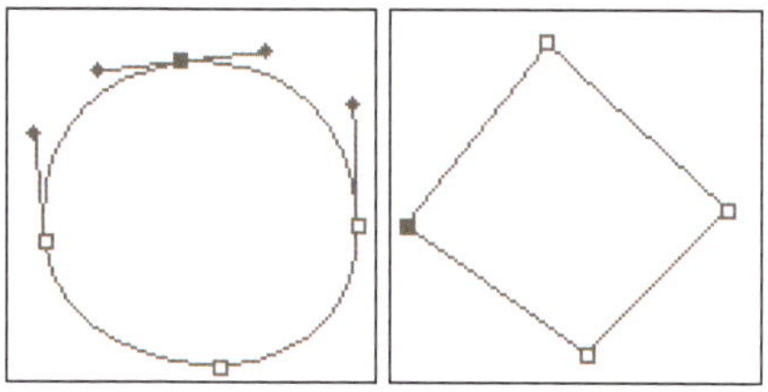

图7-19　转换为直线锚点

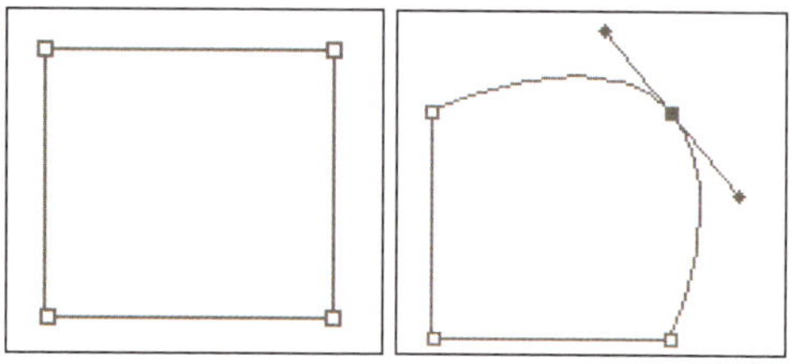

图7-20　转换为平滑锚点

3. 转换为拐点锚点

选择工具箱中的转换点工具，将鼠标指针移至要转换的路径上，拖动锚点上的调整柄改变其方向，使其与另一个调整柄不在一条直线上，即可将平滑锚点转换为拐点锚点，如图7-21所示。

4. 转换为复合锚点

选择工具箱中的转换点工具，按住【Alt】键，将鼠标指针移至要转换的锚点上，按住鼠标左键并拖动，即可将平滑锚点或拐点锚点转换为复合锚点，如图7-22所示。

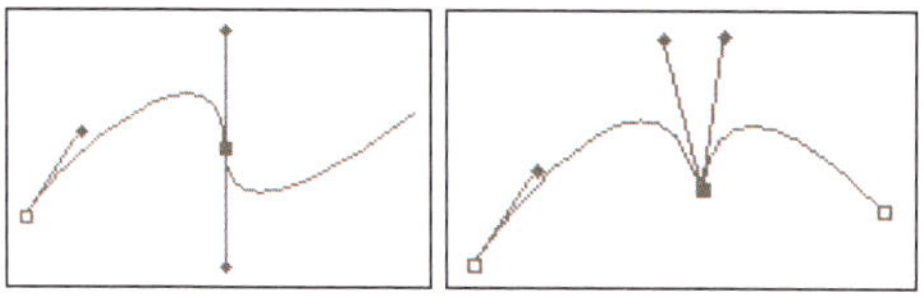

图7-21　转换为拐点锚点

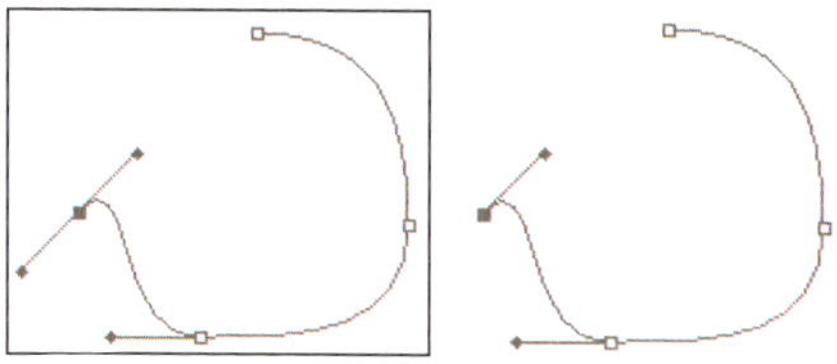

图7-22　转换为复合锚点

7.1.5 路径与选区的转换

在Photoshop中，路径与选区是可以相互转换的。要将当前选择的路径转换为选区，可以单击“路径”面板底部的“将路径作为选区载入”按钮（见图7-23），或者直接按【Ctrl+Enter】组合键。

同样，也可以将选区转换为路径。在创建选区后，单击“路径”面板右上角的按钮，在弹出的面板菜单中选择“建立工作路径”命令，弹出“建立工作路径”对话框，在“容差”数值框中设置路径的平滑度，然后单击“确定”按钮，如图7-24所示。此时，即可得到路径。

图7-23　将路径转换为选区

单击“路径”面板底部的“从选区生成工作路径”按钮，也可以将选区转换为路径，如图7-25所示。

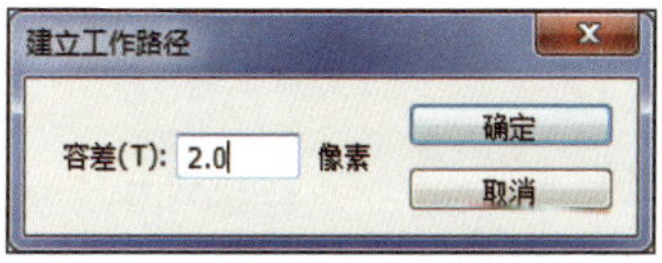

图7-24　“建立工作路径”对话框

图7-25　单击“从选区生成工作路径”按钮

7.2 课堂案例——制作国潮风护肤品直通车主图

【案例学习目标】学习使用钢笔工具绘制并调整路径。树立文化自信，构建民族文化价值观，建设文化强国。

【案例知识要点】使用钢笔工具绘制路径抠取图像，应用图层蒙版为图像添加倒影效果，效果如图7-26所示。

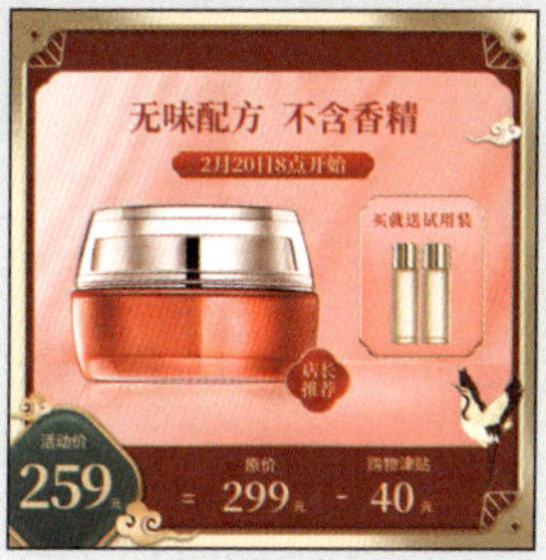

视频

国潮风护肤品直通车主图的制作过程

图7-26　国潮风护肤品直通车主图

【效果所在位置】效果文件 / 第 7 章 / 制作国潮风护肤品直通车主图 .psd。

步骤01 单击“文件”|“打开”命令，打开“素材文件/第7章/制作国潮风护肤品直通车主图/01.jpg”，如图7-27所示。选择钢笔工具，在其工具属性栏中选择“路径”工具模式，如图7-28所示。

图7-27　打开素材文件

图7-28　选择“路径”工具模式

步骤02 按【Ctrl++】组合键将图像放大，在图像上单击并向上拖动鼠标指针，创建第一个平滑点，如图7-29所示。向右移动鼠标指针，单击并拖动鼠标指针，创建第二个平滑点，如图7-30所示。

图7-29　创建第一个平滑点

图7-30　创建第二个平滑点

步骤03 创建其他的平滑点，直到图像轮廓出现转折，按住【Alt】键并在该锚点上单击，将其转换为只有一个方向线的拐点锚点，如图7-31所示。继续沿着轮廓创建路径，在路径的起点位置上单击将路径闭合，如图7-32所示。

图7-31　转换为拐点锚点

图7-32　闭合路径

步骤04 按【Ctrl+-】组合键缩小图像，按【Ctrl+Enter】组合键将路径转换为选区，如图7-33所示。按【Ctrl+J】组合键复制选区内的图像，得到“图层1”，并单击图标将“背景”图层隐藏，如图7-34所示。

图7-33 将路径转换为选区

图7-34 复制选区内的图像并将“背景”图层隐藏

步骤05 单击“文件”|“打开”命令，打开“素材文件/第7章/制作国潮风护肤品直通车主图/02.psd”，如图7-35所示。将抠出的商品图像拖入该素材文件窗口中，在“图层”面板中将其拖至“店长 推荐”图层下方，按【Ctrl+T】组合键调出变换框，调整图像的大小和位置，如图7-36所示。

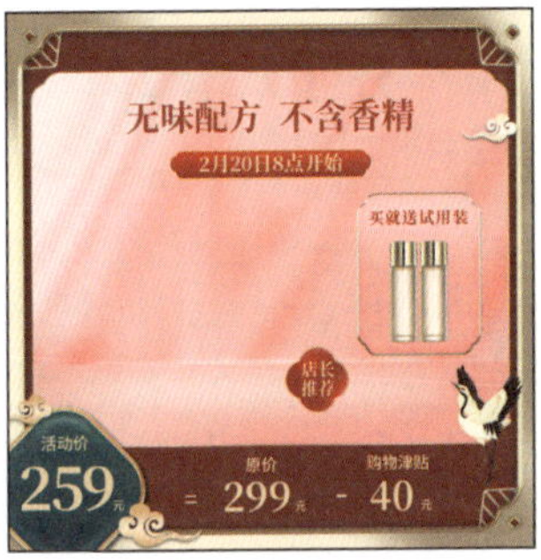

图7-35 打开素材文件

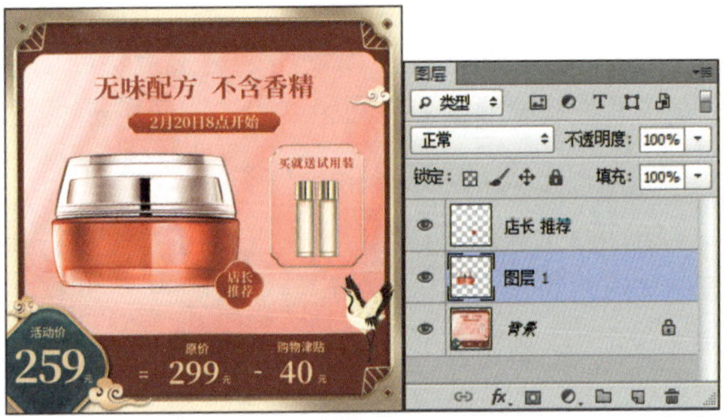

图7-36 调整图像的大小和位置

步骤06 按【Ctrl+J】组合键，复制当前图像到新图层中。按【Ctrl+T】组合键调出变换框，用鼠标右键单击图像，在弹出的快捷菜单中选择“垂直翻转”命令，如图7-37所示。按【Shift+↓】组合键，向下移动图像至合适位置，此时的图像效果如图7-38所示。

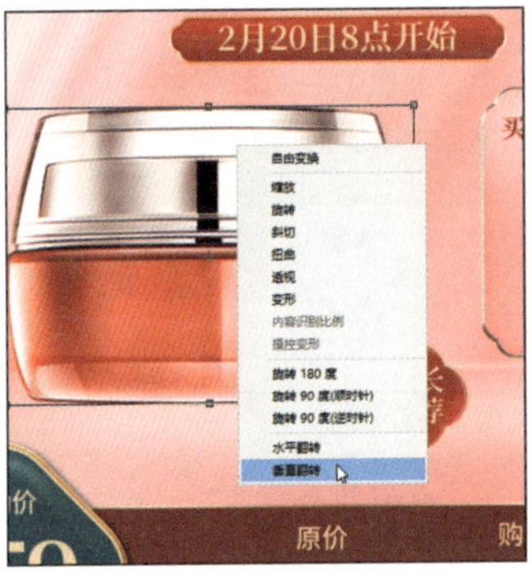

图7-37 垂直翻转图像

图7-38 向下移动图像

步骤07 按【Enter】键确认操作，在“图层”面板中单击“添加图层蒙版”按钮添加图层蒙版，如图7-39所示。选择渐变工具，设置渐变色为从黑色到白色，在图层蒙版中绘制从下到上的垂直渐变，即可制作倒影效果，如图7-40所示。

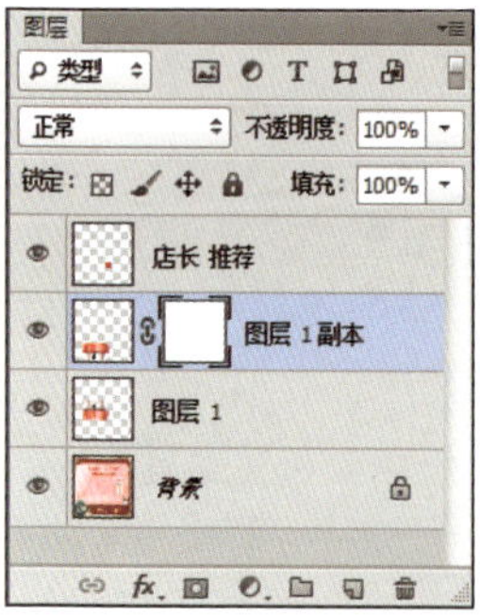

图7-39　添加图层蒙版

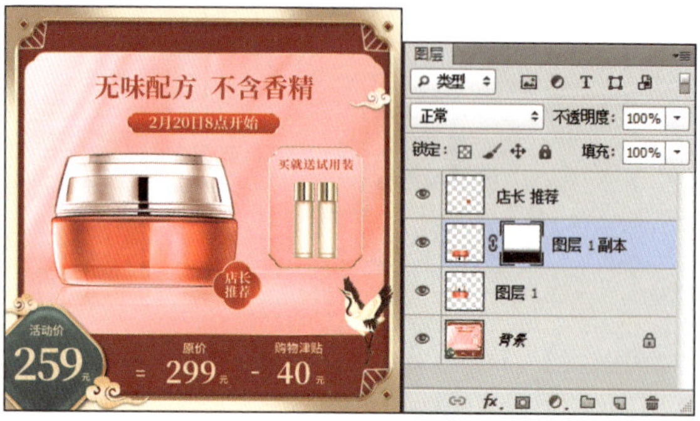

图7-40　制作倒影效果

7.3 绘制形状

在创建路径时，除了可以使用钢笔工具和自由钢笔工具外，还可以使用工具箱中提供的形状工具绘制形状。下面将学习如何使用形状工具绘制各种形状。

7.3.1　应用矩形工具

使用矩形工具可以绘制长方形和正方形。选择该工具后，直接在图像窗口中按住鼠标左键并拖动鼠标指针，即可绘制长方形，如图7-41所示；按住【Shift】键并拖动鼠标指针，可以绘制正方形，如图7-42所示。

图7-41　绘制长方形

图7-42　绘制正方形

选择工具箱中的矩形工具，其工具属性栏如图7-43所示。

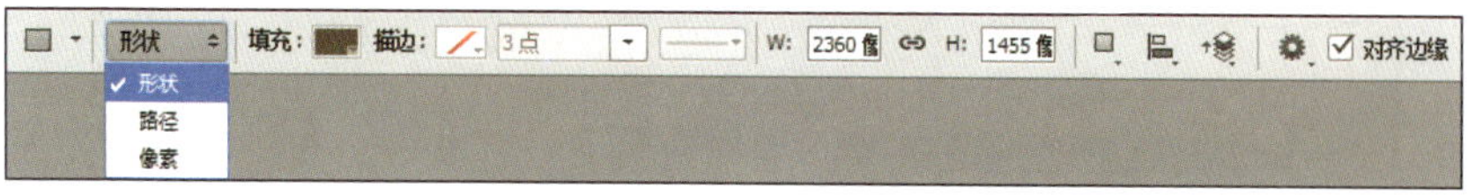

图7-43　矩形工具属性栏

其中，各选项的含义如下。

- 形状：形状模式，使用矩形工具将创建矩形形状图层，填充的颜色为前景色。
- 路径：路径模式，使用矩形工具将创建矩形路径。

- 像素：像素模式，使用矩形工具将在当前图层中绘制一个填充前景色的矩形区域。
- **描边：** 该选项只有在选择形状后才可用。在3点和——中可以分别设置形状描边的宽度和类型，在“描边”下拉列表框中可以选择需要的描边，该样式将应用到绘制的形状图层中，如图7-44所示。
- **“几何选项”下拉按钮：** 单击该下拉按钮，将弹出下拉面板，利用该面板可以控制矩形的固定大小和比例等，如图7-45所示。

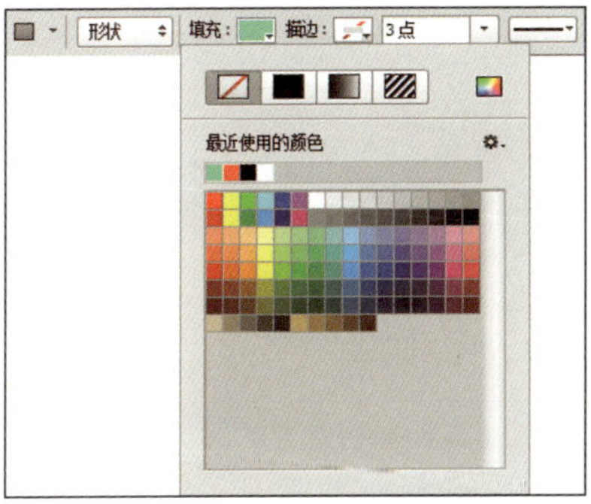

图7-44　“描边”设置面板

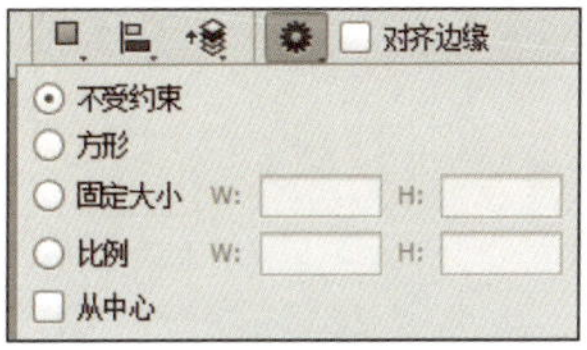

图7-45　“几何选项”设置面板

选中“不受约束”单选按钮，拖动鼠标指针可以创建任意大小的矩形；选中“方形”单选按钮，拖动鼠标指针可以创建正方形；选中“固定大小”单选按钮，然后在后面的数值框中输入宽度值（W）和高度值（H），单击即可创建固定大小的矩形；选中“比例”单选按钮，并在后面的数值框中输入宽高比，拖动鼠标指针即可创建固定比例的矩形；选中“从中心”复选框，可以按鼠标指针单击点为中心创建矩形。

- **对齐边缘：** 可以将矩形边缘对齐到像素边缘。

7.3.2　应用圆角矩形工具

圆角矩形工具用于绘制圆角矩形。选择该工具后，在图像窗口中按住鼠标左键并拖动，即可绘制圆角矩形，如图7-46所示。按住【Shift】键并拖动鼠标指针，可以绘制圆角正方形，如图7-47所示。

图7-46　绘制圆角矩形

图7-47　绘制圆角正方形

选择工具箱中的圆角矩形工具，其工具属性栏如图7-48所示。

图7-48 圆角矩形工具属性栏

在“半径”数值框中可以设置圆角的半径大小，数值越大，矩形的边角就越圆滑，圆角半径大小对比效果如图7-49所示。

（a）半径为 200 像素 （b）半径为 30 像素

图7-49 圆角半径大小对比

7.3.3 应用椭圆工具

椭圆工具与矩形工具的工具属性栏基本相同，所不同的是使用椭圆工具绘制的路径是椭圆形，如图7-50所示。

图7-50 椭圆工具属性栏

选择该工具后，在图像窗口中按住鼠标左键并拖动，可以绘制椭圆形路径，如图7-51所示；按住【Shift】键并拖动鼠标指针，可以绘制正圆形路径，如图7-52所示。

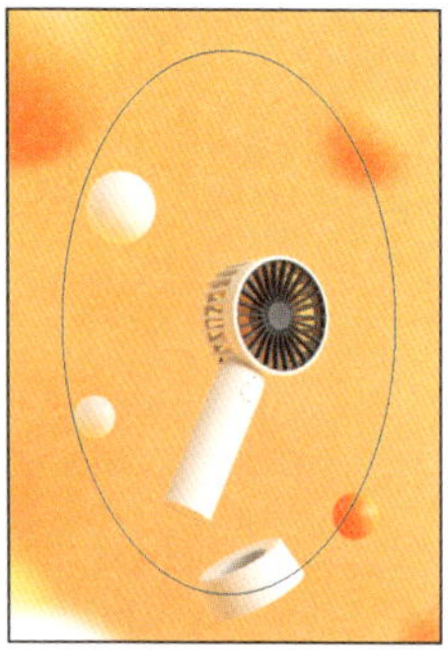

图7-51 绘制椭圆形路径

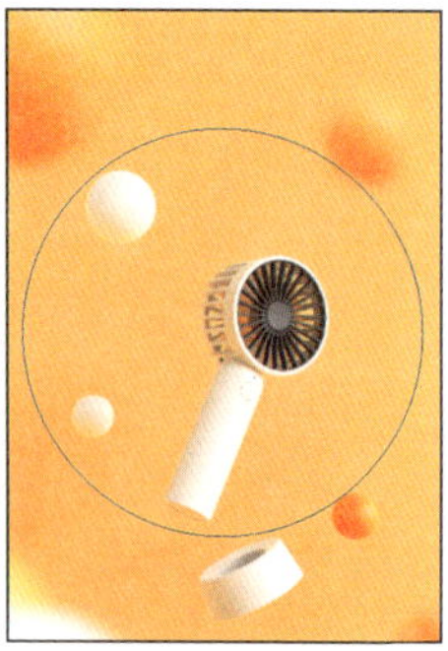

图7-52 绘制正圆形路径

7.3.4 应用多边形工具

选择工具箱中的多边形工具，在其工具属性栏的“边”数值框中可以输入边的数值，即多边形的边数。在“多边形选项”面板中设置不同的参数，可以得到不同形状的路径，如图7-53所示。

图7-53　多边形工具属性栏及“多边形选项”面板

在“多边形选项”面板中，各选项的含义如下。

- **半径：** 用于设置多边形或星形的中心与外部点之间的距离。
- **平滑拐角：** 选中该复选框，可以绘制边缘平滑的多边形。
- **星形：** 选中该复选框，可以绘制星形路径。
- **缩进边依据：** 在该数值框中可以输入1%～99%的数值，用于设置星形半径被占据的部分。
- **平滑缩进：** 选中该复选框，绘制的星形在缩进的同时平滑边缘。

选择工具箱中的多边形工具，设置“边”为7，绘制多边形路径，如图7-54所示。

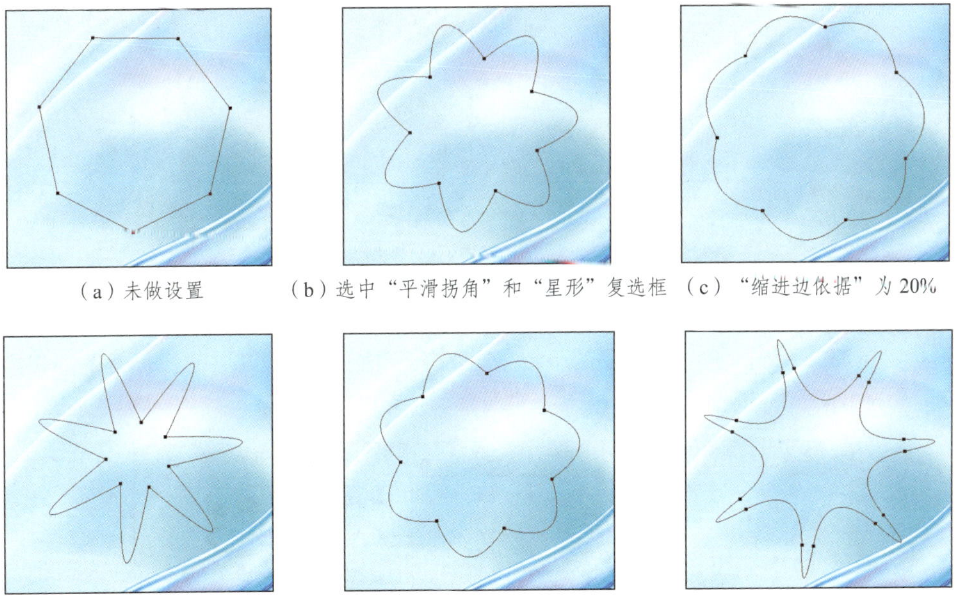

（a）未做设置　（b）选中“平滑拐角”和“星形”复选框　（c）“缩进边依据”为20%

（d）“缩进边依据”为80%　（e）取消选中“平滑缩进”复选框　（f）选中“平滑缩进”复选框

图7-54　绘制多边形路径

7.3.5　应用直线工具

选择工具箱中的直线工具，在其工具属性栏中设置直线粗细的数值，可以绘制不同粗细的直线。单击“箭头选项”按钮，在弹出的“箭头”面板中设置各项参数，还可以绘制不同类型的直线路径，如图7-55所示。

图7-55　直线工具属性栏及“箭头”面板

在“箭头”面板中，各选项的含义如下。

- **起点和终点：** 选中“起点”复选框，绘制直线时将在起点处带有箭头；选中“终点”复选框，绘制直线时将在终点处带有箭头。
- **宽度：** 用于设置箭头宽度和直线宽度的百分比。
- **长度：** 用于设置箭头长度和直线长度的百分比。
- **凹度：** 用于设置箭头中央凹陷的程度。

图7-56所示为使用直线工具绘制的各种图形。

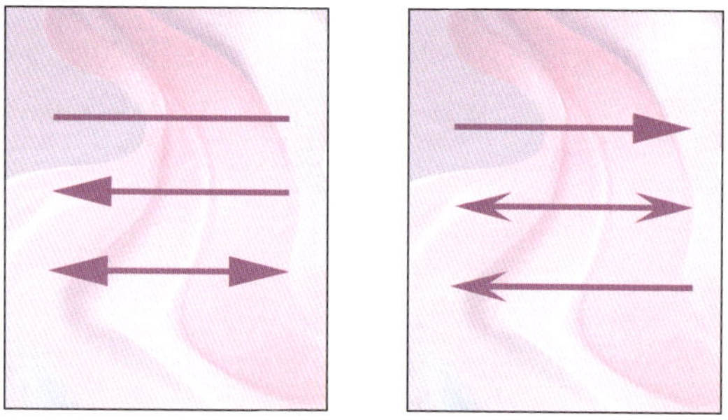
图7-56　使用直线工具绘制的各种图形

7.3.6　应用自定形状工具

使用自定形状工具可以绘制Photoshop预设的各种图形。选择工具箱中的自定形状工具，单击“形状”右侧的下拉按钮，在弹出的下拉面板中选择所需的形状如图7-57所示。在图像窗口中按住鼠标左键并拖动，即可绘制图形。

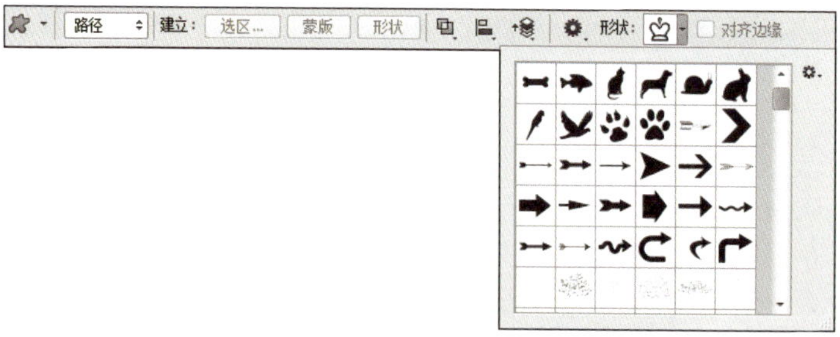

图7-57　自定形状工具属性栏及“形状”面板

单击形状面板右上角的按钮，在弹出的面板菜单底部包含了Photoshop提供的预设形状库。选择一个形状库后，将弹出提示信息框，如图7-58所示。单击“确定”按钮，可以用载入的形状替换面板中原有的形状；单击“追加”按钮，可以在面板中原有形状的基础上添加载入的形状；单击“取消”按钮，可以取消替换操作。

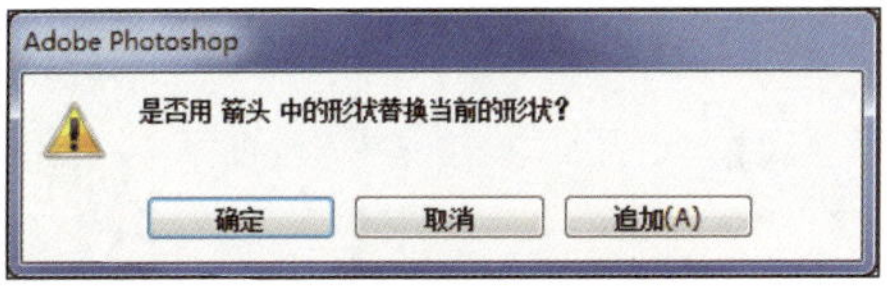

图7–58　提示信息框

7.4　课堂案例——制作时尚运动男鞋首页

【案例学习目标】学习使用不同的绘图工具绘制各种形状，使用移动工具添加商品图片，使用文字工具添加文字。

【案例知识要点】使用绘图工具绘制商品陈列区和优惠券的形状，使用横排文字工具添加文字，效果如图 7–59 所示。

视频

时尚运动男鞋首页的制作过程

图7–59　时尚运动男鞋首页

【效果所在位置】效果文件 / 第 7 章 / 制作时尚运动男鞋首页 .psd。

步骤 01 单击“文件”|“新建”命令，在弹出的“新建”对话框中设置各项参数，单击“确定”按钮，新建一个空白文件，如图7–60所示。单击“图层”面板下方的“创建新图层”按钮，得到“图层1”，设置前景色为RGB（15，3，5），按【Alt+Delete】组合键进行填充，如图7–61所示。

步骤 02 单击“文件”|“打开”命令，打开“素材文件/第7章/制作时尚运动男鞋首页/01.jpg”，如图7–62所示。选择移动工具，将素材文件拖至01文件窗口中的合适位置，如图7–63所示。

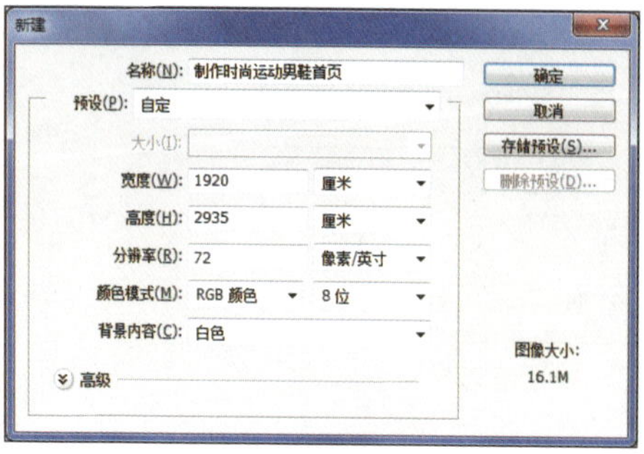

图7-60 “新建”对话框

图7-61 创建新图层并填充

图7-62 打开素材文件

图7-63 导入素材

步骤03 选择直排文字工具 IT，输入宽屏海报所需的文字，在“字符”面板中分别设置文字的各项属性，如图7-64所示。

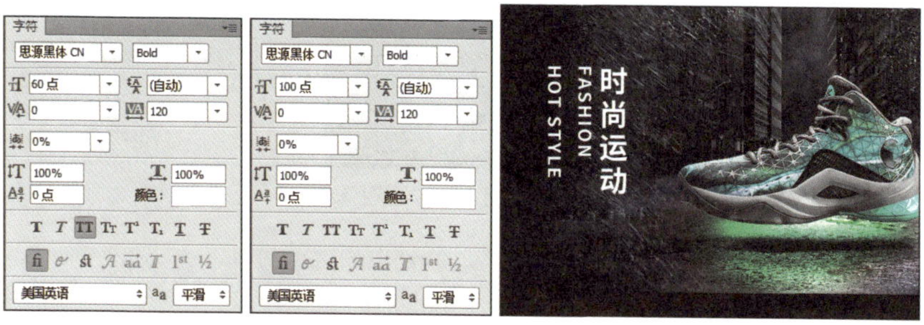

图7-64 输入海报文字并设置文字属性

步骤04 选择横排文字工具 T，输入其他文字信息，在“字符”面板中分别设置文字的各项参数，如图7-65所示。

步骤05 选择矩形工具，在其工具属性栏中设置填充色为RGB（255，0，0），绘制一个矩形，作为优惠券背景，如图7-66所示。选择矩形工具，在其工具属性栏中设置填充色为RGB（179，25，7），绘制一个小矩形。按两次【Ctrl+J】组合键复制出两个小矩形，并将它们拖至合适的位置，如图7-67所示。

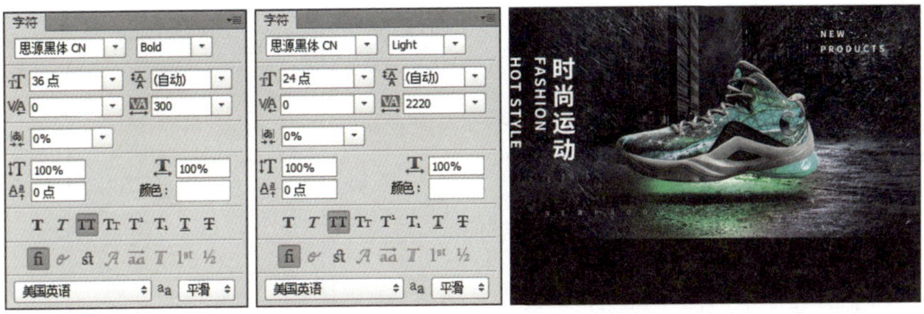

图7-65　输入其他文字并设置文字属性

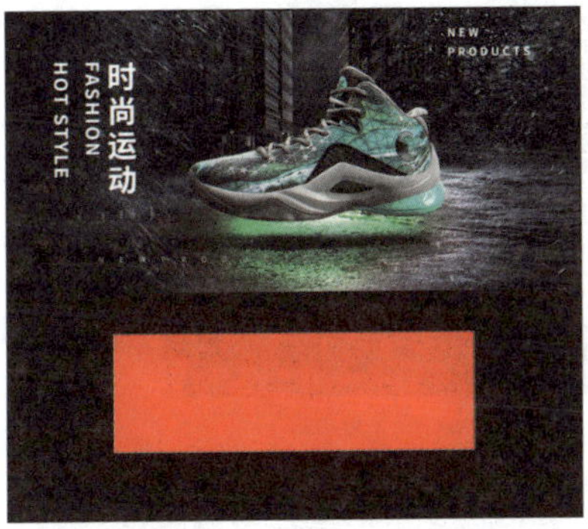

图7-66　绘制矩形

图7-67　绘制并复制小矩形

步骤06 选择直线工具，在其工具属性栏中设置填充为“无颜色”，描边颜色为“白色”，描边宽度为“1像素”，粗细为“1像素”，绘制一条虚线，如图7-68所示。

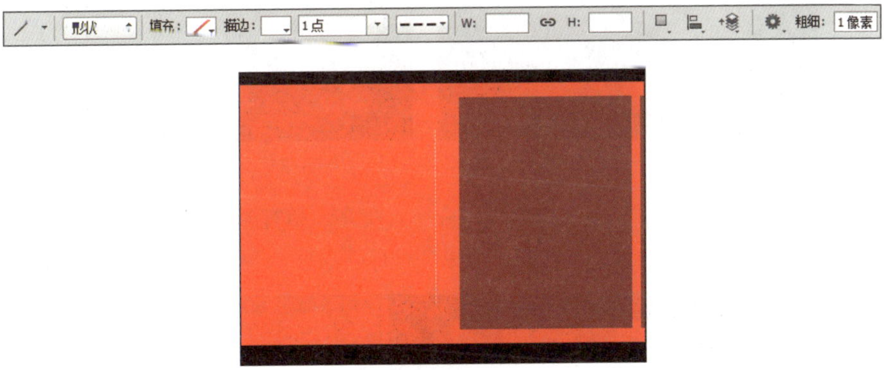

图7-68　绘制虚线

步骤07 选择横排文字工具，输入优惠券所需的文字，在“字符”面板中分别设置文字的各项参数，如图7-69所示。

步骤08 选择矩形工具，在其工具属性栏中设置填充色为RGB（179，25，7），在文件窗口下方绘制一个矩形，如图7-70所示。按【Ctrl+O】组合键，打开“素材文件/第7章/制作时尚运动男鞋首页/02.jpg”，选择移动工具，将其拖至01文件窗口中，如图7-71所示。

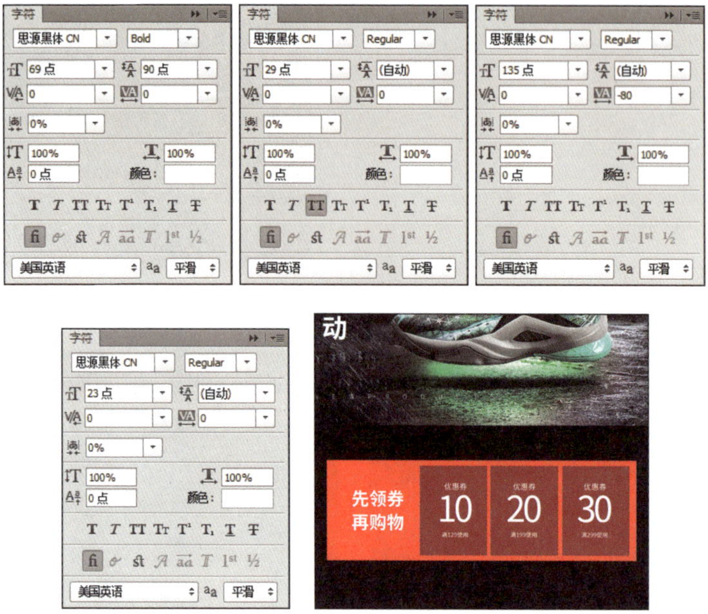

图7-69　输入文字并设置文字的各项参数

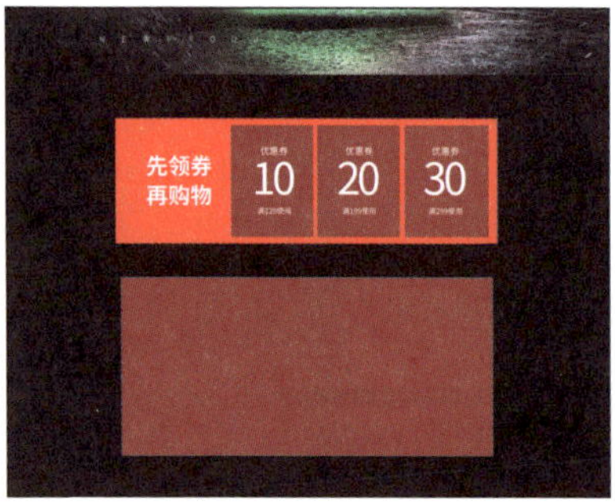

图7-70　绘制矩形

图7-71　导入素材

步骤09 单击“图层”|“创建剪贴蒙版”命令，使导入的商品图片素材正好装入所绘制的矩形中，如图7-72所示。

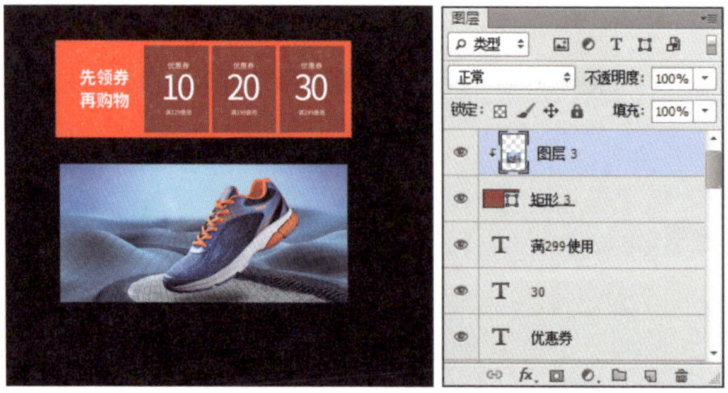

图7-72　创建剪贴蒙版

步骤10 选择横排文字工具T，输入需要的文字，在“字符”面板中分别设置文字的各项属性，其中字体颜色为RGB（57，53，51），如图7-73所示。

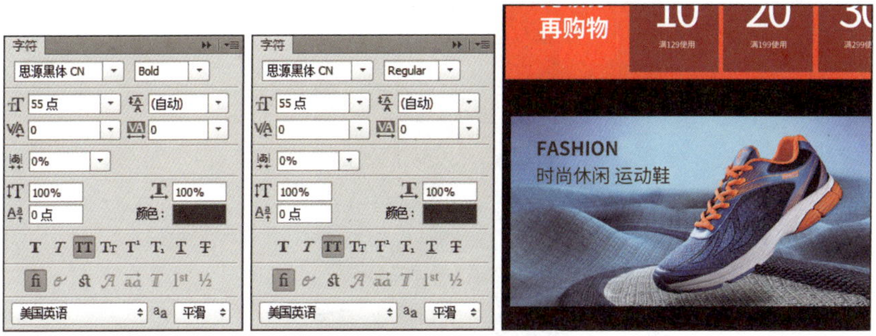

图7-73　输入文字并设置文字的各项属性

步骤11 选择矩形工具，继续绘制两个小矩形，如图7-74所示。按【Ctrl+O】组合键，打开“素材文件/第7章/制作时尚运动男鞋首页/03.jpg、04.jpg”，选择移动工具，分别将它们拖至01文件窗口中。单击“图层”|“创建剪贴蒙版”命令，隐藏多余部分图像，即可得到最终效果，如图7-75所示。

图7-74　绘制矩形

图7-75　隐藏多余部分图像并查看最终效果

7.5 课堂练习——制作移动端店铺优惠券

【练习知识要点】使用不同的绘图工具绘制各种图形。

【素材所在位置】素材文件 / 第 7 章 / 制作移动端店铺优惠券。

【效果所在位置】效果文件 / 第 7 章 / 制作移动端店铺优惠券 .psd，效果如图 7-76 所示。

视频

移动端店铺优惠券的制作过程

图7-76　移动端店铺优惠券

7.6 课堂练习——制作女装网店首页分类区

【练习知识要点】使用矩形工具绘制矩形，通过创建剪贴蒙版隐藏多余部分商品图像，使用文字工具添加文字。

【素材所在位置】素材文件 / 第 7 章 / 制作女装网店首页分类区。

【效果所在位置】效果文件 / 第 7 章 / 制作女装网店首页分类区 .psd，效果如图 7-77 所示。

视频

女装网店首页分类区的制作过程

图7-77　女装网店首页分类区

7.7 课后练习——制作小家电网店店招导航

【练习知识要点】使用绘图工具绘制不同的形状，使用文字工具输入店铺名称和导航分类。

【素材所在位置】素材文件 / 第 7 章 / 制作小家电网店店招导航。

【效果所在位置】效果文件 / 第 7 章 / 制作小家电网店店招导航 .psd，效果如图 7-78 所示。

视频

小家电网店店招导航的制作过程

图7-78 小家电网店店招导航

第8章

蒙版与通道的应用

本章导读

蒙版和通道是Photoshop中十分强大的功能，专业人士称“通道是核心，蒙版是灵魂”，它们是Photoshop用户从初级向中级进阶的重要门槛。在蒙版和通道的作用下，Photoshop中的各项调整功能才能真正发挥到极致。本章将讲解蒙版和通道的应用方法。

知识目标

- 掌握应用图层蒙版的方法。
- 掌握应用剪贴蒙版的方法。
- 掌握创建与复制通道、载入通道选区的方法。
- 掌握应用颜色通道和Alpha通道的方法。

技能目标

- 能够熟练应用图层蒙版和剪贴蒙版。
- 能够利用通道处理网店图像。

素质目标

- 学会通过自己的作品诠释“不忘本来、吸收外来、面向未来”。
- 把热爱祖国、热爱人民、热爱传统文化的思想融入设计中。

8.1 应用蒙版

在使用Photoshop处理网店图像的过程中，当对图像的某一特定区域运用颜色变化、滤镜和其他效果时，应用蒙版的区域就会受到保护和隔离而不被编辑。下面将介绍图层蒙版和剪贴蒙版的应用方法。

↘ 8.1.1　应用图层蒙版

图层蒙版实际上就是对某一图层起遮盖效果的一个遮罩，用于控制图层的显示区域、不显示区域及透明区域。蒙版中出现的黑色表示在被操作图层中的这块区域是完全透明的，白色表示这块区域会显示出来，介于黑白之间的灰色表示这块区域以一种半透明的方式显示，而透明的程度由灰度来决定。

1. 添加图层蒙版

在“图层”面板中选择要添加图层蒙版的图层，然后单击“添加图层蒙版”按钮■，即可为当前图层添加图层蒙版，如图8-1所示。

在“图层”面板中选择要添加图层蒙版的图层，然后在按住【Alt】键的同时单击“添加图层蒙版”按钮■，或者单击“图层”|“图层蒙版”|“隐藏全部”命令，即可为当前图层添加一个黑色图层蒙版，如图8-2所示。

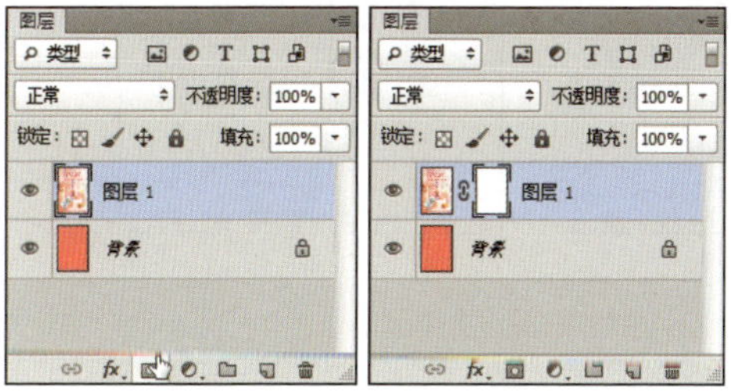

图8-1　添加图层蒙版

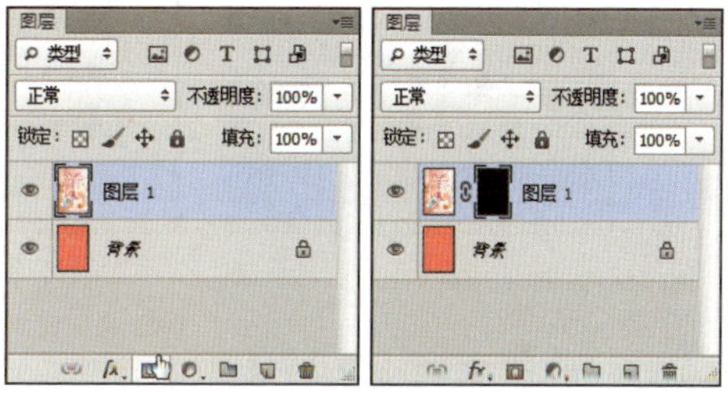

图8-2　添加黑色图层蒙版

如果当前图层中存在选区，单击“添加图层蒙版”按钮■，或者单击“图层”|“图层蒙版”|“显示选区”命令，可以创建一个用于显示选区、隐藏图层其余部分的蒙版，显示部分图像效果如图8-3所示。

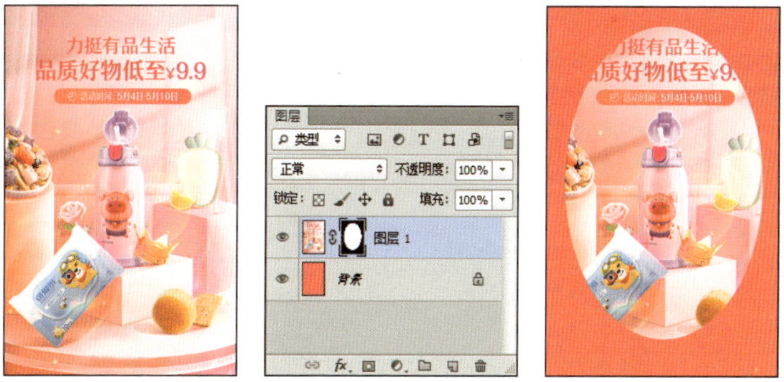

图8-3　显示部分图像

2. 复制与移动图层蒙版

图层蒙版可以在不同图层之间进行复制与移动。要将图层蒙版移至另一个图层上，只需单击图层蒙版的缩览图将其选中，然后将其拖至其他图层上松开鼠标左键即可，如图8-4所示。

图8-4　移动图层蒙版

如果在拖动图层蒙版的同时按住【Alt】键，则可以复制图层蒙版，如图8-5所示。

图8-5　复制图层蒙版

3. 应用与删除图层蒙版

在图像中添加蒙版会增加图像文件的大小，所以当确定蒙版无须改动时，可以将蒙版应用到图层中，以减小图像文件的大小。

所谓应用蒙版，就是将蒙版隐藏的图像删除，将蒙版显示的图像保留，然后删除图层蒙版。在“图层”面板中选中添加了蒙版的图层，然后单击“图层”|“图层蒙版”|“应用”命令，即可应用图层蒙版，如图8-6所示。

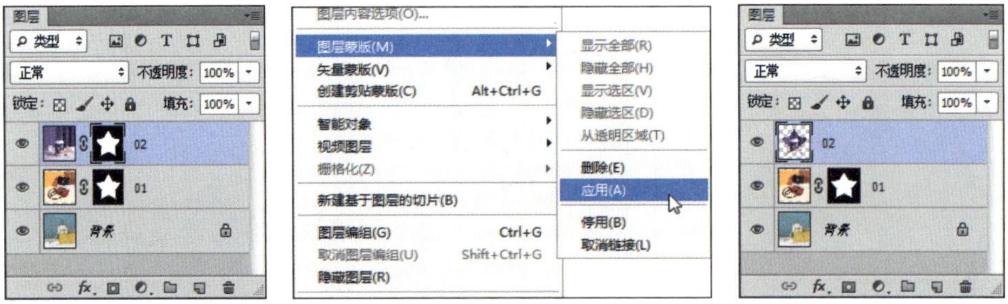

图8-6　应用图层蒙版

如果想删除图层蒙版，可以先选中图层蒙版，然后将其拖至“图层”面板下方的“删除图层”按钮上，此时将弹出提示信息框，如图8-7所示。单击“应用”按钮，即可将图层蒙版应用于图层；单击“删除”按钮，则不应用图层蒙版并直接将其删除。

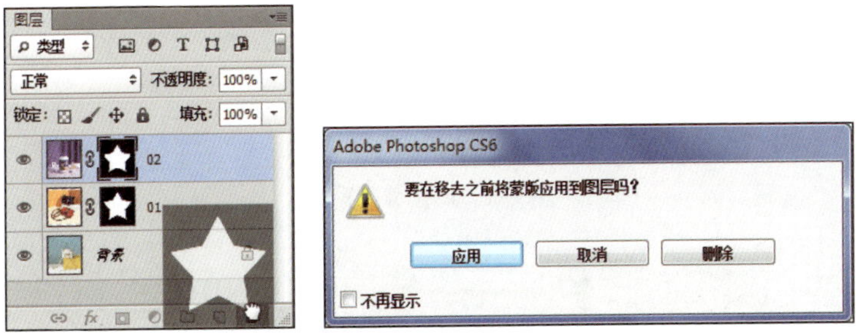

图8-7　删除图层蒙版

需要注意的是，在图层蒙版中，白色所代表的区域是用于显示图像的，黑色所代表的区域是用于隐藏图像的。

8.1.2　应用剪贴蒙版

所谓剪贴蒙版，就是将上面图层中的图像内容以下面图层图像的形状显示出来。可以用一个图层来控制多个可见图层，但这些图层必须是相邻且连续的。

在“图层”面板中选择一个或多个图层，然后单击“图层”|“创建剪贴蒙版”命令或者按【Ctrl+Alt+G】组合键，即可将其装入下面的图层中，如图8-8所示。

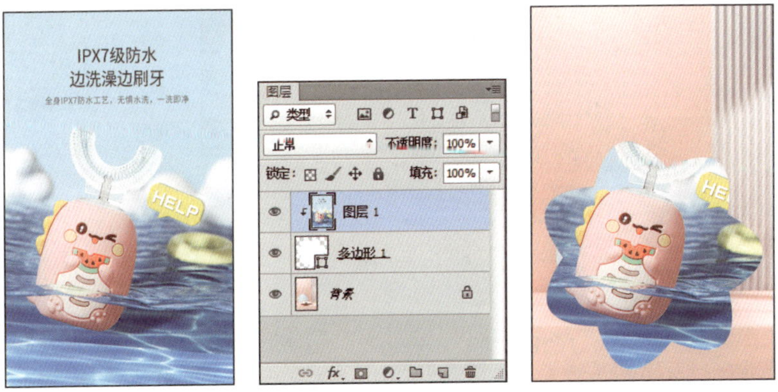

图8-8　创建剪贴蒙版

在剪贴蒙版中，箭头指向的图层为基底图层，基底图层名称下面带有下画线，上面的图层为内容图层。可以将其理解为将“图层1”装到了“多边形1”中，“多边形1”中不透明的地方将作为显示的区域来使用，而透明的地方将作为隐藏的区域来使用。

按住【Alt】键，将鼠标指针移至“01”和“形状1”两个图层中间的那条线上，这时鼠标指针将变成形状，单击也可以创建剪贴蒙版，如图8-9所示。

如果不再需要某个剪贴蒙版，可以再次按住【Alt】键，并在两个图层之间的交界线上单击，这时后退的图层缩览图又回到了原来的位置，剪贴蒙版也就被删除了。

图8-9　创建剪贴蒙版

8.2 课堂案例——制作大闸蟹礼盒宽屏海报

【案例学习目标】学习使用图层蒙版和剪贴蒙版制作图像效果。培养传承文化的社会责任感，弘扬中华文化。

【案例知识要点】使用“图层”面板中的“添加图层蒙版”按钮为图层添加图层蒙版，使用“创建剪贴蒙版”命令隐藏部分图像，效果如图 8-10 所示。

图8-10　大闸蟹礼盒宽屏海报

视频

大闸蟹礼盒宽屏海报的制作过程

【效果所在位置】效果文件 / 第 8 章 / 制作大闸蟹礼盒宽屏海报 .psd。

步骤 01 单击“文件”｜“新建”命令，在弹出的对话框中设置各项参数，单击“确定”按钮，如图8-11所示。单击“文件”｜“打开”命令，打开“素材文件/第8章/制作大闸蟹礼盒宽屏海报/01.jpg”，将图像拖至01文件窗口中，如图8-12所示。

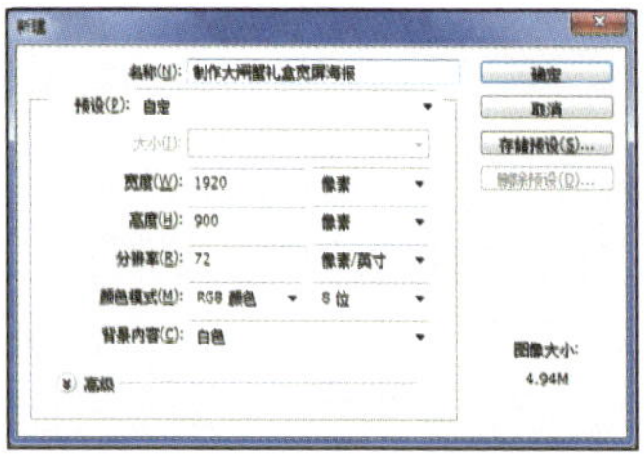

图8-11　“新建”对话框

图8-12　导入素材

步骤 02 选择椭圆工具，按住【Shift】键的同时按住鼠标左键并拖动，绘制一个正圆形，如图8-13所示。

图8-13　绘制正圆形

步骤 03 选择矩形选框工具，在圆形下方绘制一个矩形选区，如图8-14所示。在“图层”面板中，按住【Alt】键并单击“添加图层蒙版”按钮，为“椭圆1”图层添加图层蒙版，隐藏部分图像，如图8-15所示。

图8-14　绘制矩形选区

图8-15　添加图层蒙版并隐藏部分图像

步骤 04 按【Ctrl+O】组合键，打开“素材文件/第8章/制作大闸蟹礼盒宽屏海报/02.jpg”，将图像拖至01文件窗口中，如图8-16所示。单击“图层”|“创建剪贴蒙版”命令，即可将其装入下面的图层中，按【Ctrl+T】组合键调出变换框，按住【Shift】键等比例缩小图像，应用剪贴蒙版效果如图8-17所示。

图8-16　导入素材

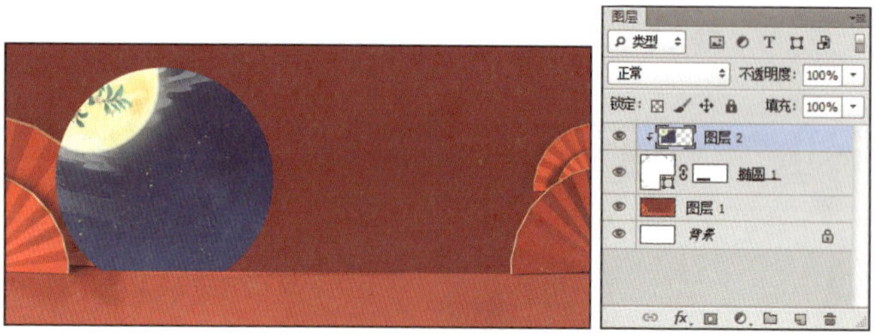

图8-17 应用剪贴蒙版

步骤05 按【Ctrl+O】组合键，打开“素材文件/第8章/制作大闸蟹礼盒宽屏海报/03.png、04.png”，分别将图像拖至01文件窗口中，按【Ctrl+T】组合键调出变换框，调整图像的大小，如图8-18所示。

图8-18 导入素材并调整图像大小

步骤06 单击“创建新的填充或调整图层”按钮◐，选择“色阶”选项，在弹出的属性面板中设置各项参数，如图8-19所示。按【Ctrl+Alt+G】组合键创建剪贴蒙版，即可将其装入下面的图层中，如图8-20所示。

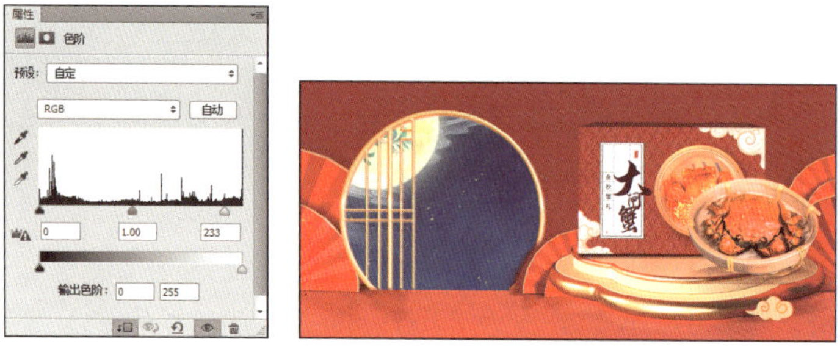

图8-19 创建调整图层并设置参数

图8-20 创建剪贴蒙版

步骤 07 按【Ctrl+O】组合键，打开“素材文件/第8章/制作大闸蟹礼盒宽屏海报/05.png”，将图像拖至01文件窗口中，按【Ctrl+T】组合键调出变换框，调整图像的大小，如图8-21所示。

图8-21　导入素材并调整图像大小

步骤 08 单击“创建新的填充或调整图层”按钮，选择“色相/饱和度”选项，在弹出的属性面板中设置各项参数，如图8-22所示。单击“创建新的填充或调整图层”按钮，选择“色阶”选项，在弹出的属性面板中设置各项参数，图像最终效果如图8-23所示。

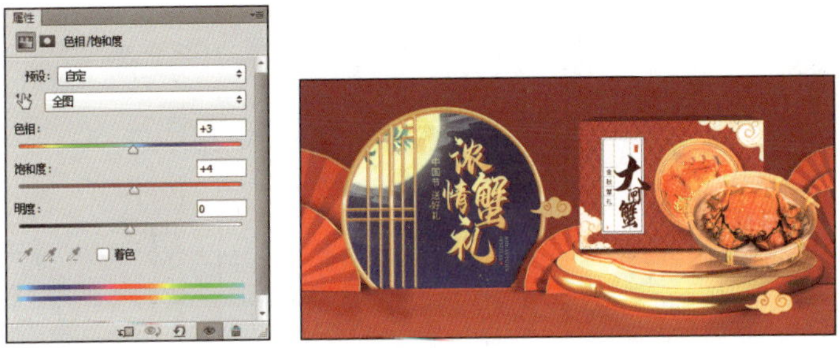

图8-22　设置“色相/饱和度”参数

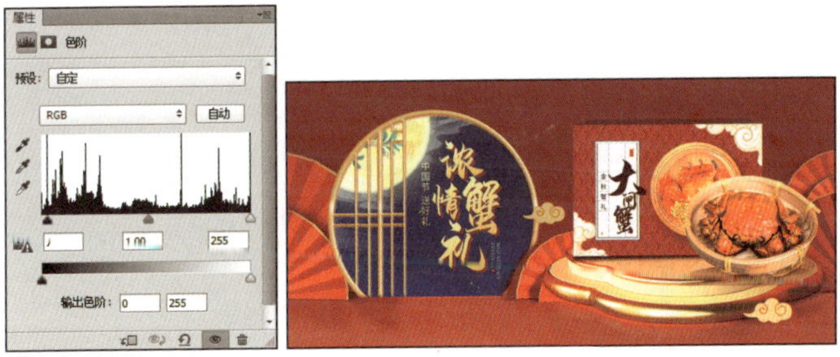

图8-23　设置“色阶”参数并查看图像最终效果

8.3 应用通道

在Photoshop中，通道的功能主要有两种，一是存储和调整图层颜色，二是存储选区。下面将介绍如何利用通道处理网店图像。

8.3.1 认识“通道”面板

“通道”面板是创建与编辑通道的主要场所，单击“窗口”|“通道”命令，即可调出“通道”面板，如图8-24所示。其中，各选项的含义如下。

图8-24　“通道”面板

- **眼睛图标：** 用于控制各通道的显示与隐藏。
- **缩览图：** 用于预览各通道中的内容。

- **通道组合键**：各通道右侧显示的组合键用于快速选择所需的通道。
- **将通道作为选区载入**：单击该按钮，可以将选择的通道作为选区载入。
- **将选区存储为通道**：单击该按钮，可以将图像中创建的选区存储为通道。
- **创建新通道**：单击该按钮，可以创建一个通道。
- **删除当前通道**：单击该按钮，可以删除当前选择的通道。

8.3.2 复制通道

在“通道”面板中选择要复制的通道，将其拖至“创建新通道”按钮上，松开鼠标左键后即可复制该通道，如图8-25所示。

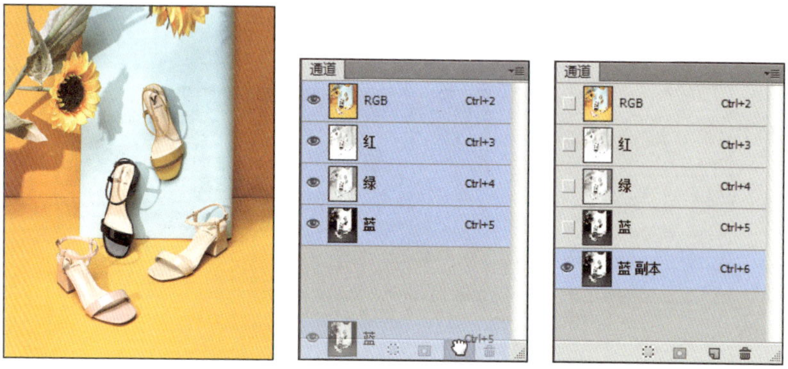

图8-25 复制通道

8.3.3 载入通道选区

在“通道”面板中单击“将通道作为选区载入”按钮，即可调用所选通道上的灰度值，并将其转换为选区，如图8-26所示。按住【Ctrl】键的同时，在“通道”面板中单击要作为选区载入的通道缩览图，也可以将其载入选区。

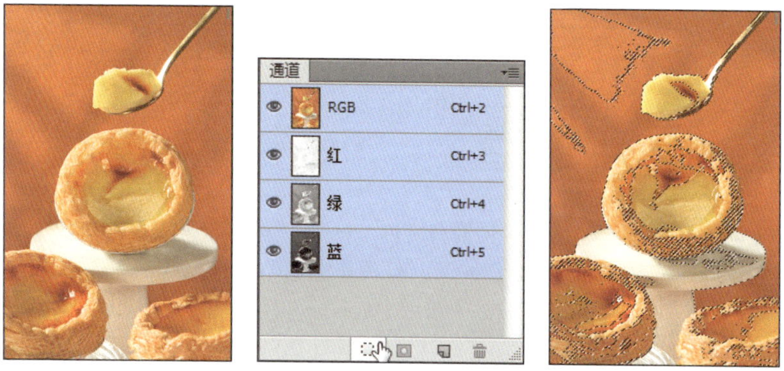

图8-26 载入通道选区

8.3.4 应用颜色通道

颜色通道用于保存图像颜色的基本信息，每个图像都有一个或多个颜色通道，图像中默认的颜色通道数取决于其颜色模式，即一个图像的颜色模式决定着其颜色通道的数量。

每个颜色通道都存放着图像中某种颜色的信息，所有颜色通道中的颜色叠加混合即产生图像中的颜色。以RGB图像为例，其默认有3个颜色通道和1个用户编辑图像的复合通道，如图8-27所示。

当红、绿、蓝颜色通道合成在一起时，才会得到色彩最真实的图像。如果图像缺少某一个颜色通道，则合成的图像就会偏色。

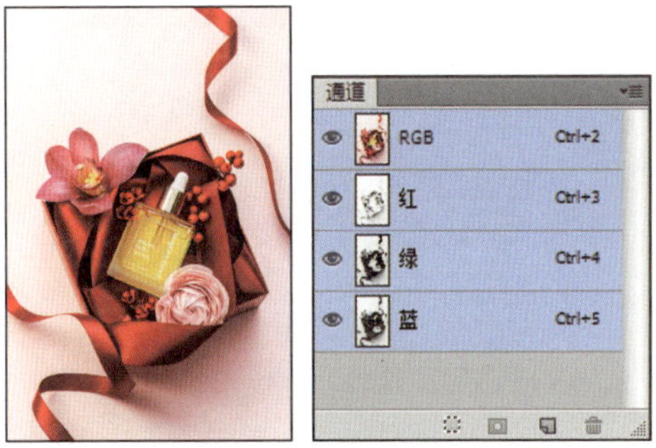

图8-27　RGB图像的颜色通道

隐藏蓝色通道，仅红色和绿色通道叠加的效果如图8-28所示。隐藏绿色通道，仅红色和蓝色通道叠加的效果如图8-29所示。

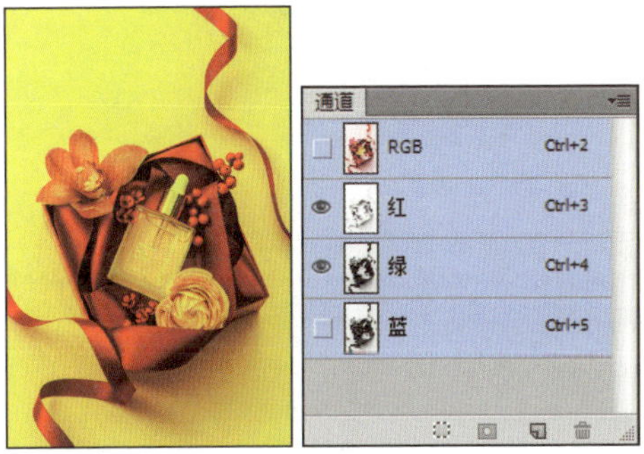

图8-28　隐藏蓝色通道

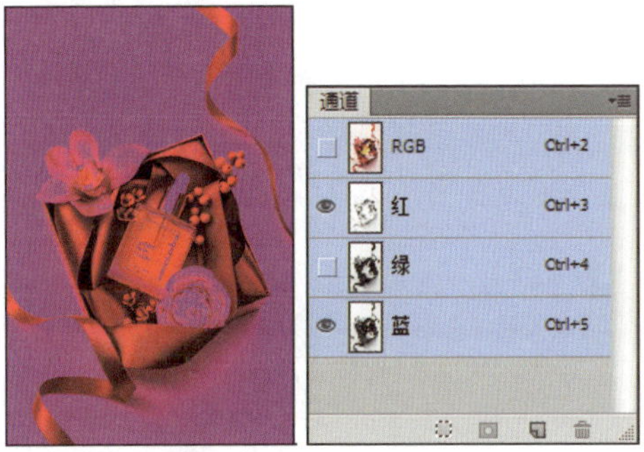

图8-29　隐藏绿色通道

隐藏红色通道，仅绿色和蓝色通道叠加的效果如图8-30所示。

当仅显示“通道”面板中的一个通道时，看到的是灰色图像，效果如图8-31所示。

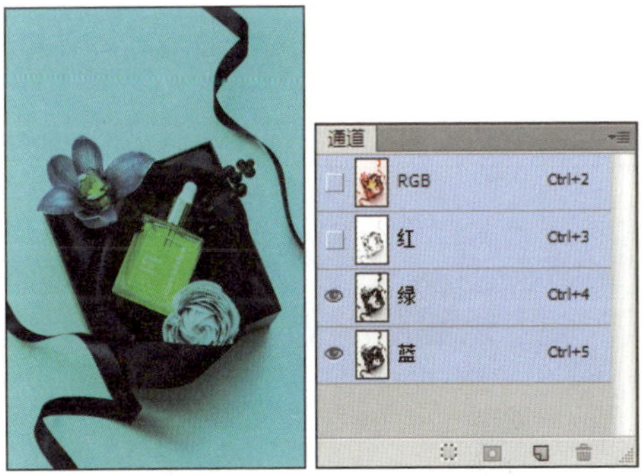

图8-30　隐藏红色通道

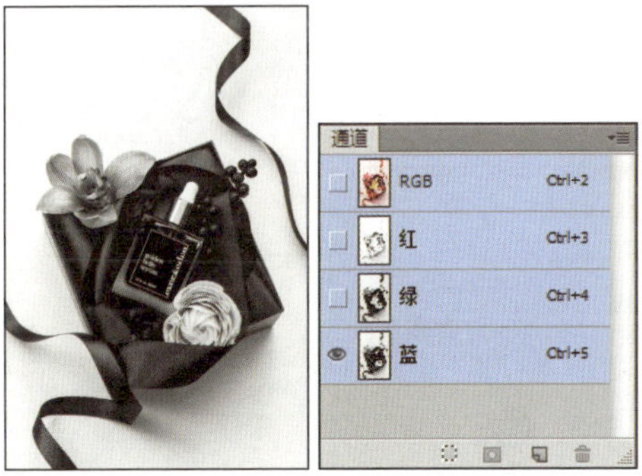

图8-31　只显示一个通道

单击“编辑”|“首选项”|“界面”命令，在弹出的“首选项”对话框中选中“用彩色显示通道”复选框，然后单击“确定”按钮，如图8-32所示。此时，即可看到图像以彩色显示，效果如图8-33所示。

Lab模式则由“明度”“a”“b”这3个通道组成，但与RGB模式不同的是，它把颜色分配到“a”“b”两个通道，“明度”通道则由黑、白、灰组成。“a”通道管理着洋红与绿色，而“b”通道管理着黄色与蓝色。

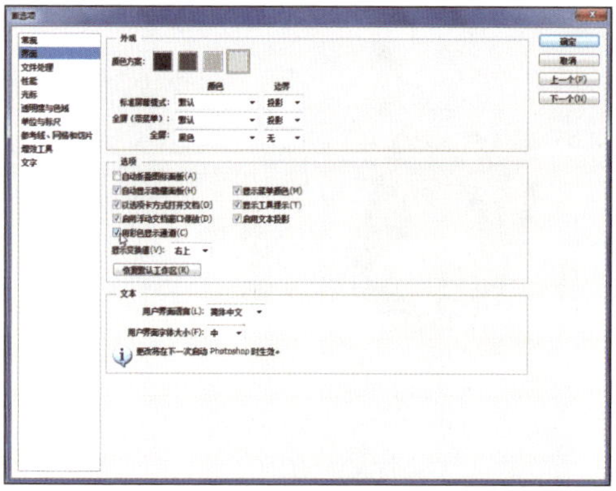

图8-32 选中“用彩色显示通道”复选框

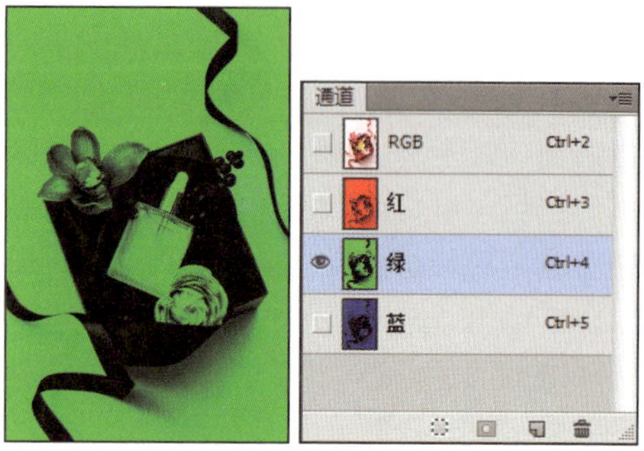

图8-33 图像以彩色显示

一幅Lab模式的图像及其3个通道都显示的效果如图8-34所示。

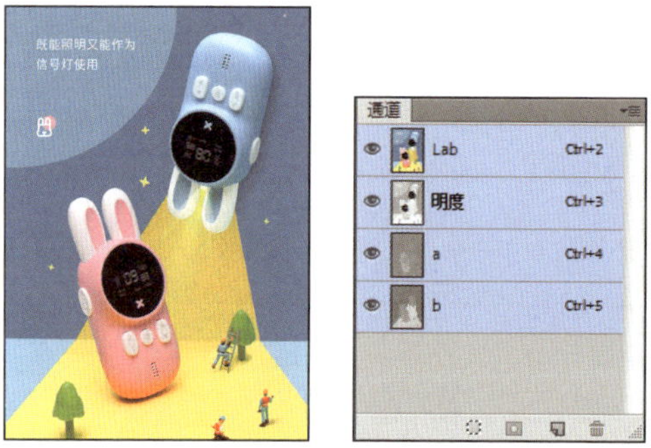

图8-34 Lab模式图像及其3个通道都显示

隐藏“b”通道，仅“明度”通道和“a”通道叠加的效果如图8-35所示。隐藏“a”通道，仅“明度”通道和“b”通道叠加的效果如图8-36所示。

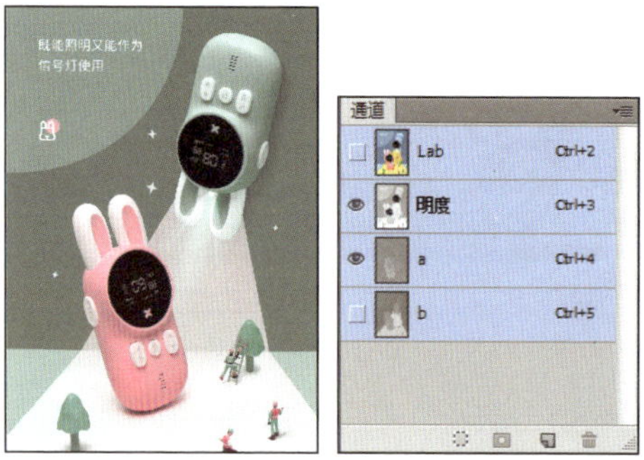

图8-35 隐藏“b”通道

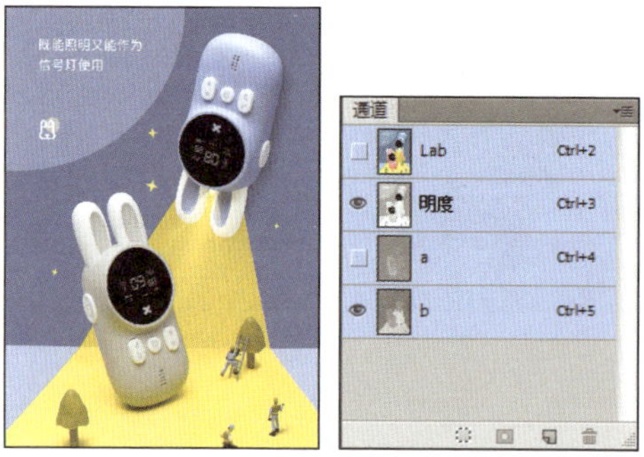

图8-36 隐藏“a”通道

8.3.5 应用Alpha通道

利用Alpha通道可以将选区存储为灰度图像。在Photoshop中，经常使用Alpha通道来创建和存储蒙版，这些蒙版用于处理和保护图像的某些特定区域。

在Alpha通道中，白色代表被选择的区域，黑色代表未被选择的区域，而灰色则代表被部分选择的区域，即羽化的区域。Alpha通道只是存储选区，并不会影响图像的颜色。

单击“通道”面板中的“创建新通道”按钮，即可创建一个Alpha通道。如果当前图像中创建了选区，单击“将选区存储为通道”按钮，即可将选区保存为Alpha通道，如图8-37所示。

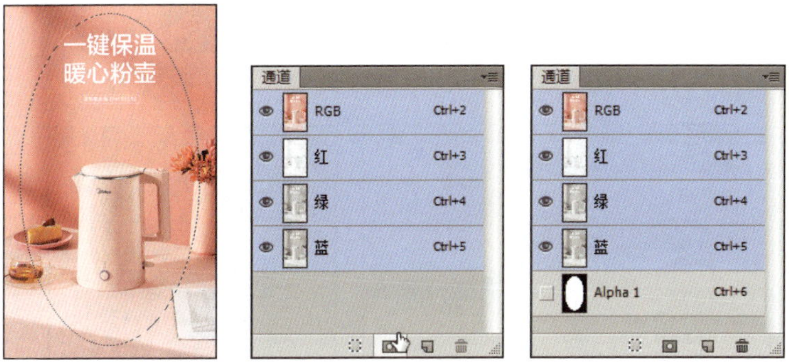

图8-37　将选区保存为Alpha通道

8.4 课堂案例——调出唯美端午节海报背景

【案例学习目标】学习使用颜色通道调整图像颜色。弘扬中国优秀传统文化，在设计中融入传统文化和民族精神元素。

【案例知识要点】使用“Lab 颜色”命令转换通道模式，通过复制和粘贴颜色通道制作图像效果，效果如图 8-38 所示。

视频

调出唯美端午节海报背景

图8-38　调出唯美端午节海报背景

【效果所在位置】效果文件 / 第 8 章 / 调出唯美端午节海报背景 .psd。

步骤01 单击“文件”|“打开”命令，打开“素材文件/第8章/调出唯美端午节海报背景/01.jpg”，如图8-39所示。单击“图像”|“模式”|“Lab颜色”命令，将图像转换为Lab模式，如图8-40所示。

图8-39　打开素材文件

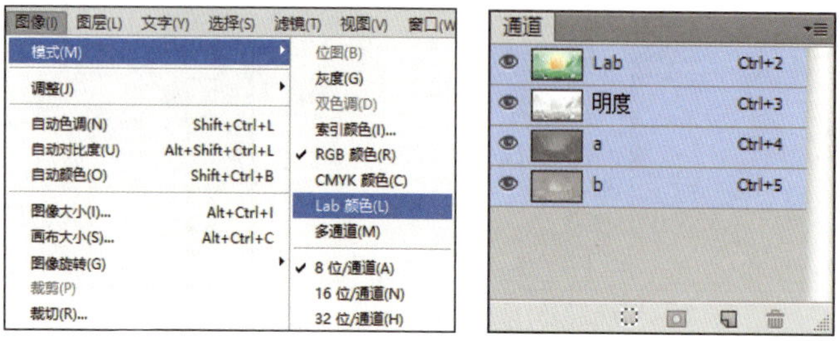

图8-40　单击“Lab颜色”命令

步骤02 在“通道”面板中选择“a”通道，按【Ctrl+A】组合键全选图像，按【Ctrl+C】组合键复制图像，如图8-41所示。选择“b”通道，按【Ctrl+V】组合键粘贴图像，如图8-42所示，按【Ctrl+D】组合键取消选区。

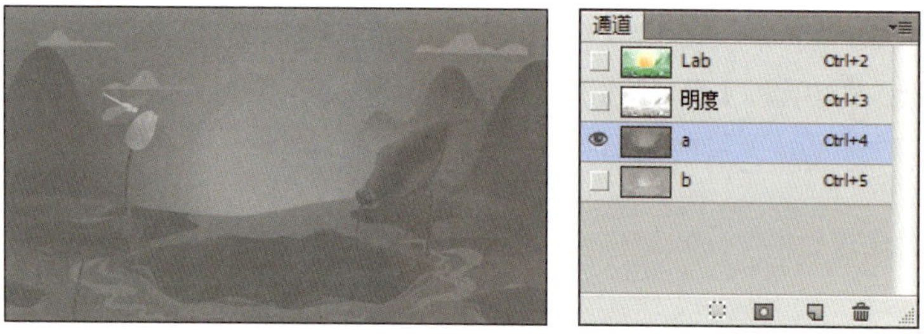

图8-41　选择“a”通道并复制图像

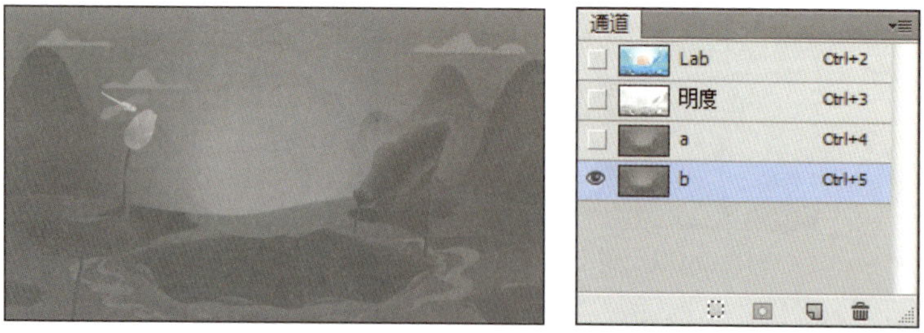

图8-42　选择“b”通道并粘贴图像

步骤03 按【Ctrl+2】组合键显示Lab通道，即可得到调整后的图像效果，如图8-43所示。按【Ctrl+O】组合键，打开“素材文件/第8章/调出唯美端午节海报背景/02.png”，选择移动工具，将其拖至01文件窗口中，如图8-44所示。

图8-43 调整后的图像效果

图8-44 导入素材

步骤 04 选择横排文字工具T，输入需要的文字，在“字符”面板中分别设置文字的各项属性，其中字体颜色为RGB（0，149，202）和白色，如图8-45所示。此时，即可得到唯美端午节海报背景的最终效果，如图8-46所示。

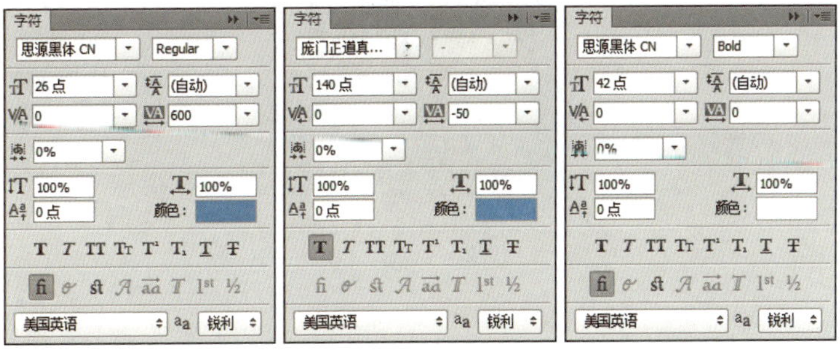

图8-45 “字符”面板

图8-46 唯美端午节海报背景的最终效果

8.5 课堂练习——制作移动端零食热卖推荐区

【练习知识要点】使用“曲线”调整图层提高背景对比度，使用移动工具导入素材，使用剪贴蒙版制作热卖推荐区。

【素材所在位置】素材文件 / 第 8 章 / 制作移动端零食热卖推荐区。

【效果所在位置】效果文件 / 第 8 章 / 制作移动端零食热卖推荐区 .psd，效果如图 8–47 所示。

图8–47　移动端零食热卖推荐区

视频

移动端零食热卖推荐区的制作过程

8.6 课后练习——制作红心蜜柚详情页

【练习知识要点】使用钢笔工具选取产品轮廓，添加素材文件，使用图层蒙版和剪贴蒙版隐藏部分图像，最后合成详情页效果。

【素材所在位置】素材文件 / 第 8 章 / 制作红心蜜柚详情页。

【效果所在位置】效果文件 / 第 8 章 / 制作红心蜜柚详情页 .psd，效果如图 8–48 所示。

图8-48　红心蜜柚详情页

视频

红心蜜柚详情页的制作过程

第9章 文字的创建与应用

本章导读

文字是网店美工设计中不可或缺的元素之一，在网店图像中恰当地使用文字可以起到画龙点睛的作用。本章将学习如何使用文字工具创建文字，如何创建变形文字，以及如何创建路径文字等内容。

知识目标

- 掌握使用文字工具创建文字的方法。
- 熟悉“字符”面板和“段落”面板。
- 掌握创建变形文字的方法。
- 掌握创建路径文字的方法。

技能目标

- 能够使用文字工具创建各种文字效果。
- 能够根据需要创建变形文字和路径文字。

素质目标

- 树立版权保护意识，遵纪守法。
- 培养网络安全意识，安全、正确、合理地使用网络资源。

9.1 创建文字

在网店美工设计中，恰当地使用文字可以点明主题，增强画面的感染力，是非常有效的设计手段之一。下面将学习如何使用文字工具创建各种文字效果。

9.1.1 应用横排文字工具

Photoshop CS6中的文字工具主要包括横排文字工具T、直排文字工具IT、横排文字蒙版工具T和直排文字蒙版工具↓T，如图9-1所示。

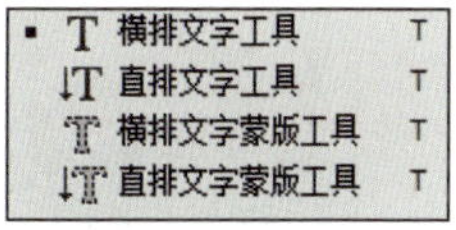

图9-1　文字工具

使用横排文字工具T和直排文字工具IT可以创建点文字、段落文字和路径文字，使用横排文字蒙版工具T和直排文字蒙版工具↓T可以创建文字选区。

选择工具箱中的横排文字工具T，其工具属性栏如图9-2所示。

图9-2　横排文字工具属性栏

在该工具属性栏中，各选项的含义如下。

- IT：输入文字后，单击该按钮，即可使文字在水平或垂直方向上进行切换。
- 思源黑体 CN：用于设置文字的字体，不同文字字体效果如图9-3所示。

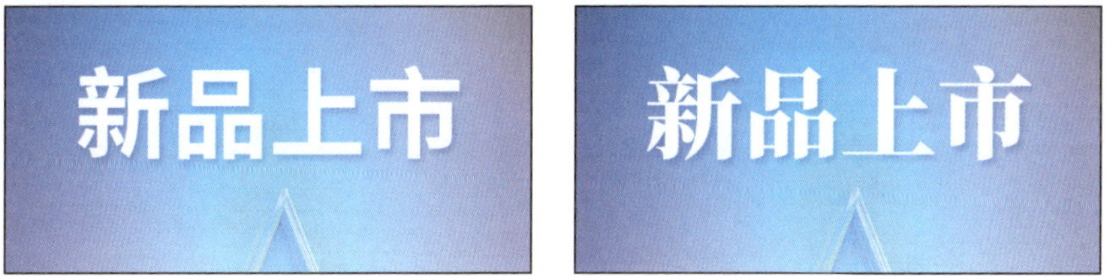

（a）思源黑体　　（b）思源宋体

图9-3　不同文字字体

- Bold：用于设置文字的字体样式，该选项只对部分英文字体有效。
- 330 点：用于设置文字的大小，不同文字大小效果如图9-4所示。

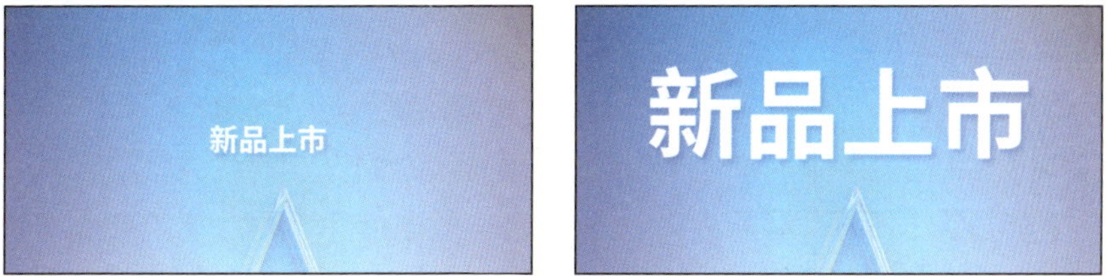

（a）100 点　　（b）330 点

图9-4　不同文字大小

- aa 锐利：用于设置文字边缘消除锯齿的方式。
- 对齐按钮组，用于设置文字的对齐方式。
- ：用于设置文字颜色。单击该色块，可以在弹出的“拾色器（前景色）”对话框中设置文字的颜色，如图9-5所示。

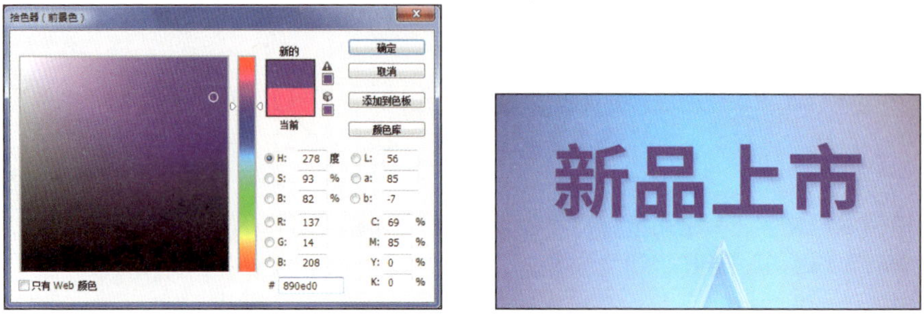

图9-5　设置文字颜色

- ：单击该按钮，可以在弹出的“变形文字”对话框中设置文字变形样式，如图9-6所示。

图9-6　设置文字变形样式

- ：用于显示或隐藏“字符”和“段落”面板，在打开的“字符”和“段落”面板中可以对文字进行更多的设置。

9.1.2　认识“字符”面板

在Photoshop CS6中，提供了一个用于编辑文字的“字符”面板。单击“窗口”|“字符”命令，即可将其调出，如图9-7所示。

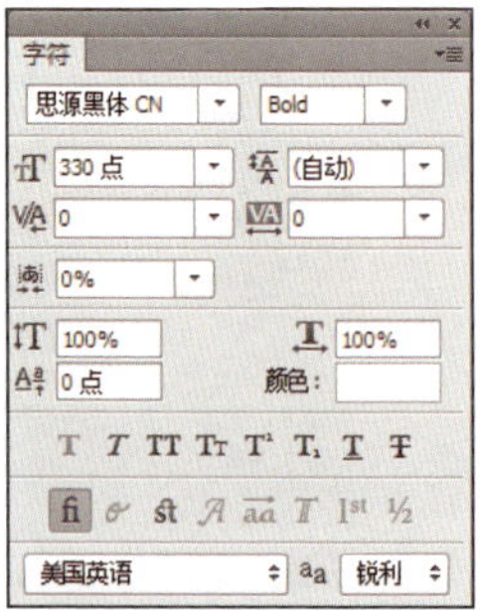

图9-7　“字符”面板

“字符”面板主要用于设置文字的字体、字号、字形、字距和行距等，其中设置字体、字号、字形、字体颜色和消除锯齿选项与文字工具属性栏中相应选项的功能相同，其他选项的含义如下。

- (自动)：用于设置所选文字的行与行之间的距离，设置不同行距效果如图9-8所示。
- 100%：用于设置所选文字的垂直缩放比例，设置不同垂直缩放比例效果如图9-9所示。

（a）行距为 10 点　　（b）行距为 72 点　　（c）行距为 240 点

图9-8　设置不同行距

（a）垂直缩放比例为 30%　　（b）垂直缩放比例为 100%　　（c）垂直缩放比例为 120%

图9-9　设置不同垂直缩放比例

➢ ：用于设置所选文字的水平缩放比例，设置不同水平缩放比例效果如图9-10所示。

（a）水平缩放比例为 50%　　（b）水平缩放比例为 100%　　（c）水平缩放比例为 150%

图9-10　设置不同水平缩放比例

➢ ：用于设置两个文字间的字距比例，数值越大，字距越小，设置文字的不同字距比例效果如图9-11所示。

（a）字距比例为 0%　　（b）字距比例为 50%　　（c）字距比例为 100%

图9-11　设置文字的不同字距比例

➢ ：用于设置所选文字之间的距离，数值越大，文字之间的距离越大，设置文字间距效果如图9-12所示。

➢ ：用于设置所选文字与其基线的距离，为正值的上移，为负值的下移，设置文字基线偏移效果如图9-13所示。

（a）文字间距为 -100　　（b）文字间距为 0　　（c）文字间距为 300

图9-12　设置文字间距

（a）选中文字　　（b）基线偏移值 50 点　　（c）基线偏移值为 -50 点

图9-13　设置文字基线偏移

- T T TT Tr T T T T：分别用于设置字体的仿粗体、仿斜体、全部大写字母、小型大写字母、上标、下标、下划线和删除线，设置文字形式效果如图9-14所示。

（a）正常效果　　（b）仿粗体　　（c）仿斜体

（d）全部大写字母　　（e）小型大写字母　　（f）上标

（g）下标　　（h）下划线　　（i）删除线

图9-14　设置文字形式

9.1.3　认识“段落”面板

段落文字是指用文字工具拖出一个定界框，然后在这个定界框中输入文字。段落文字具有自动换行、可调整文字区域大小等特点。在处理文字较多的文本时，可以创建段落文字。

单击“窗口”|“段落”命令，即可调出“段落”面板，如图9-15所示。

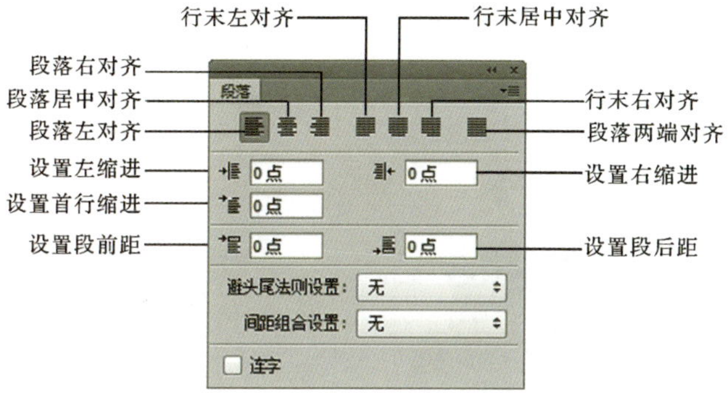

图9-15　“段落”面板

9.1.4　编辑文本框

将鼠标指针移至图像窗口中，此时鼠标指针呈形状，按住鼠标左键并拖动，当到达所需的位置后松开鼠标左键，即可绘制一个文本框，如图9-16所示。此时，在文本框中输入文字，如图9-17所示。

图9-16　绘制文本框

图9-17　输入文字

在文本框中输入文字时，当输入的文字到达文本框的边缘时，文字会自动换行。如果输入的文字过多，文本框右下角的控制柄就会呈田形状，表明文字已经超出了文本框的范围，文字被隐藏了。此时，可以调整文本框的大小，以显示被隐藏的文字。拖动文本框四周的控制柄，即可调整文本框大小，如图9-18所示。

将鼠标指针移至文本框的对角线上，当其变成↩形状时，按住鼠标左键并拖动，即可旋转文本框，如图9-19所示。

图9-18 调整文本框大小

图9-19 旋转文本框

9.1.5 创建文字选区

使用工具箱中的横排文字蒙版工具可以创建文字选区。选择工具箱中的横排文字蒙版工具，在图像窗口中单击，图像窗口就会进入快速蒙版状态，此时整个图像窗口中铺上了一层透明的红色，可以在其中输入文字，如图9-20所示。

输入文字后按【Ctrl+Enter】组合键，即可退出蒙版状态，创建文字选区，如图9-21所示。

图9-20 输入文字

图9-21 创建文字选区

9.2 课堂案例——制作龙腾粽移动端海报

【案例学习目标】学习使用文字工具创建文字选区、输入点文字，以及使用“字符”面板。坚持从实践出发，敢于创新，设计出符合市场需求的优秀作品。

【案例知识要点】使用横排文字蒙版工具创建文字选区，通过添加图层样式为文字添加内发光和投影效果，使用文字工具输入点文字，效果如图 9-22 所示。

图9-22　龙腾粽移动端海报

视频

龙腾粽移动端海报的制作过程

【效果所在位置】效果文件 / 第 9 章 / 制作龙腾粽移动端海报 .psd。

步骤 01 单击“文件”|“打开”命令，打开“素材文件/第9章/制作龙腾粽移动端海报/01.jpg”，如图9-23所示。选择横排文字蒙版工具，打开“字符”面板，设置各项参数，如图9-24所示。

图9-23　打开素材文件

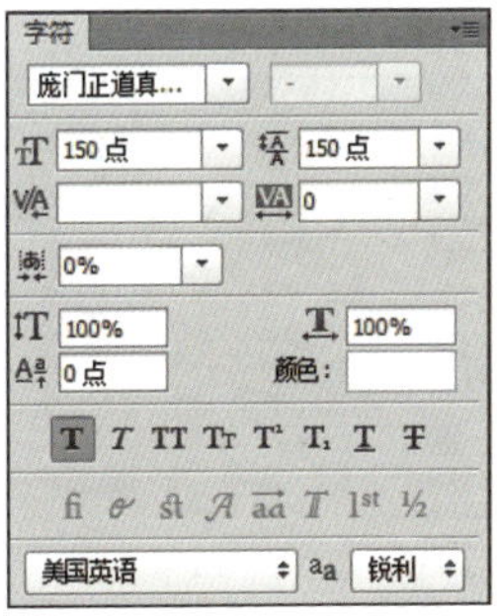

图9-24　“字符”面板

步骤 02 在图像中单击输入文字，如图9-25所示。按【Ctrl+Enter】组合键，将文字转换为选区。选择移动工具，移动选区到合适的位置。按【Ctrl+C】组合键，复制选区内的图像，如图9-26所示。

图9-25　输入文字

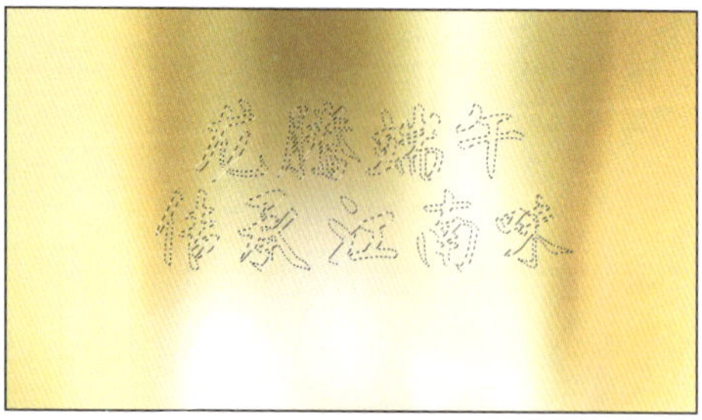

图9-26　复制选区内的图像

步骤03 单击“文件”|“打开”命令，打开“素材文件/第9章/制作龙腾粽移动端海报/02.jpg”，如图9-27所示。按【Ctrl+V】组合键粘贴图像，按【Ctrl+T】组合键调整图像大小，如图9-28所示。

图9-27　打开素材文件

图9-28　粘贴并调整图像大小

步骤04 单击“图层”面板下方的“添加图层样式”按钮fx，选中“投影”选项，在弹出的对话框中设置各项参数，如图9-29所示。在“图层样式”对话框左侧选中“内发光”选项，设置各项参数，然后单击“确定”按钮，如图9-30所示。

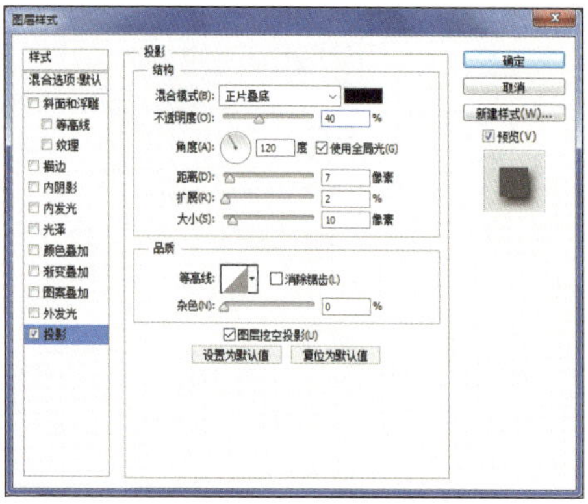

图9-29　设置“投影”参数

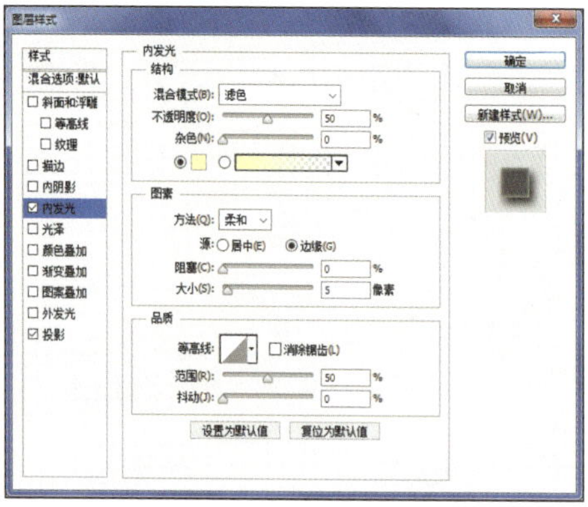

图9-30　设置“内发光”参数

步骤 05 此时即可查看添加图层样式后的文字效果，如图9-31所示。选择直排文字工具IT，在“字符”面板中分别设置文字的字体、字号和颜色等属性，如图9-32所示。

图9-31　添加图层样式后的文字效果

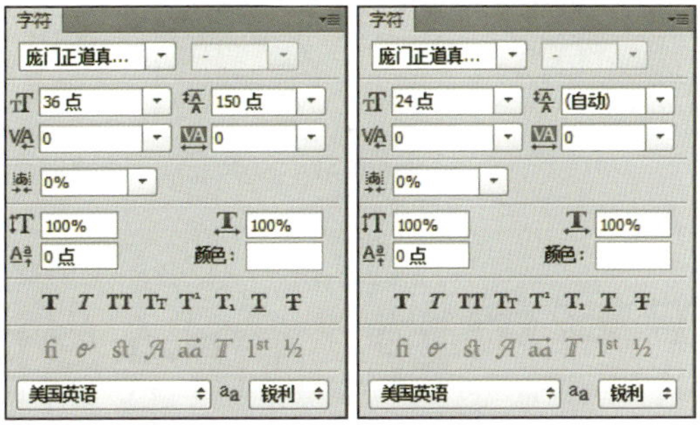

图9-32　设置“字符”面板参数

步骤 06 在图像窗口中输入文字，按【Ctrl+Enter】组合键确认操作，即可创建文本，最终效果如图9-33所示。

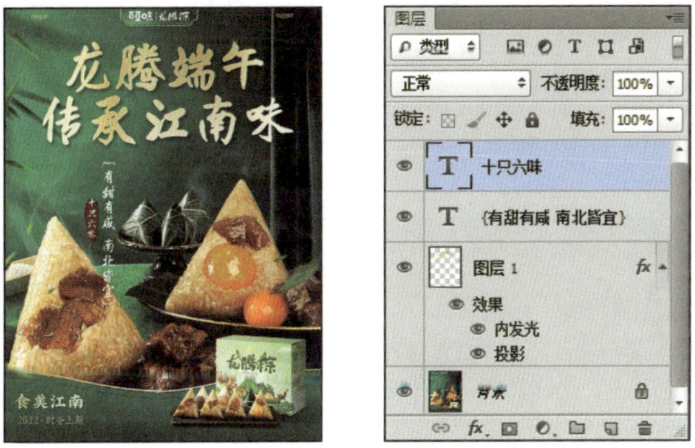

图9-33　创建文本并查看图像最终效果

9.3 创建变形文字与路径文字

在网店美工设计中，有时需要对创建的文字进行特殊的变形与排列处理，这时就需要学习如何创建变形文字和路径文字。

9.3.1　创建变形文字

在Photoshop CS6中，可以对创建的文字进行变形操作，从而制作出更有艺术美感的文字特效。选择文字图层，单击“图层”|“文字”|“文字变形”命令，或者单击文字工具属性栏中的“创建文字变形”按钮，即可弹出“变形文字”对话框，如图9-34所示。

在“样式”下拉列表框中提供了15种变形样式，通过设置变形参数可以得到不同的变形效果，如图9-35所示。

图9-34 文字图层及“变形文字”对话框

（a）扇形

（b）下弧

（c）上弧

（d）拱形

（e）凸起

（f）贝壳

（g）花冠

（h）旗帜

（i）波浪

（j）鱼形

（k）增加

（l）鱼眼

（m）膨胀

（n）挤压

（o）扭转

图9-35 变形样式

9.3.2　创建路径文字

路径文字是指使用钢笔工具等路径工具创建路径，然后输入文字，使文字沿着路径排列，或者在封闭的路径内输入文字。当改变路径的形状时，文字也会随之产生变化。

选择钢笔工具，在图像窗口中绘制一条路径，如图9-36所示。选择横排文字工具T，将鼠标指针移至路径起始点处，此时鼠标指针变成形状，确定文本插入点效果如图9-37所示。单击确定文本插入点，在文本插入点的位置输入文字，如图9-38所示。

图9-36　绘制路径

图9-37　确定文本插入点

图9-38　输入文字

在按住【Ctrl】键的同时将鼠标指针移至文字上方，当鼠标指针呈形状后按住鼠标左键并沿路径拖动，即可沿路径移动文字，如图9-39所示。

图9-39　沿路径移动文字

9.4　课堂案例——制作卡通U形枕套装海报

【案例学习目标】学习使用“创建文字变形”按钮制作变形文字。

【案例知识要点】使用横排文字工具输入文字，使用“创建文字变形”按钮制作变形文字，使用“添加图层样式”按钮为文字添加多种效果，效果如图9-40所示。

图9-40 卡通U形枕套装海报

视频

卡通U形枕套装海报的制作过程

【效果所在位置】效果文件/第9章/制作卡通U形枕套装海报.psd。

步骤 01 单击“文件”|“打开”命令，打开“素材文件/第9章/制作卡通U形枕套装海报/01.jpg”，如图9-41所示。选择横排文字工具**T**，打开“字符”面板，设置各项参数，如图9-42所示。

图9-41 打开素材文件

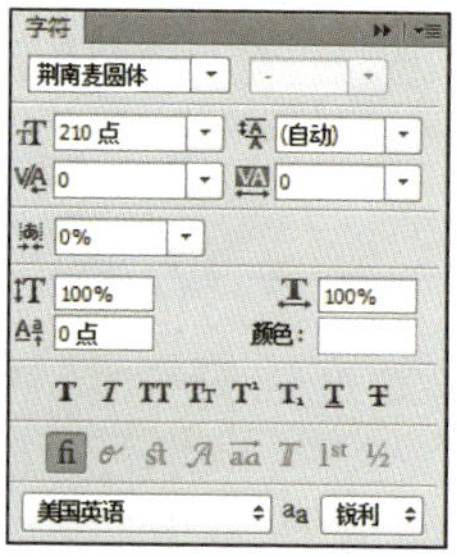

图9-42 “字符”面板

步骤 02 在图像中输入文字，按【Ctrl+Enter】组合键完成文字的输入操作，如图9-43所示。单击“图层”面板下方的“添加图层样式”按钮**fx**，选中“斜面与浮雕”选项，在弹出的对话框中设置各项参数，其中“阴影模式”的颜色为RGB（255，145，170），如图9-44所示。

图9-43 输入文字

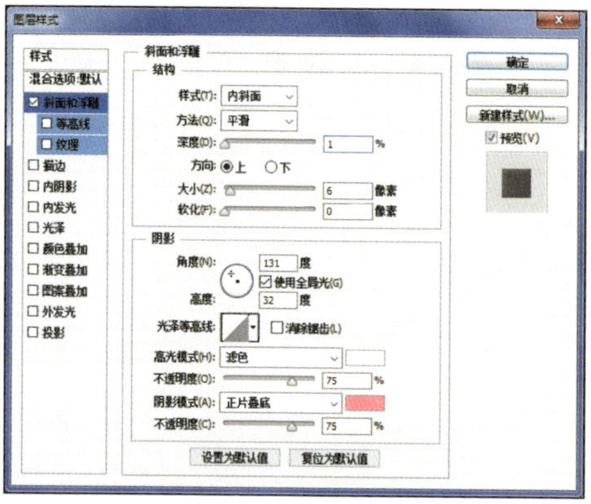

图9-44 设置“斜面与浮雕”参数

步骤 03 在“图层样式”对话框左侧选中“投影”选项，在对话框右侧设置各项参数，其中阴影颜色为RGB（249，145，168），单击“确定”按钮，如图9-45所示。此时查看添加图层样式后的文字效果，如图9-46所示。

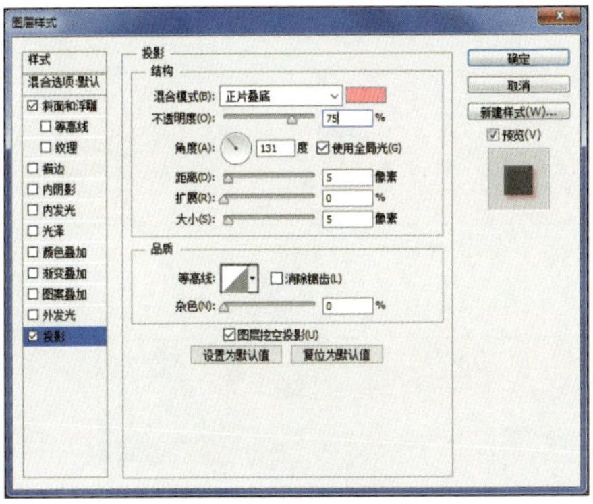

图9-45　设置“投影”参数

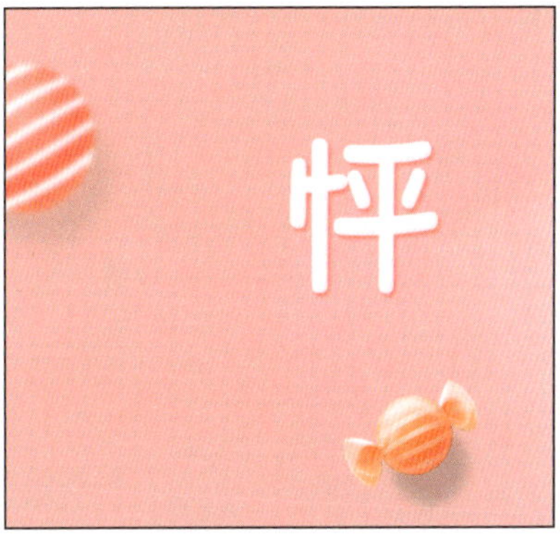

图9-46　添加图层样式后的文字效果

步骤 04 在工具属性栏中单击“创建文字变形”按钮，在弹出的“变形文字”对话框中设置各项参数，单击“确定”按钮，如图9-47所示。将变形后的文字移至合适的位置，按【Ctrl+T】组合键调整文字的角度，效果如图9-48所示。

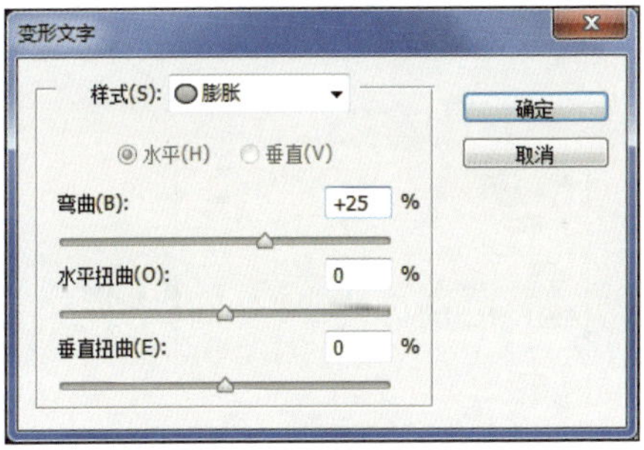

图9-47　“变形文字”对话框

图9-48　调整文字的角度

步骤 05 选择横排文字工具T，打开“字符”面板，设置各项参数，输入其他所需文字，如图9-49所示。用同样的操作方法创建变形文字，然后按【Ctrl+T】组合键调整文字角度，如图9-50所示。

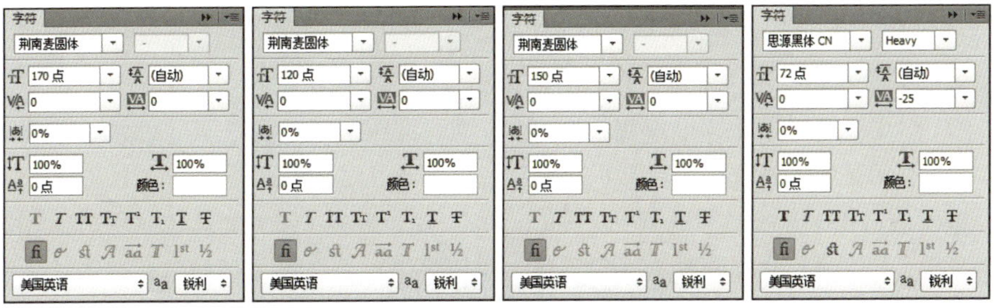

图9-49　设置各项参数并输入其他所需文字

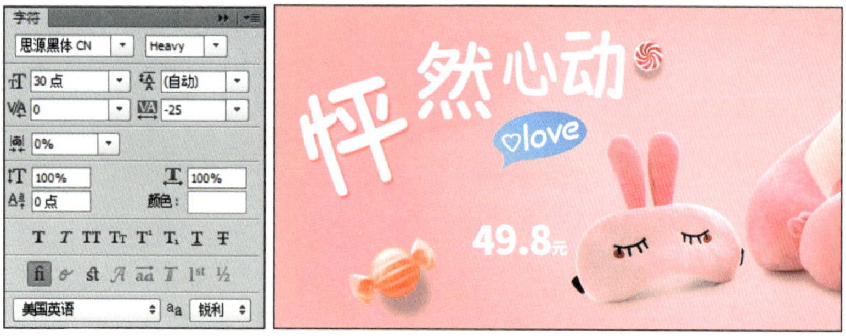

图9-49　设置各项参数并输入其他所需文字（续）

图9-50　创建变形文字并调整文字角度

步骤06 选择“怦”文本图层并用鼠标右键单击，在弹出的快捷菜单中选择“拷贝图层样式”命令，如图9-51所示。选择其他白色文本图层并用鼠标右键单击，在弹出的快捷菜单中选择“粘贴图层样式”命令，如图9-52所示。

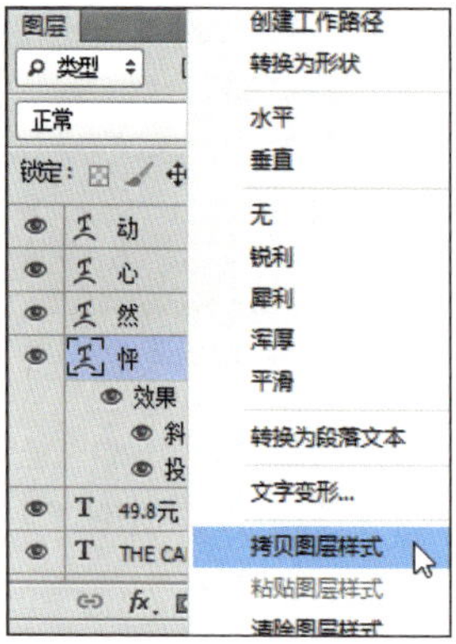

图9-51　拷贝图层样式

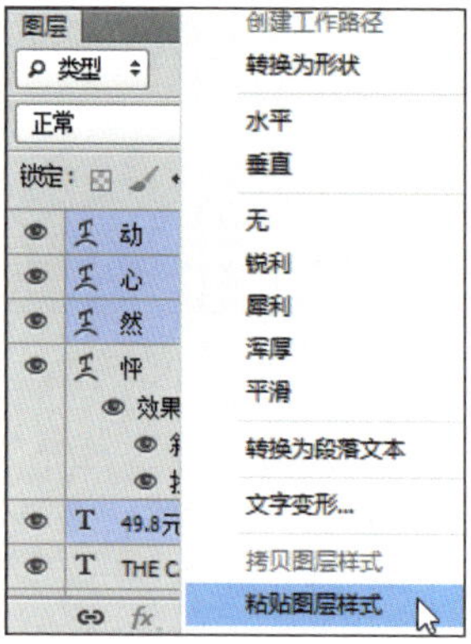

图9-52　粘贴图层样式

步骤07 选择横排文字工具T，打开“字符”面板，设置各项参数，其中文字颜色为白色和RGB（197，121，95），如图9-53所示。输入其他所需文字，按【Ctrl+T】组合键调出变换框调整文字的角度，如图9-54所示。

步骤08 在“图层”面板中选择“comfortable”文本图层，在工具属性栏中单击“创建文字变形”按钮，在弹出的“变形文字”对话框中设置各项参数，然后单击“确定”按钮，即可得到卡通U形枕套装海报的最终效果，如图9-55所示。

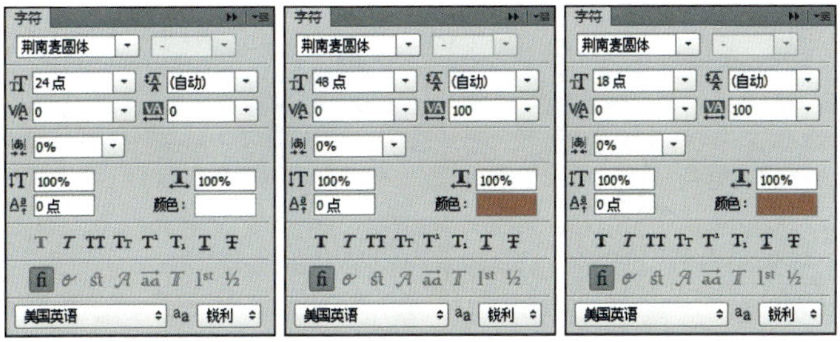

图9-53　“字符”面板

图9-54　调整文字的角度

图9-55　创建变形文字并查看最终效果

9.5 课堂练习——制作宠物食品首页活动专区

【练习知识要点】学习使用文字工具创建文字，通过添加图层样式为文字添加投影。

【素材所在位置】素材文件 / 第 9 章 / 制作宠物食品首页活动专区。

【效果所在位置】效果文件 / 第 9 章 / 制作宠物食品首页活动专区 .psd，效果如图 9-56 所示。

图9-56　宠物食品首页活动专区

视频

宠物食品首页活动专区的制作过程

9.6 课堂练习——制作婴儿推车周年庆海报

【练习知识要点】使用横排文字工具创建点文字，使用钢笔工具绘制装饰图案。

【素材所在位置】素材文件 / 第 9 章 / 制作婴儿推车周年庆海报。

【效果所在位置】效果文件 / 第 9 章 / 制作婴儿推车周年庆海报 .psd，效果如图 9-57 所示。

图9-57　婴儿推车周年庆海报

视频

婴儿推车周年庆海报的制作过程

9.7 课后练习——制作香水专场宽屏海报

【练习知识要点】使用横排文字工具添加宣传文字，通过添加图层样式为文字添加效果。

【素材所在位置】素材文件 / 第 9 章 / 制作香水专场宽屏海报。

【效果所在位置】效果文件 / 第 9 章 / 制作香水专场宽屏海报 .psd，效果如图 9–58 所示。

视频

香水专场宽屏海报的制作过程

图9–58　香水专场宽屏海报

第10章 滤镜在网店美工设计中的应用

本章导读

滤镜是Photoshop的重要功能之一，利用滤镜可以制作出许多意想不到的图像效果。Photoshop CS6中内置了很多滤镜，本章将介绍一些常用滤镜在网店美工设计中的使用方法与技巧。

知识目标

- 熟悉滤镜与滤镜库的功能。
- 掌握“液化”滤镜的应用方法。
- 掌握其他常用滤镜的应用方法。

技能目标

- 能够在网店美工设计中灵活应用滤镜。
- 能够使用不同的滤镜制作各种图像效果。

素质目标

- 工作态度良好，做事专注。
- 坚定文化自信，积极用作品展示美好生活。

10.1 应用滤镜库

滤镜库可以使滤镜的浏览、选择与应用变得直观。滤镜库中包含了大部分比较常用的滤镜，可以在同一个对话框中完成添加多个滤镜的操作。

↘ 10.1.1　认识滤镜库

单击“滤镜”|“滤镜库”命令，即可打开“滤镜库”对话框，如图10-1所示。其中，各选项的功能如下。

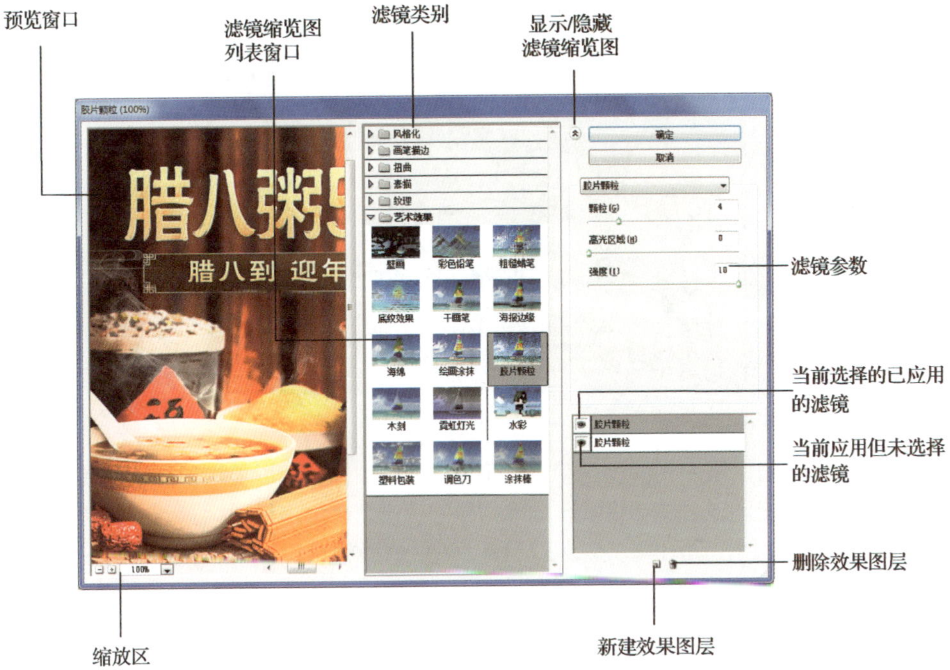

图10-1　“滤镜库”对话框

- **预览窗口：** 用于预览所使用的滤镜效果。
- **滤镜缩览图列表窗口：** 以缩览图的形式列出了一些常用的滤镜。
- **缩放区：** 可以缩放预览窗口中的图像。
- **“显示/隐藏滤镜缩览图”按钮：** 单击该按钮，对话框中的滤镜缩览图列表窗口会被隐藏，以使图像预览窗口扩大，从而可以更方便地观察图像；再次单击该按钮，滤镜缩览图列表窗口就会再次显示出来。
- **胶片颗粒 ▾：** 在该下拉列表框中以列表形式显示了滤镜缩览图列表窗口中的所有滤镜。
- **滤镜参数：** 当选择不同的滤镜时，该位置就会显示出相应的滤镜参数，以供用户进行设置。
- **应用到图像上的滤镜：** 在其中按照先后顺序列出了当前所有应用到图像上的

滤镜列表。选择其中的某个滤镜，可以对其参数进行修改，或者单击其左侧的眼睛图标，隐藏该滤镜效果。

- “新建效果图层”按钮：单击该按钮，可以添加新的滤镜。
- “删除效果图层”按钮：单击该按钮，可以删除当前选择的滤镜。

10.1.2 应用“液化”滤镜

使用“液化”滤镜可以对图像进行任意扭曲，还可以定义扭曲的范围和强度。单击“滤镜”|“液化”命令，即可打开“液化”对话框。该对话框中包含了多个变形工具，可以对图像进行推、拉、膨胀等操作，如图10-2所示。

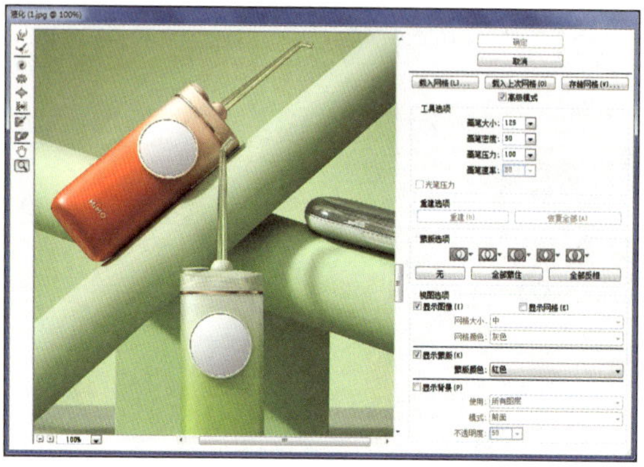

图10-2 “液化”对话框

在“液化”对话框中，使用向前变形工具拖动图像，可以使图像变形；使用重建工具，可以使拖动过的图像恢复至图像的原始状态；使用冻结蒙版工具，可以将不需要液化的图像冻结；使用解冻蒙版工具，可以取消冻结。

10.2 课堂案例——为女装模特瘦腿

【案例学习目标】学习使用“液化”滤镜对图像进行变形操作。增强法律意识，在美工设计中不侵犯他人肖像权和版权。

【案例知识要点】使用“液化”滤镜为女装模特瘦腿，使用“锐化”滤镜锐化模特细节，效果如图10-3所示。

【效果所在位置】效果文件/第10章/为女装模特瘦腿.psd。

图10-3 为女装模特瘦腿

视频

为女装模特瘦腿

步骤01 单击“文件”|“打开”命令，打开“素材文件/第10章/为女装模特瘦腿/01.jpg”，如图10-4所示。选择矩形选框工具，在模特腿部区域创建选区，按【Ctrl+J】组合键复制选区内图像，得到“图层1”，如图10-5所示。

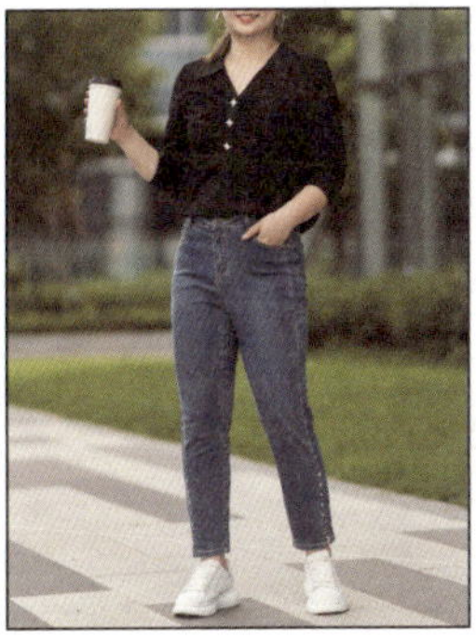
图10-4 打开素材文件

图10-5 复制图像

步骤02 按【Ctrl+T】组合键调出变换框，向下拉伸画面，按【Enter】键确定变换操作，使模特腿部线条略微变长，如图10-6所示。选择裁剪工具，创建裁剪框后向下拉伸画面，调整裁剪框的范围大小，如图10-7所示，并按【Enter】键确定变换操作。

图10-6 变换图像

图10-7 调整裁剪框

步骤03 选择矩形选框工具，在模特膝盖以下区域创建选区。按【Ctrl+J】组合键，复制选区内的图像，得到“图层2”，如图10-8所示。采用同样的操作方法拉长小腿线条，此时模特腿部比例得到明显的改善，如图10-9所示。

图10-8 复制图像

图10-9 变换图像

步骤04 按【Ctrl+Alt+Shift+E】组合键，盖印所有图层，得到“图层3”，如图10-10所示。单击“滤镜”|“液化”命令，在弹出的“液化”对话框中选择缩放工具，将预览窗口中的模特腿部放大，如图10-11所示。

图10-10 盖印所有图层并得到“图层3”

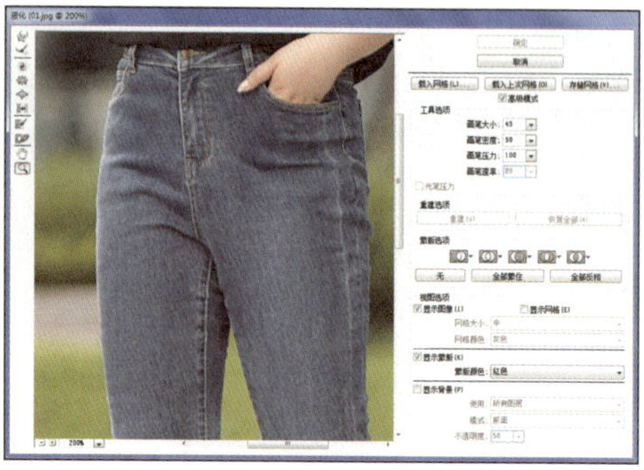
图10-11 “液化”对话框

步骤05 选择左侧的向前变形工具，在右侧“工具选项”选项区中设置“画笔大小”为175，“画笔密度”为50，“画笔压力”为100，如图10-12所示。使用向前变形工具拖动鼠标指针进行变形操作，调整模特腿部，然后单击“确定”按钮，如图10-13所示。

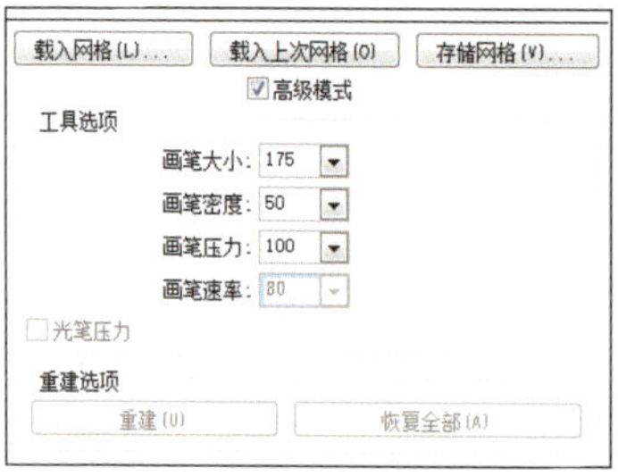

图10-12 设置“工具选项”参数

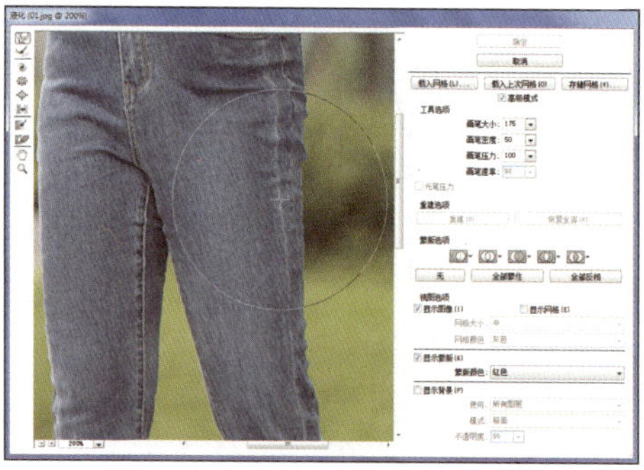
图10-13 调整模特腿部

步骤06 单击“滤镜”|“锐化”|“锐化”命令，锐化模特细节，如图10-14所示。选择污点修复画笔工具，在图像中有瑕疵的地方单击进行修复，修复瑕疵后的效果如图10-15所示。至此，为女装模特瘦腿的操作完成。

图10-14 锐化模特细节

图10-15 修复瑕疵后的效果

10.3 课堂案例——制作古典纹理效果

【案例学习目标】学习使用滤镜库制作古典纹理效果。弘扬茶文化，重视修身养德。

【案例知识要点】使用滤镜库中的“水彩”和“纹理化”滤镜制作古典纹理效果，通过设置图层混合模式更改图像显示效果，使用“镜头光晕”滤镜添加光效，效果如图 10-16 所示。

图10-16　古典纹理效果

视频

古典纹理效果的制作过程

【效果所在位置】效果文件 / 第 10 章 / 制作古典纹理效果 .psd。

步骤 01 单击“文件”|“打开”命令，打开“素材文件/第10章/制作古典纹理效果/01.jpg”，如图10-17所示。按【Ctrl+J】组合键复制“背景”图层，得到“图层1”，如图10-18所示。

图10-17　打开素材文件

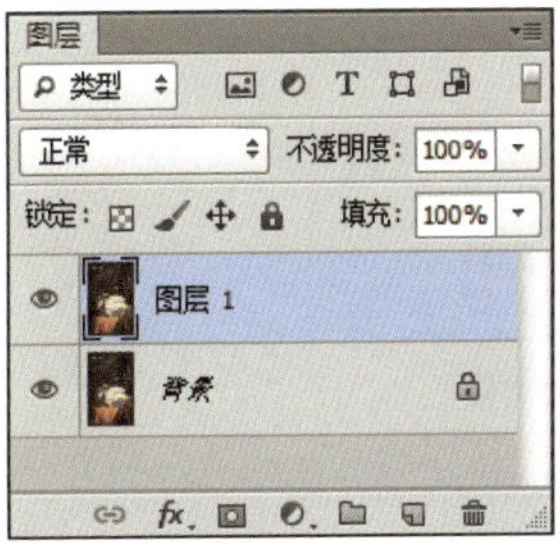

图10-18　复制“背景”图层

步骤 02 单击“滤镜”|“滤镜库”|“艺术效果”|“水彩”命令，在弹出的对话框中设置“画笔细节”为12，“阴影强度”为1，“纹理”为1，然后单击“确定”按钮，如图10-19所示。此时，图像已经变为水彩画效果，如图10-20所示。

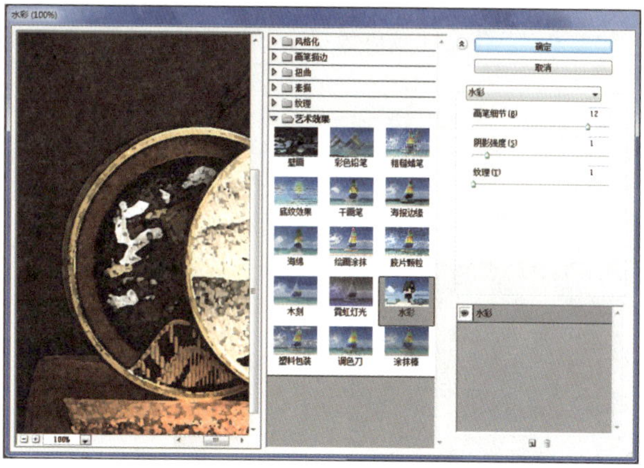

图10-19 设置“水彩”参数

图10-20 水彩画效果

步骤 03 在“图层”面板中设置“图层1”的图层混合模式为“叠加”，“不透明度”为30%，如图10-21所示。选择“背景”图层，按【Ctrl+J】组合键复制“背景”图层，得到“背景 副本”图层，并将其调整到所有图层的上方，如图10-22所示。

图10-21 设置图层混合模式与不透明度

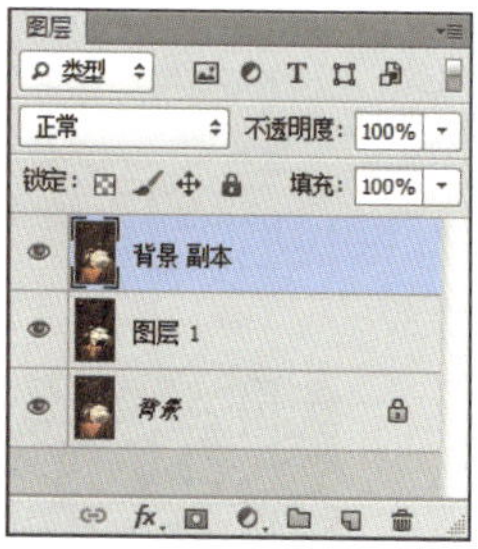

图10-22 复制“背景”图层并将其调整到所有图层的上方

步骤 04 单击“滤镜”|“滤镜库”|“纹理”|“纹理化”命令，在弹出的对话框中设置“缩放”为76%，“凸现”为3，然后单击“确定”按钮，如图10-23所示。

步骤 05 在“图层”面板中，设置“背景 副本”图层的“不透明度”为70%，使用缩放工具单击图像窗口，查看添加纹理化滤镜后的图像效果，如图10-24所示。

步骤 06 单击“创建新的填充或调整图层”按钮，选择“亮度/对比度”选项，在弹出的调整面板中设置各项参数，如图10-25所示。此时，即可看到图像的色彩得到进一步的增强，图像调整效果如图10-26所示。

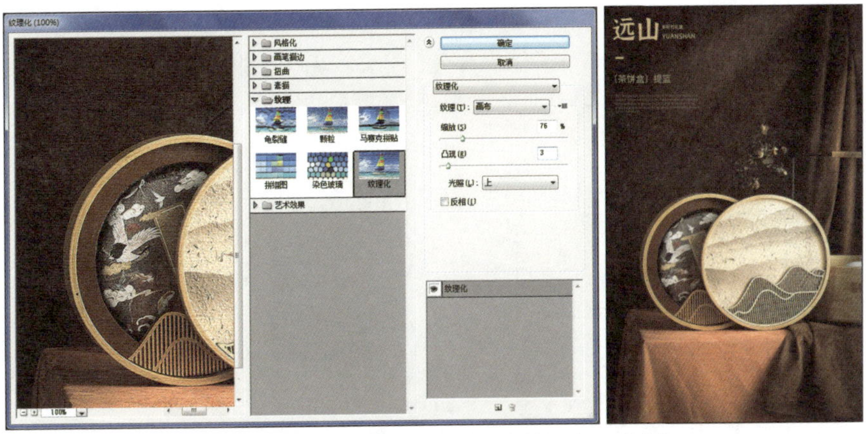

图10-23　设置“纹理化”滤镜参数并应用该滤镜

图10-24　设置图层不透明度并查看图像效果

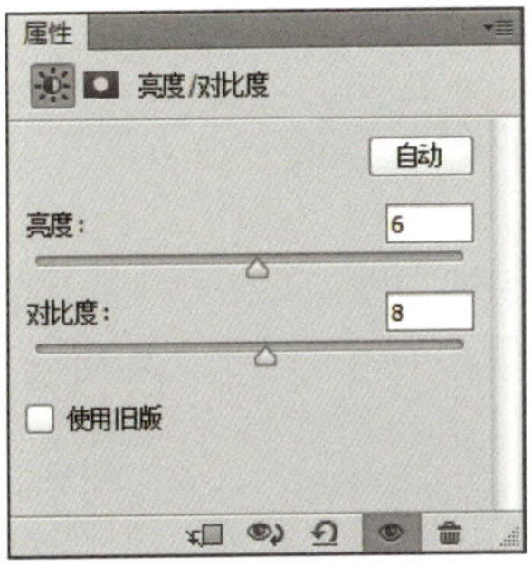

图10-25　设置“亮度/对比度”参数

图10-26　图像调整效果

步骤 07 单击“创建新图层”按钮，创建“图层2”，并将其填充为黑色，如图10-27所示。单击“滤镜”|“渲染”|“镜头光晕”命令，在弹出的“镜头光晕”对话框中设置各项参数，然后单击“确定”按钮，如图10-28所示。

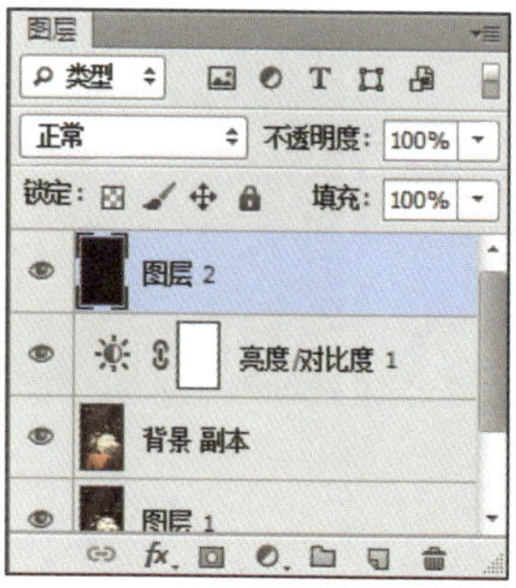

图10-27 创建并填充图层

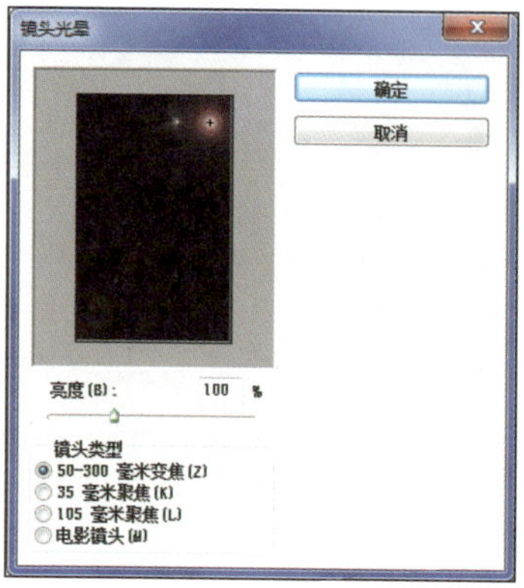

图10-28 设置“镜头光晕”参数

步骤 08 设置“图层2”的图层混合模式为“滤色”，“不透明度”为80%，如图10-29所示。选择移动工具，将光晕移至合适的位置，即可得到最终效果，如图10-30所示。

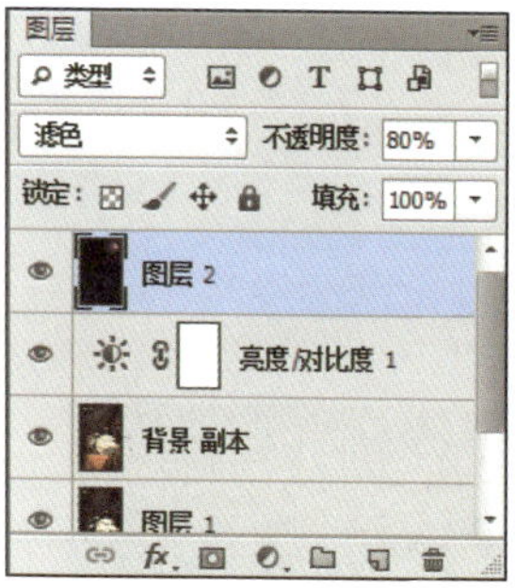

图10-29 设置图层混合模式与不透明度

图10-30 移动光晕位置并查看最终效果

10.4 应用其他常用滤镜

在Photoshop CS6中，常用的滤镜组还包括“模糊”滤镜组、“锐化”滤镜组、“像素化”滤镜组及“渲染”滤镜组等。下面将学习使用这些滤镜组制作各种图像效果。

10.4.1 应用“模糊”滤镜组

“模糊”滤镜组中包含11种模糊滤镜，它们可以柔化图像，降低相邻像素之间的对比度，使图像产生柔和、平滑的过渡效果。下面将介绍两个常用的模糊滤镜。

1. “动感模糊”滤镜

“动感模糊”滤镜可以根据需要沿着指定方向以指定强度模糊图像，产生的效果类似于以固定的曝光时间给一个移动的被摄主体拍照。在表现被摄主体的速度感时，经常会用到该滤镜。

在“动感模糊”对话框中设置各项参数后，图像前后对比效果如图10-31所示。

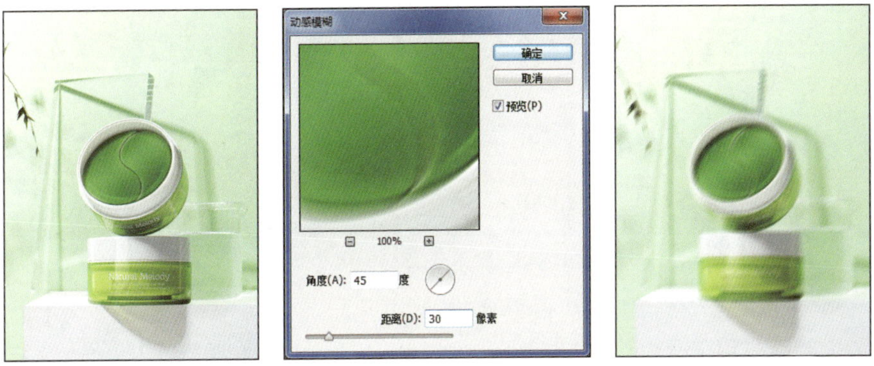

图10-31　图像前后对比效果

2. “高斯模糊”滤镜

“高斯模糊”滤镜可以添加低频细节，使图像产生一种朦胧的效果。单击“滤镜”|“模糊”|“高斯模糊”命令，弹出“高斯模糊”对话框，通过调整“半径”值可以设置模糊的范围，数值越高，模糊效果就越强烈，应用“高斯模糊”滤镜效果如图10-32所示。

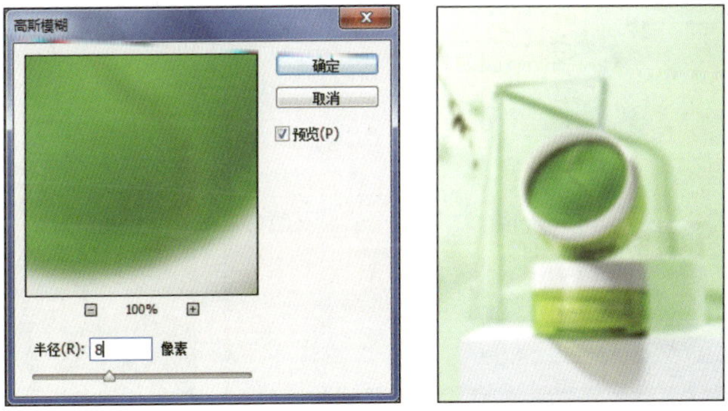

图10-32　应用“高斯模糊”滤镜

10.4.2　应用“锐化”滤镜组

“锐化”滤镜组主要通过增强相邻像素间的对比来减弱或消除图像的模糊效果，从而达到使图像清晰的效果。下面将介绍两个常用的锐化滤镜。

1. “USM锐化”滤镜

“USM锐化”滤镜在处理图像的过程中使用了模糊蒙版，从而使图像产生边缘轮廓锐化的效果。该滤镜在所有“锐化”滤镜中锐化效果最强，其兼有“进一步锐化”“锐化”和“锐化边缘”3种滤镜的功能，应用“USM锐化”滤镜效果如图10-33所示。

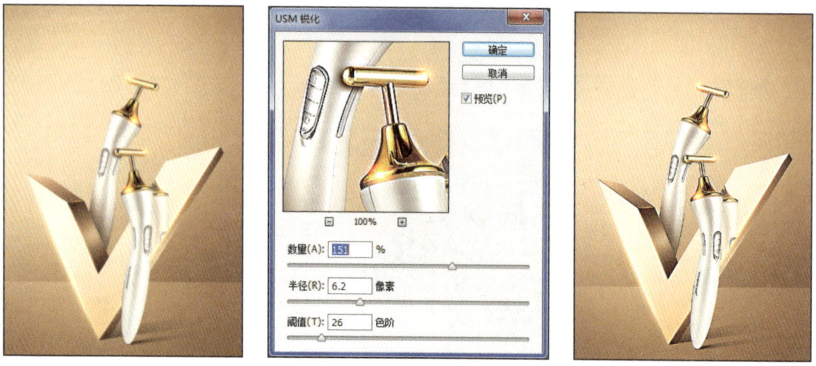

图10-33　应用“USM锐化”滤镜

在“USM锐化”对话框中，各选项的含义如下。

- **数量：**用于设置锐化的程度，数值越大，锐化效果就越明显。
- **半径：**用于设置像素的平均范围。
- **阈值：**用于设置应用在平均颜色上的范围，设置的数值越大，范围就越大，锐化效果就越淡。

2. “智能锐化”滤镜

“智能锐化”滤镜采用新的运算方法，可以更好地进行边缘检测，减少锐化后所产生的晕影，从而进一步调整图像的边缘细节，应用“智能锐化”滤镜效果如图10-34所示。

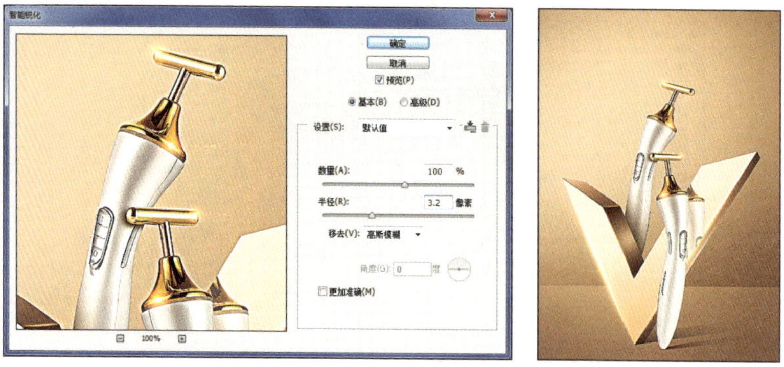

图10-34　应用“智能锐化”滤镜

10.4.3 应用“像素化”滤镜组

“像素化”滤镜组主要用于将图像分块，或者将图像平面化。该滤镜组中共包含7个滤镜，下面将介绍两个常用的像素化滤镜。

1. “马赛克”滤镜

“马赛克”滤镜可以把具有相似色彩的像素合并为更大的方块，并按原图规则排列，模拟马赛克的效果，应用“马赛克”滤镜效果如图10-35所示。

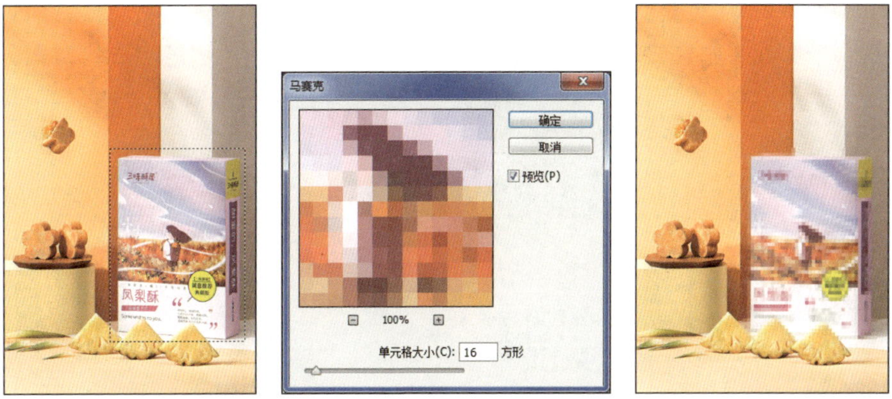

图10-35　应用“马赛克”滤镜

2. “点状化”滤镜

使用“点状化”滤镜可以将图像的颜色分解为随机分布的网点，并使用背景色填充网点间的间隙。在“点状化”对话框中，“单元格大小”选项用于设置斑点的大小，设置的数值越大，单元格就越大，应用“点状化”滤镜效果如图10-36所示。

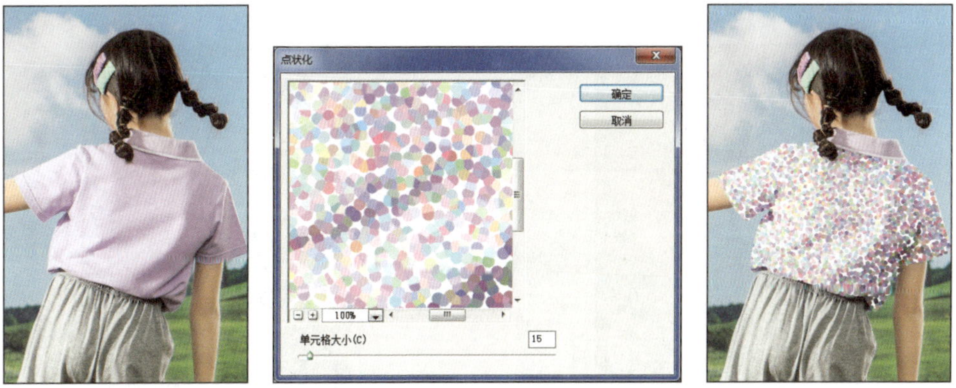

图10-36　应用“点状化”滤镜

↘ 10.4.4　应用“渲染”滤镜组

“渲染”滤镜组中包括5个滤镜，它们可以使图像产生三维、云彩或光照效果，以及添加模拟的镜头折射和反射效果。下面将介绍两个常用的渲染滤镜。

1. “镜头光晕”滤镜

“镜头光晕”滤镜可以模拟亮光照射到相机镜头所产生的折射效果。单击“滤镜”|“渲染”|“镜头光晕”命令，弹出“镜头光晕”对话框。在该对话框中，通过单击图像缩览图或者直接拖动十字线，可以指定光晕中心的位置；拖动“亮度”滑块，可以控制光晕的强度；在“镜头类型”选项区中，可以选择不同的镜头类型。

图10-37所示为使用“镜头光晕”滤镜前后的图像对比效果。

图10-37　使用“镜头光晕”滤镜前后的图像对比效果

2. “光照效果”滤镜

使用“光照效果”滤镜可以为图像添加如同有外部光源照射的艺术效果。单击“滤镜”|“渲染”|“光照效果”命令，将打开“属性”和“光源”面板。在“属性”面板中可以设置光照的属性参数，在“光源”面板中可以对光源进行删除、显示或隐藏等操作。

图10-38所示为使用“光照效果”滤镜前后的图像对比效果。

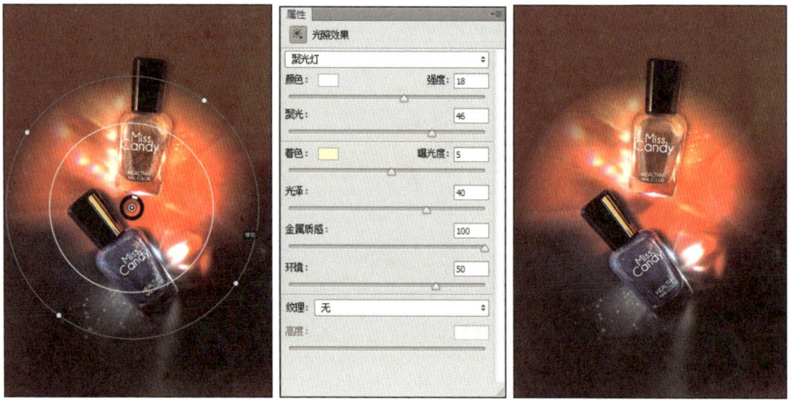

图10-38　使用“光照效果”滤镜前后的图像对比效果

10.5　课堂案例——制作下雪特效

【案例学习目标】学习使用不同的滤镜及图层混合模式制作图像特效。通过现代化的视觉设计手段，树立积极向上的品牌形象。

【案例知识要点】通过使用“点状化”滤镜、“色调均化”命令、“反相”命令、图层混合模式、“动感模糊”滤镜及“色阶”命令为图像添加下雪特效，效果如图 10-39 所示。

视频

下雪特效的制作过程

图10-39　下雪特效

【效果所在位置】效果文件/第10章/制作下雪特效.psd。

步骤 01 单击“文件”|“打开”命令，打开“素材文件/第10章/制作下雪特效/01.jpg”，如图10-40所示。单击“创建新图层”按钮，创建“图层1”，设置背景色为白色，按【Ctrl+Delete】组合键进行背景色填充，如图10-41所示。

图10-40　打开素材文件

图10-41　创建并填充图层

步骤 02 单击“滤镜”|“像素化”|“点状化”命令，在弹出的“点状化”对话框中设置“单元格大小”为5，然后单击“确定”按钮，如图10-42所示。此时，图像中就会出现一些彩色的点，点状化效果如图10-43所示。

步骤 03 单击“图像”|“调整”|“色调均化”命令，改变点的大小和色彩，色调均化图像效果如图10-44所示。单击“图像”|“调整”|“阈值”命令，在弹出的“阈值”对话框中设置“阈值色阶”为60，然后单击“确定”按钮，如图10-45所示。

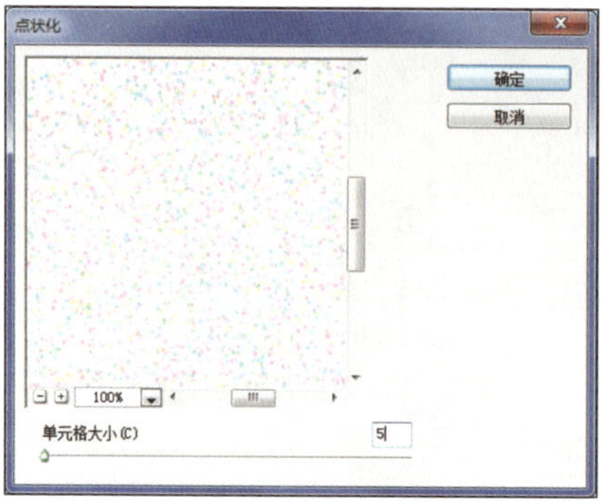

图10-42 “点状化”对话框

图10-43 点状化效果

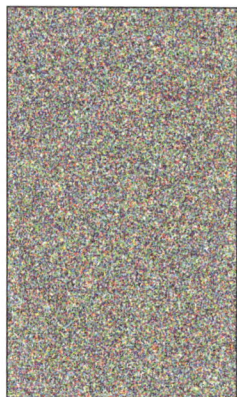

图10-44 色调均化图像

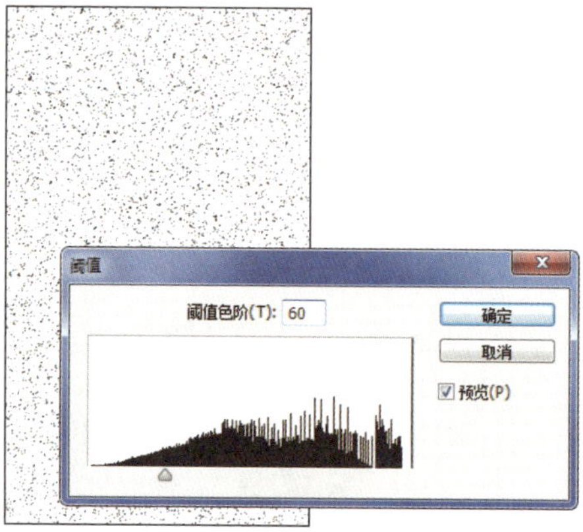

图10-45 调整阈值

步骤04 单击“图像”|“调整”|“反相”命令，将图像反相，即可得到白色的点，反相图像效果如图10-46所示。在“图层”面板中设置“图层1”的图层混合模式为“滤色”，“不透明度”为100%，效果如图10-47所示。

图10-46 反相图像

图10-47 设置图层混合模式并查看图像效果

步骤 05 单击“滤镜”｜“模糊”｜“动感模糊”命令，在弹出的“动感模糊”对话框中设置“角度”为70度，“距离”为5像素，然后单击“确定”按钮，如图10-48所示。此时雪花就有了动态效果，动感模糊效果如图10-49所示。

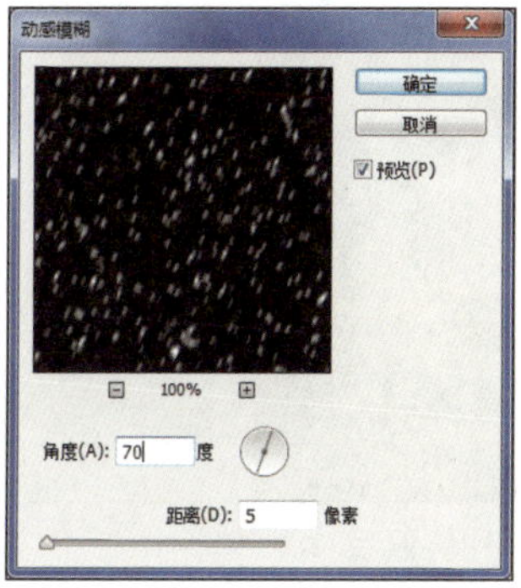

图10-48　设置“动感模糊”参数

图10-49　动感模糊

步骤 06 单击“图像”｜“调整”｜“色阶”命令，在弹出的“色阶”对话框中设置各项参数，然后单击“确定”按钮，如图10-50所示。此时，下雪特效更加逼真，调整色阶后效果如图10-51所示。

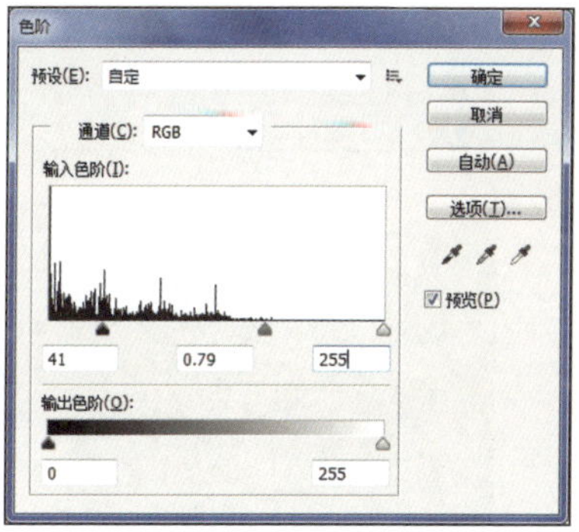

图10-50　“色阶”对话框

图10-51　调整色阶后

步骤 07 在“图层”面板中单击“添加图层蒙版”按钮，为“图层1”添加图层蒙版。选择画笔工具，在其工具属性栏中设置“不透明度”为40%，设置前景色为黑色，在图像右上角进行涂抹，如图10-52所示。

步骤 08 选择横排文字工具T，输入所需的文字，在“字符”面板和“段落”面板中分别设置文字的各项属性，如图10-53所示。

步骤 09 选择直线工具，在其工具属性栏中设置填充色为白色，粗细为“1像素”，绘制一条白色直线，最终效果如图10-54所示。

图10-52　编辑图层蒙版

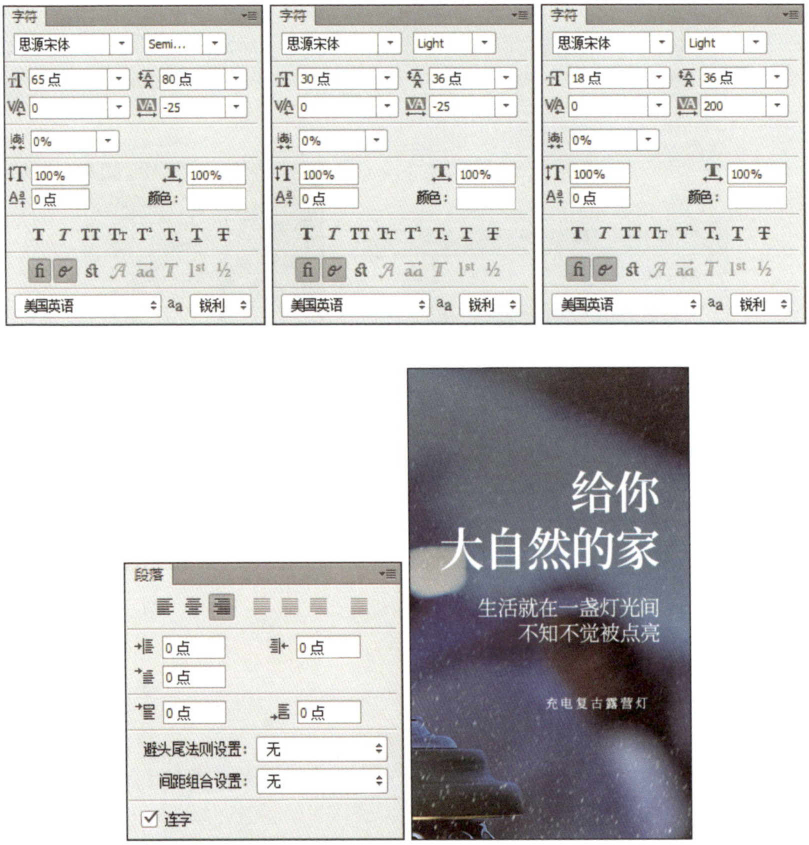

图10-53　输入文字并设置属性

图10-54　绘制直线并查看最终效果

10.6　课堂练习——制作五一出游季海报

【练习知识要点】使用移动工具拖入素材图像，使用“动感模糊”滤镜制作花瓣动感效果，使用“镜头光晕”滤镜制作光效。

【素材所在位置】素材文件 / 第 10 章 / 制作五一出游季海报。

【效果所在位置】效果文件 / 第 10 章 / 制作五一出游季海报 .psd，效果如图 10-55 所示。

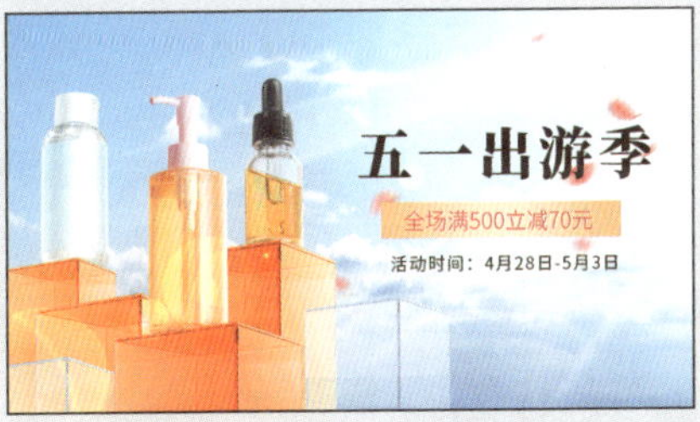

图10-55　五一出游季海报

视频

五一出游季海报的制作过程

10.7　课后练习——制作椰香速溶咖啡海报

【练习知识要点】使用画笔工具绘制图像，使用“旋转扭曲”滤镜、“水波”

滤镜和“波浪”滤镜扭曲图像，使用移动工具拖入图像素材，最后合成海报。

【素材所在位置】素材文件 / 第 10 章 / 制作椰香速溶咖啡海报。

【效果所在位置】效果文件 / 第 10 章 / 制作椰香速溶咖啡海报 .psd，效果如图 10-56 所示。

图10-56　椰香速溶咖啡海报

视频

椰香速溶咖啡海报的制作过程

第11章 网店商品视频制作

本章导读

要想通过视频达到理想的商品展示效果，就需要使用视频编辑软件对拍摄的视频素材进行剪辑。Premiere是一款专业的视频编辑软件，具有视频剪辑、画面调校、视频调色、视频转场、字幕编辑、音频编辑、视频特效等强大的功能。本章将以案例的形式讲解使用Premiere CC 2018制作网店商品视频的方法与技巧。

知识目标

- 掌握视频剪辑的基本操作。
- 掌握添加各种视频效果的方法。
- 掌握添加与编辑字幕的方法。
- 掌握导出商品视频的方法。

技能目标

- 能够熟练进行商品视频的粗剪与精剪。
- 能够根据需要为商品视频添加动画、转场等效果。
- 能够根据需要对商品视频进行构图与调色。
- 能够为商品视频添加各种字幕。

素质目标

- 把社会效益放在首位，讲格调、讲品位。
- 在短视频作品中传递奋进力量，做正能量的传播者。

11.1 视频剪辑基本操作

要想完成网店商品视频的制作，掌握视频剪辑的基本操作是必修课。下面将详细介绍在Premiere中导入与整理素材、创建序列、粗剪商品视频、调整剪辑点位置、调整画面构图等基本操作。

11.1.1 导入与整理素材

视频

导入与整理素材

使用Premiere剪辑商品视频之前，要先创建一个项目文件，用于保存序列和素材的有关信息，然后将所用的素材导入Premiere项目中，并对素材进行预览或整理，具体操作方法如下。

步骤 01 启动Premiere，在菜单栏中单击“文件”|“新建”|“项目”命令，弹出“新建项目”对话框，设置项目名称和保存位置，如图11-1所示。单击“确定”按钮，即可创建项目文件。

步骤 02 在“项目”面板的空白位置双击，如图11-2所示，或者直接按【Ctrl+I】组合键。

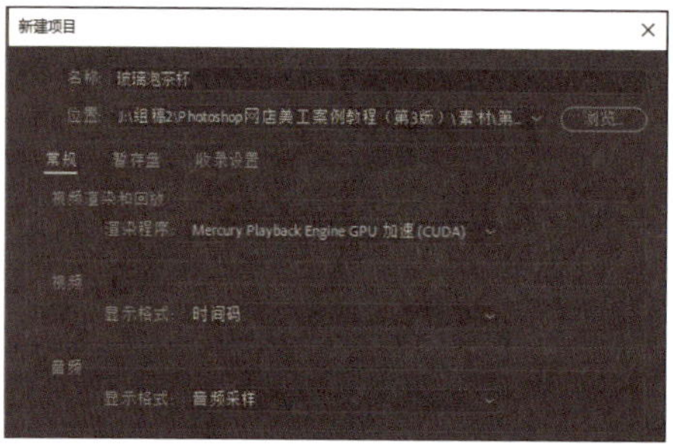

图11-1 新建项目

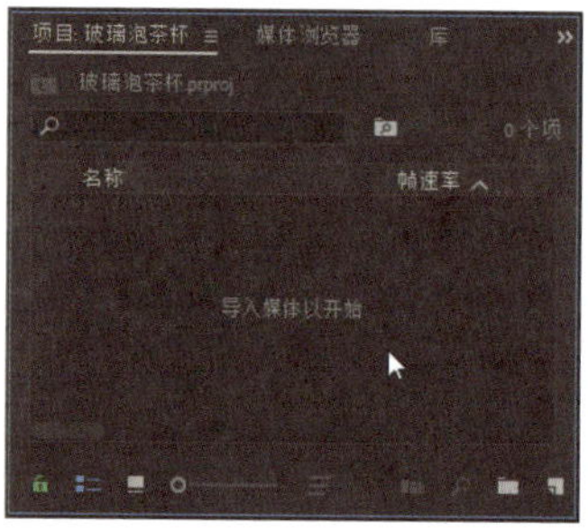

图11-2 在“项目”面板的空白位置双击

步骤 03 弹出“导入”对话框，选中要导入的素材文件，然后单击“打开”按钮，如图11-3所示。

步骤 04 此时，即可将素材导入“项目”面板中。单击“项目”面板右下方的“新建素材箱”按钮，创建素材箱，然后输入名称“视频素材”，如图11-4所示。

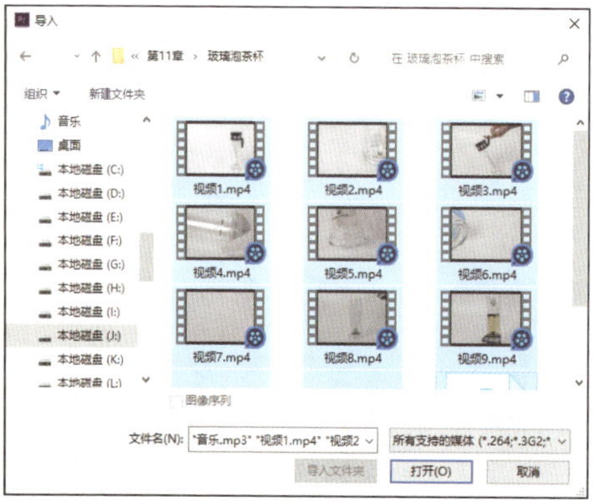

图11-3 导入素材文件

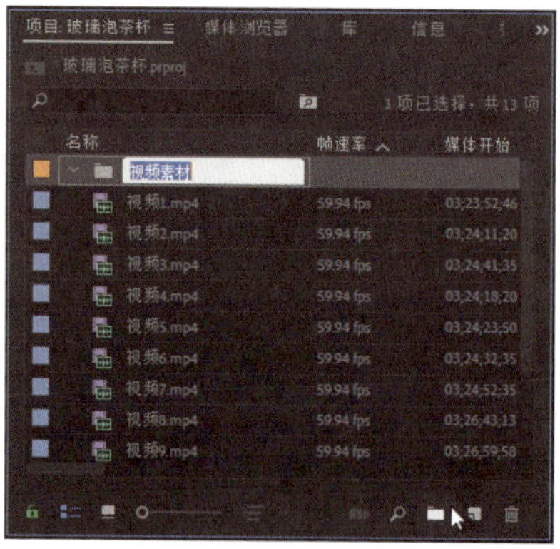

图11-4 创建素材箱并输入名称

步骤 05 选中要移至素材箱中的视频素材，然后将其拖至素材箱中，如图11-5所示。

步骤 06 双击素材箱，将在一个新的面板中显示其中的文件，可以看到它与“项目”面板具有相同的面板选项。单击左下方的“图标视图”按钮■，切换为图标视图。将鼠标指针悬停在缩略图上并左右滑动，可以预览视频素材，如图11-6所示。

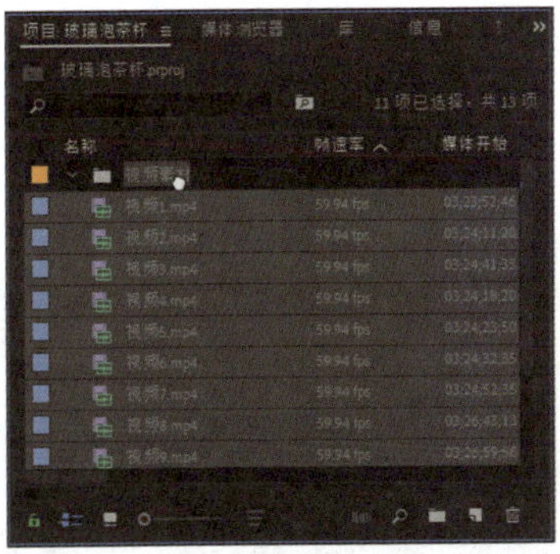

图11-5　将视频素材拖至素材箱

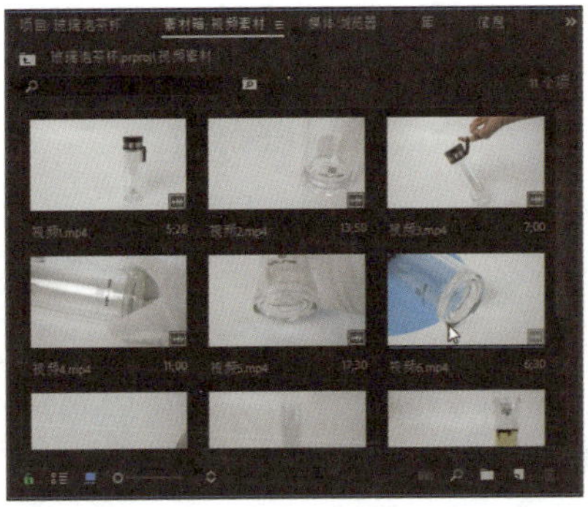

图11-6　预览视频素材

11.1.2　创建序列

视频

创建序列

序列相当于一个容器，添加到序列中的剪辑会形成一段连续播放的视频。创建序列主要有以下3种方法。

1. 使用序列预设

按【Ctrl+N】组合键打开“新建序列”对话框，选择“序列预设”选项卡，其中包含了适合大多数典型序列类型的设置，右侧为它们的相关描述。在选择序列预设时，先选择机型/格式，然后选择分辨率，最后选择帧率。例如，先选择AVCHD（基于MPEG-4 AVC/H.264视频编码）类型，然后选择1080p分辨率，最后选择“AVCHD 1080p30”预设，如图11-7所示。在下方输入序列名称，单击“确定”按钮，即可创建序列。

2. 创建自定义序列

在“新建预设”对话框中选择“设置”选项卡，在“编辑模式”下拉列表框中选择“自定义”选项，然后自定义“时基”“帧大小”“像素长宽比”“场”等参数，如图11-8所示。

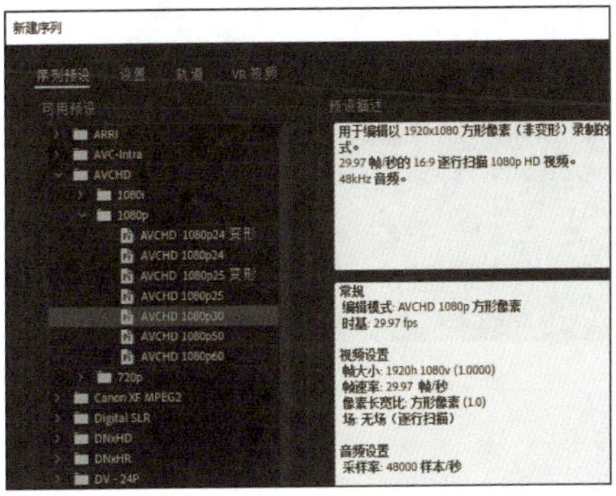

图11-7　选择序列预设

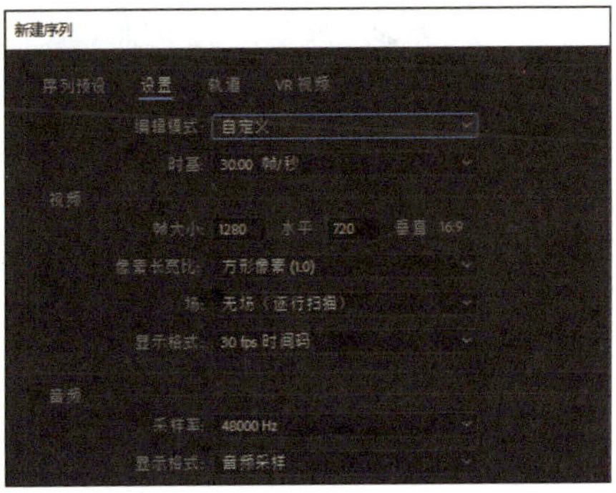

图11-8　自定义序列参数

3. 从剪辑新建序列

从剪辑新建序列不会弹出“新建序列”对话框，程序会将视频素材的参数作为序列的主要参数，方法为：用鼠标右键单击视频素材，在弹出的快捷菜单中选择“从剪辑新建序列”命令，如图11-9所示。直接将视频素材拖至“项目”面板右下方的“新建项”按钮上，也可新建序列。要更改序列设置，可以在时间轴面板中选中序列，然后在菜单栏中单击“序列”|“序列设置”命令，在弹出的“序列设置”对话框中设置各项参数即可，如图11-10所示。

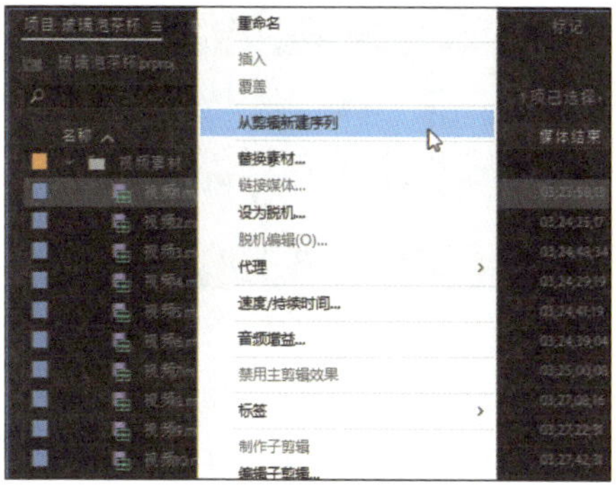

图11-9　选择“从剪辑新建序列”命令

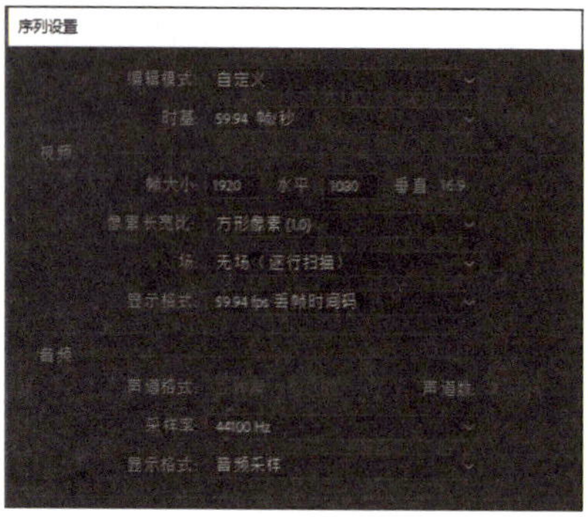

图11-10　“序列设置”对话框

11.1.3　粗剪商品视频

视频

粗剪商品视频

下面将介绍如何在时间轴面板中对商品视频进行粗剪，其中包括插入视频剪辑、调整视频剪辑顺序、复制与移动视频剪辑等操作，具体操作方法如下。

步骤01 按【Ctrl+N】组合键打开“新建序列”对话框，选择“设置”选项卡，在“编辑模式”下拉列表框中选择“自定义”选项，设置“时基”为30.00帧/秒，“帧大小”为“720水平”“720垂直”，“像素长宽比”为“方形像素（1.0）”，如图11-11所示。设置完成后，单击“确定”按钮。

步骤02 此时，即可在时间轴面板中查看创建的序列，如图11-12所示。

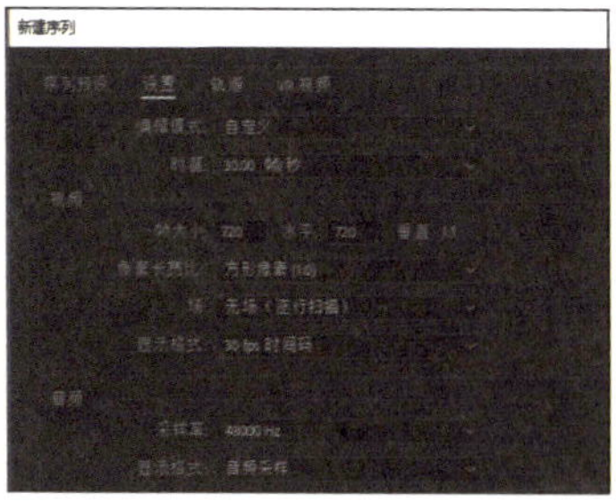

图11-11　新建序列

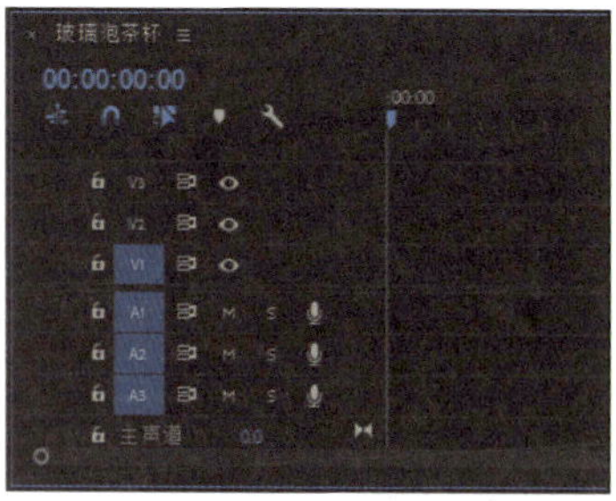

图11-12　查看序列

步骤03 在“项目”面板中双击“视频1”素材，在“源”面板中预览视频素材，如图11-13所示，从左下方的时间码中可以看出当前时间码不是从0开始的。

步骤04 单击“编辑”|“首选项”|“媒体”命令，在弹出对话框的“时间码”下拉列表中选择“从00:00:00:00开始”选项，然后单击“确定”按钮，如图11-14所示。

图11-13　预览视频素材

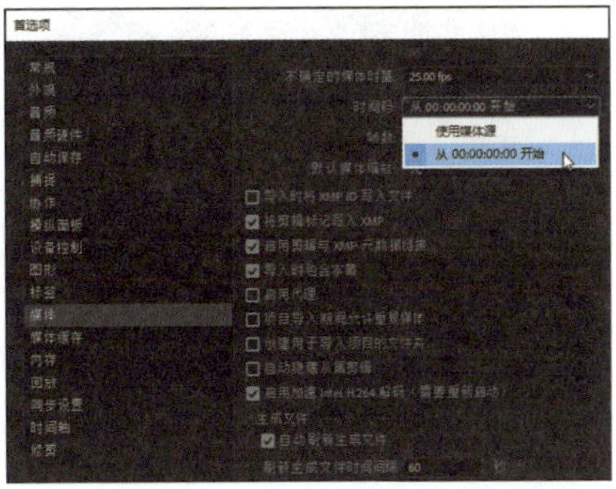

图11-14　设置时间码

步骤05 此时，在“源”面板中可以看到时间码从0开始，将播放头拖至视频剪辑的开始位置，单击“标记入点”按钮或按【I】键，标记视频剪辑的入点，如图11-15所示。

步骤06 将播放头拖至视频剪辑的结束位置，单击“标记出点”按钮或按【O】键，然后拖动“仅拖动视频”按钮到时间轴面板的序列中，如图11-16所示。

图11-15　标记入点

图11-16　拖动“仅拖动视频”按钮

步骤07 在弹出的对话框中单击“保持现有设置”按钮，如图11-17所示。

步骤08 采用同样的方法，继续在序列中依次添加其他视频剪辑，如图11-18所示。

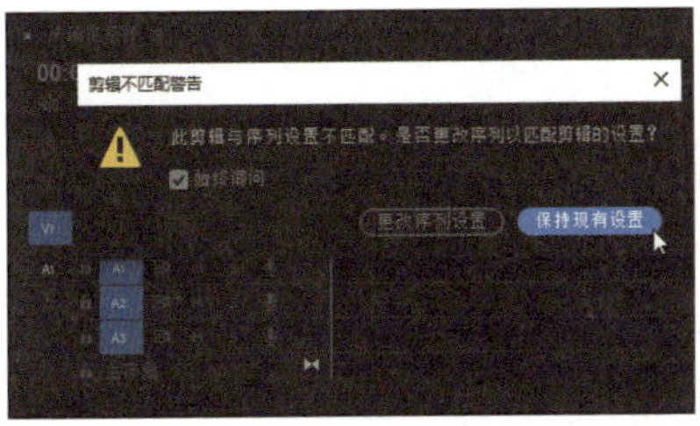

图11-17　单击“保持现有设置”按钮

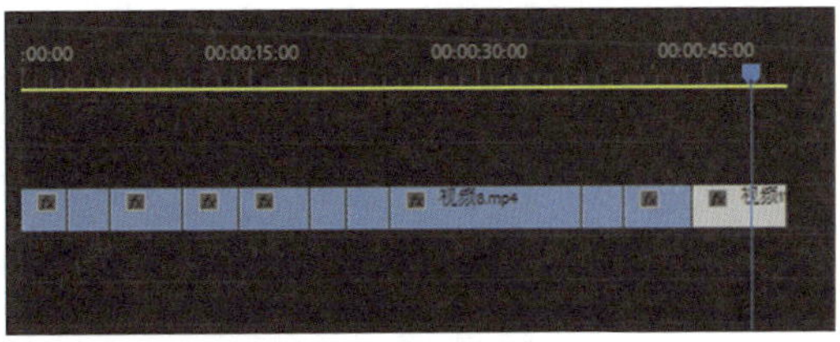

图11-18　添加其他视频剪辑

步骤09 在“节目”面板中预览视频画面，如图11-19所示，可以看出需要将视频画面进行缩小处理，以显示完整商品。

步骤10 在“效果控件”面板中设置“缩放”参数为67.0，如图11-20所示。

图11-19 预览视频画面

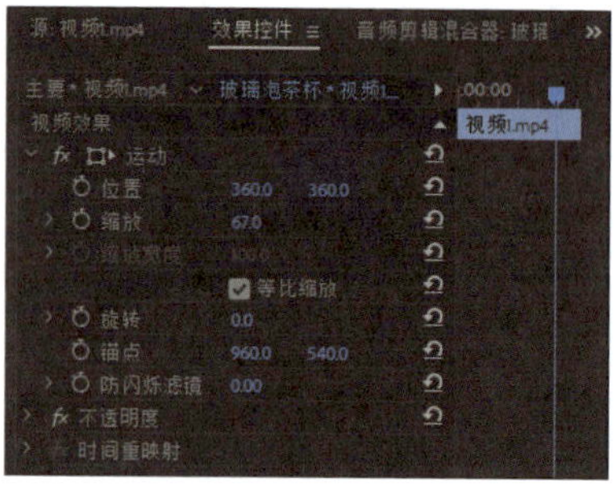

图11-20 设置“缩放”参数

步骤11 按【Ctrl+C】组合键复制“视频1”剪辑，如图11-21所示，然后选中其他视频剪辑。

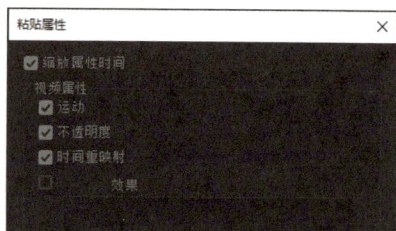

步骤12 按【Ctrl+Alt+V】组合键，在弹出的“粘贴属性”对话框中选中“运动”复选框，如图11-22所示。单击“确定”按钮，即可设置其他视频剪辑缩放。

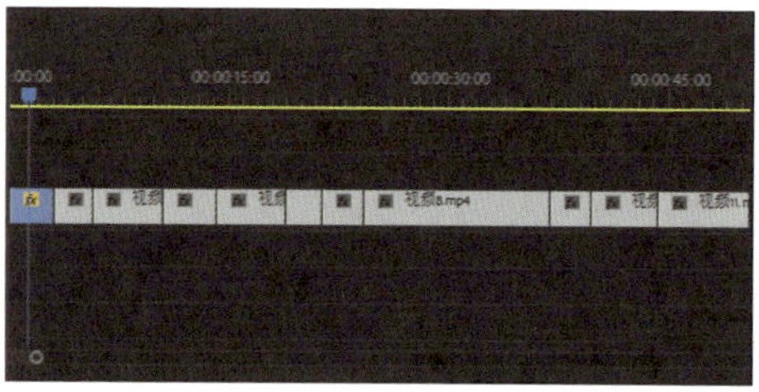

图11-21 复制视频剪辑

图11-22 选中“运动”复选框

↘ 11.1.4 调整剪辑点位置

视频

调整剪辑点位置

下面将音乐素材添加到序列中，然后根据音乐节奏调整各剪辑点的位置，使商品视频在音乐节奏位置切换镜头，具体操作方法如下。

步骤01 在“项目”面板中双击“音乐”音频素材，在“源”面板中打开音频素材，将时间线定位到最左侧，按空格键播放音乐，随着音乐节奏点快速按【M】键添加标记，如图11-23所示。要编辑标记，可以用鼠标右键单击标记，在弹出的快捷菜单中选择相应的命令。

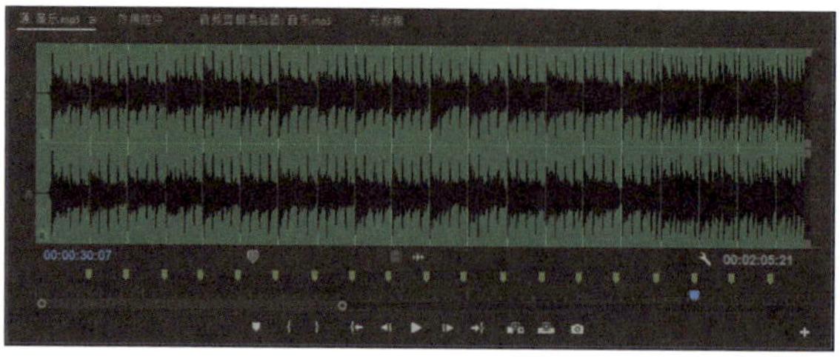

图11-23 添加标记

步骤02 在第35秒位置添加出点，拖动“仅拖动音频”按钮到时间轴面板的A1轨道，如图11-24所示。

步骤03 将“视频2”剪辑拖至V2轨道，然后调整视频剪辑的位置，使其出点与第2个音频标记对齐，如图11-25所示。

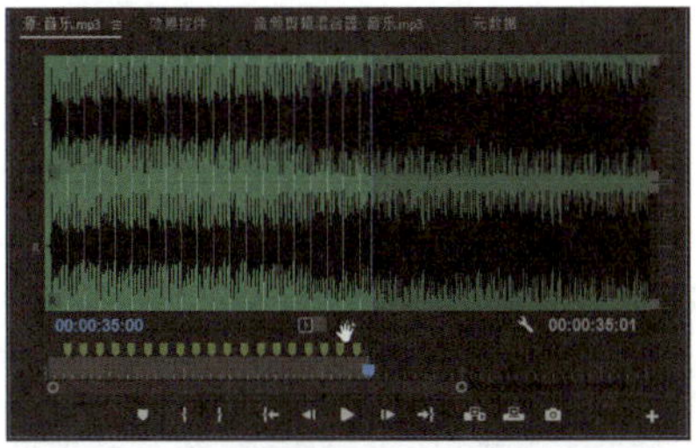

图11-24 标记出点并拖动“仅拖动音频”按钮

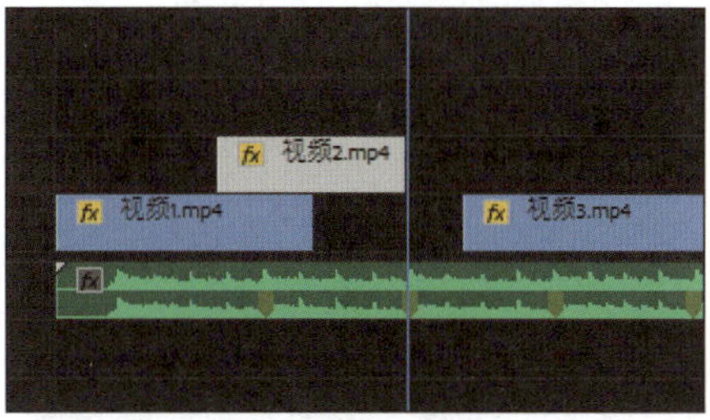

图11-25 对齐音频标记

步骤04 使用选择工具调整其他视频剪辑，使其入点或出点对齐音频标记，如图11-26所示。

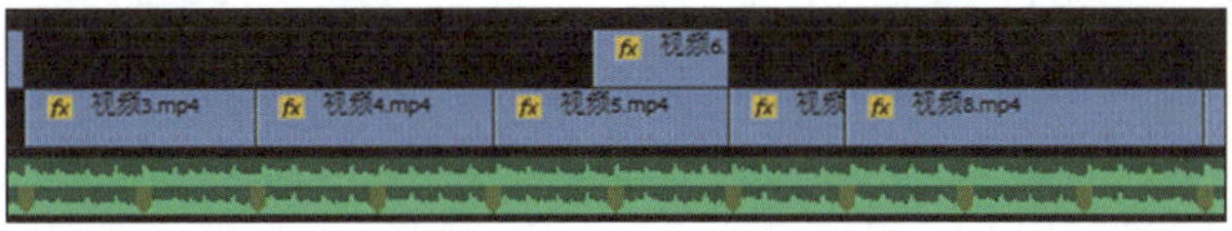

图11-26 对齐音频标记

步骤05 如果需要向右侧调整“视频9”剪辑的出点，可以使用波纹编辑工具进行调整，或者按【A】键调用向前选择轨道工具，然后按住【Shift】键的同时单击“视频10”剪辑，选中该轨道上右侧的全部视频剪辑并向右拖动，如图11-27所示。

步骤06 按【R】键调用比率拉伸工具，调整“视频9”剪辑的出点到音频标记位置，如图11-28所示。注意，使用比率拉伸工具调整视频剪辑的长度可以改变其播放速度。

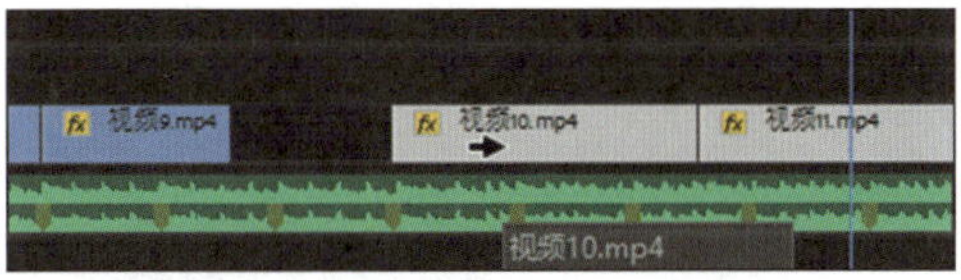

图11-27 向右拖动视频剪辑

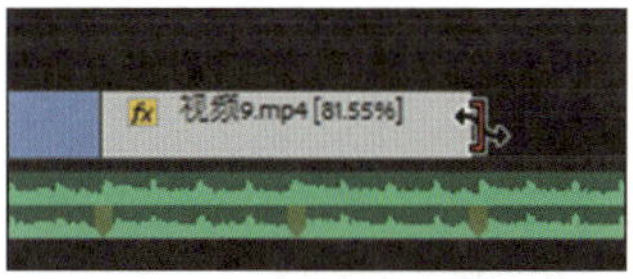

图11-28 调整视频剪辑长度

步骤07 按【N】键调用滚动编辑工具，使用该工具可以同时修剪一个视频剪辑的入点和另一个视频剪辑的出点，并保持两个视频剪辑组合的时长不变。使用该工具在“视频9”和“视频10”剪辑之间的剪辑点位置双击，如图11-29所示。

步骤08 进入修剪模式，在“节目”面板中将显示剪辑点处的两屏画面。选中左侧的画面，然后单击画面下方的按钮，可以向后或向前修剪1帧或5帧，如图11-30所示。

步骤09 按【Y】键调用外滑工具，使用该工具在“视频8”剪辑上左右拖动，移动视频剪辑的区间改变视频剪辑内容，如图11-31所示。

步骤10 此时，在“节目”面板中可以预览视频剪辑入点和出点位置的画面，如图11-32所示。

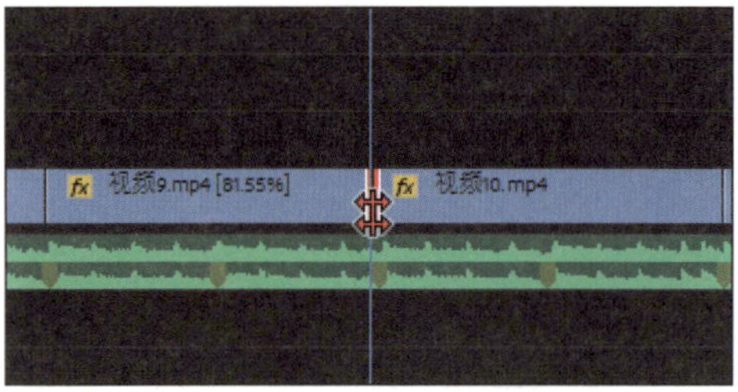

图11-29　在剪辑点位置双击

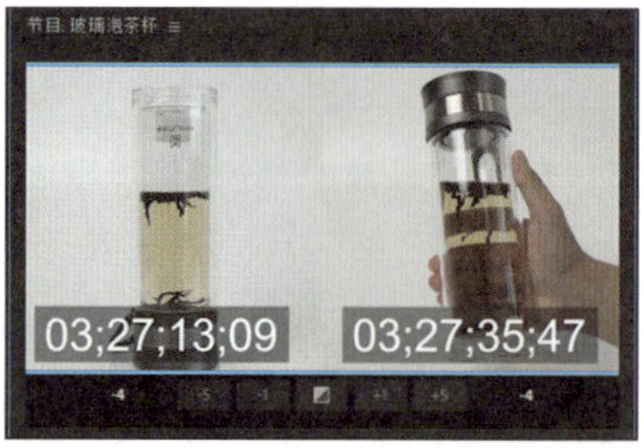

图11-30　在修剪模式下修剪视频剪辑

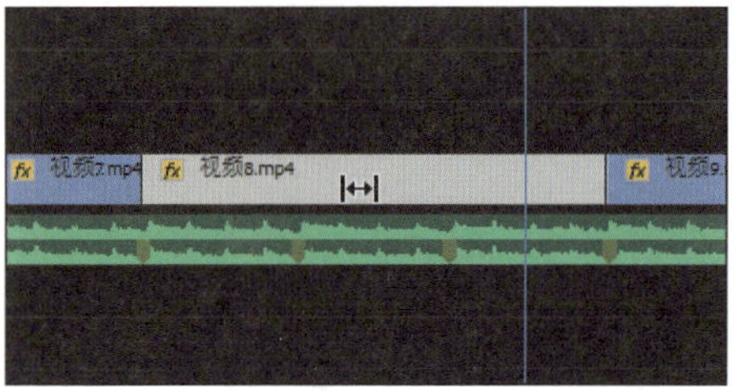

图11-31　移动视频剪辑区间

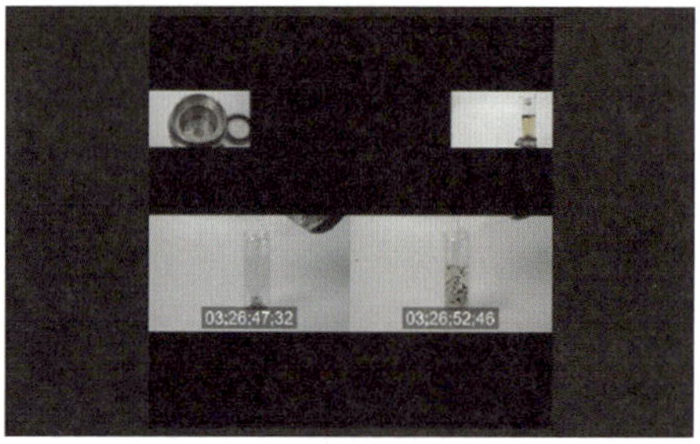

图11-32　预览视频剪辑入点和出点画面

11.1.5　调整画面构图

视频

调整画面构图

下面使用“运动”效果中的“位置”“缩放”“旋转”等参数调整视频剪辑的画面构图，具体操作方法如下。

步骤01 在序列中选中“视频9”剪辑，在“节目”面板的右下方单击“设置”按钮，在弹出的菜单中选择“安全边距”选项，如图11-33所示。此时，在画面中将显示安全边距边框，利用该边框来定位画面的中心位置。

步骤02 在“效果控件”面板中设置“位置”参数，使商品位于画面中央位置，如图11-34所示。

图11-33　选择“安全边距”选项

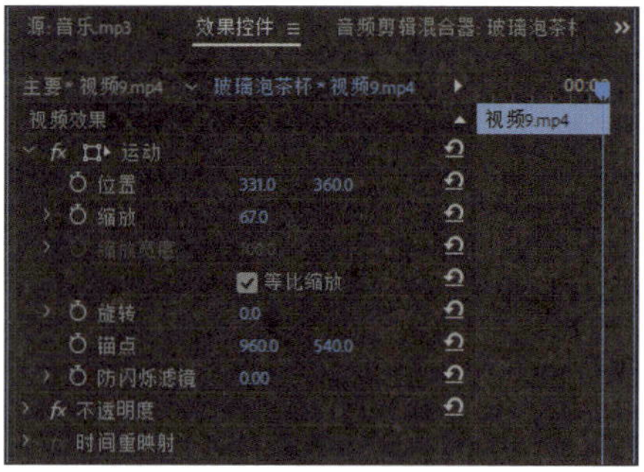

图11-34　设置“位置”参数

步骤03 采用同样的方法对其他视频剪辑进行构图调整，在“节目”面板中预览画面效果，如图11-35所示。

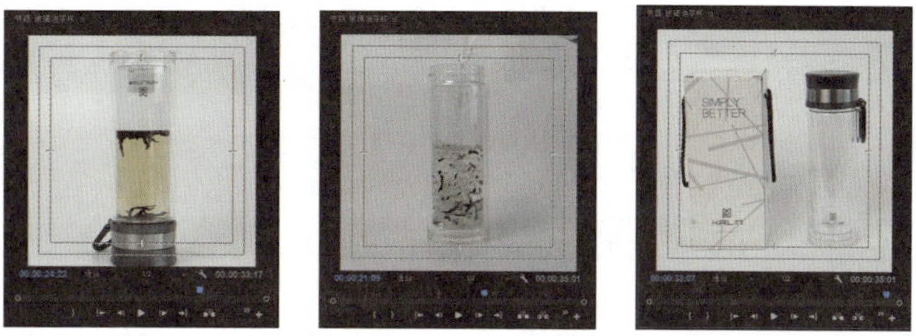

图11-35 预览画面效果

11.2 添加视频效果

下面为视频剪辑制作一些简单的视频效果，以改变视频画面的效果，包括调整视频速度、添加动画效果、添加转场效果，以及视频调色。

↘ 11.2.1 调整视频速度

视频

调整视频速度

下面对视频剪辑的速度进行调整，使视频剪辑的局部片段产生变速效果，具体操作方法如下。

步骤 01 选中视频剪辑并按【Ctrl+R】组合键，打开“剪辑速度/持续时间”对话框，设置“速度”为80%，然后单击“确定”按钮，如图11-36所示。

步骤 02 在序列中按住【Alt】键的同时向上拖动“视频8”剪辑，复制视频剪辑，如图11-37所示。

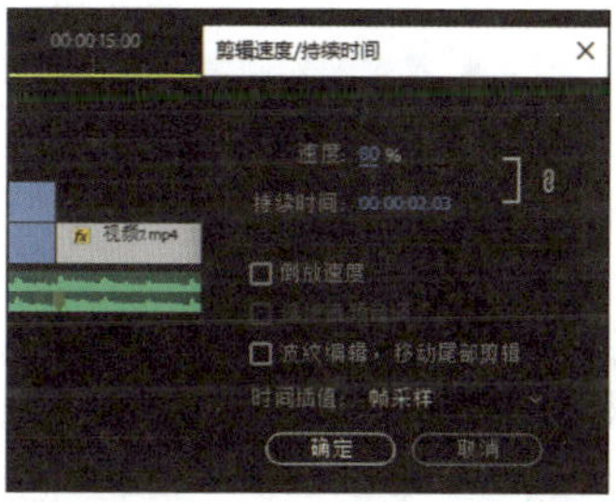

图11-36 设置“速度”

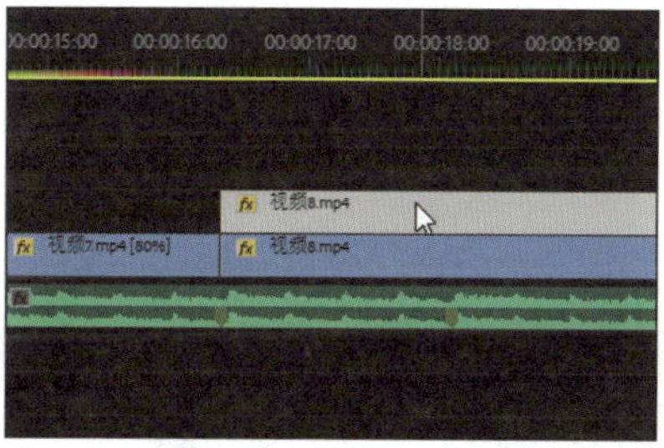

图11-37 复制视频剪辑

步骤 03 在时间轴面板头部区域双击V2轨道将其展开，然后用鼠标右键单击视频剪辑左上方的fx图标，在弹出的快捷菜单中选择“时间重映射”|“速度”命令，如图11-38所示，将视频剪辑上的不透明度轨道更改为速度轨道。

步骤 04 按住【Ctrl】键的同时在速度轨道上单击，添加速度关键帧，如图11-39所示。

步骤 05 向上或向下拖动速度控制线调整速度，如图11-40所示，在此调整关键帧左侧的速度为150.00%，右侧的速度为50.00%。

步骤 06 按住【Alt】键的同时拖动速度关键帧，调整其位置。拖动速度关键帧，将其拆分为左、右两个部分，出现在两个标记之间的斜线表示速度逐渐变化，如图11-41所示。

图11-38　选择“速度”命令

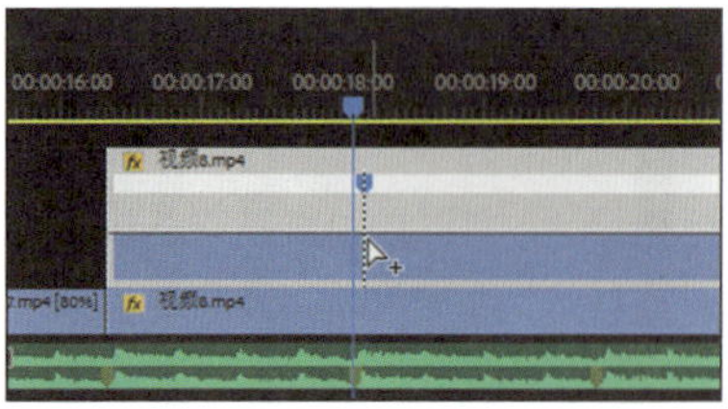

图11-39　添加速度关键帧

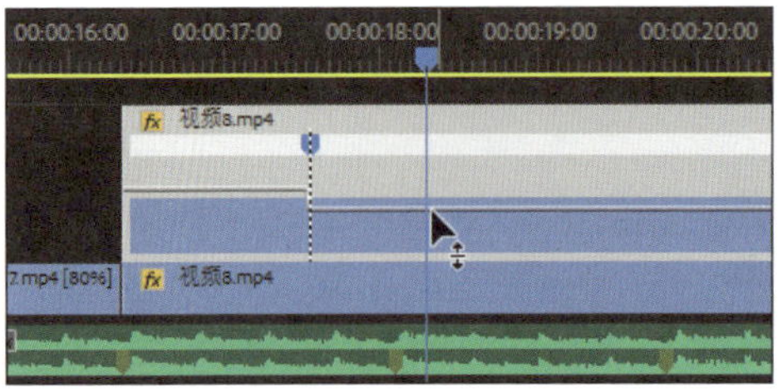

图11-40　调整速度

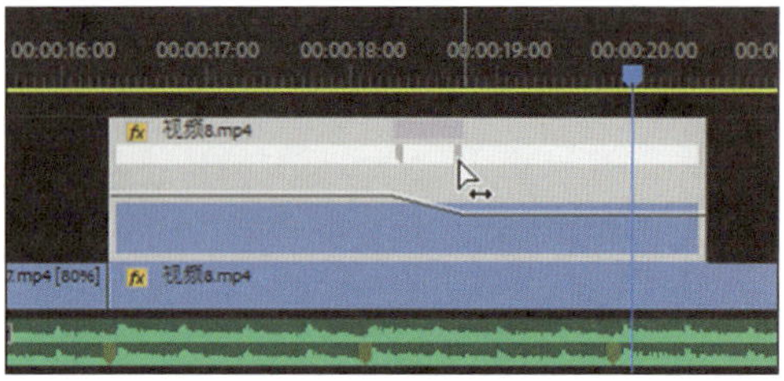

图11-41　拆分速度关键帧

↘ 11.2.2　添加动画效果

关键帧是设置动画效果的关键点，可用于设置动态、效果、音频等多种属性，随时间更改属性值即可自动生成动画。下面为视频剪辑添加动画效果，包括不透明度动画和运动动画。

1. 添加不透明度动画

视频

添加不透明度动画

通过编辑不透明度动画可以为视频剪辑制作渐显或渐隐动画效果，具体操作方法如下。

步骤01 在时间轴面板头部区域双击V2轨道将其展开，在“视频6”剪辑的开始位置按住【Ctrl】键的同时单击，添加两个“不透明度”关键帧，如图11-42所示。

步骤02 将左侧的关键帧向下拖至底部，即可制作“视频6”剪辑渐显动画，如图11-43所示。

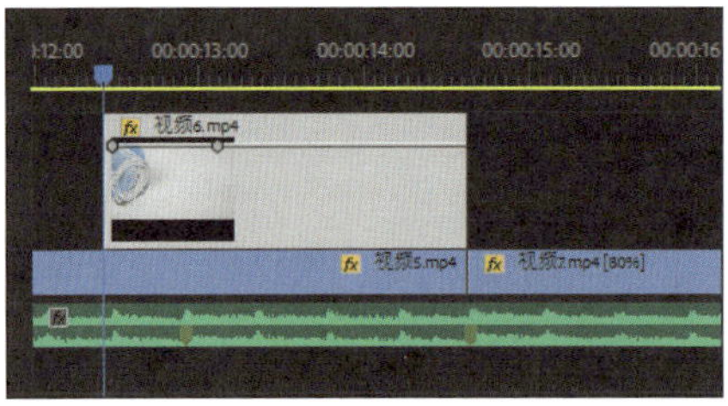

图11-42　添加不透明度关键帧

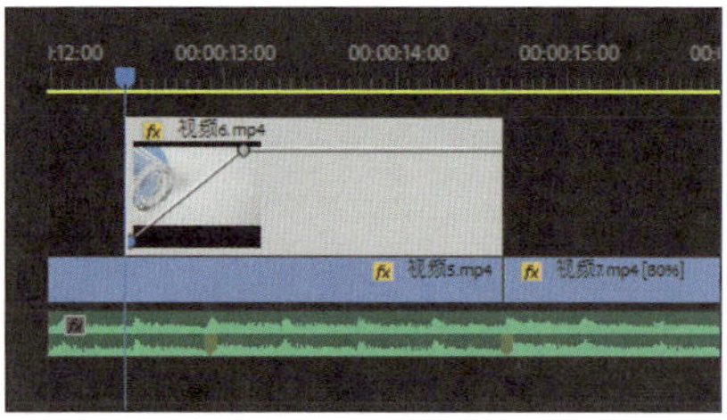

图11-43　调整关键帧位置并制作渐显动画

步骤03 按住【Shift】键的同时单击关键帧选中两个关键帧，然后用鼠标右键单击选中的关键帧，在弹出的快捷菜单中选择“缓入”命令，如图11-44所示。再次用鼠标右键单击选中的关键帧，在弹出的快捷菜单中选择“缓出”命令。

步骤04 拖动关键帧手柄调整贝塞尔曲线，使运动速度先慢后快，如图11-45所示。

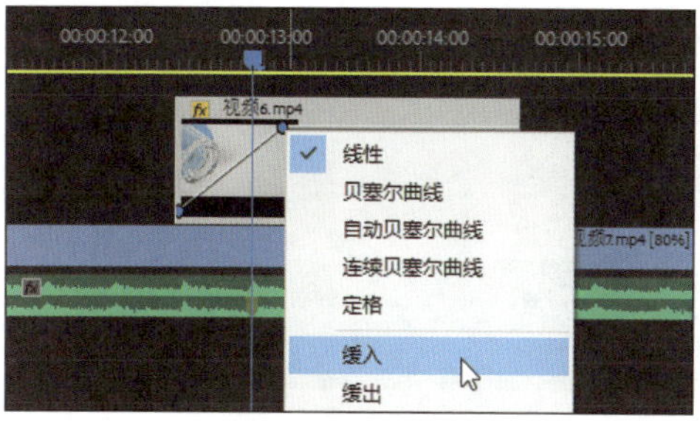

图11-44　选择“缓入”命令

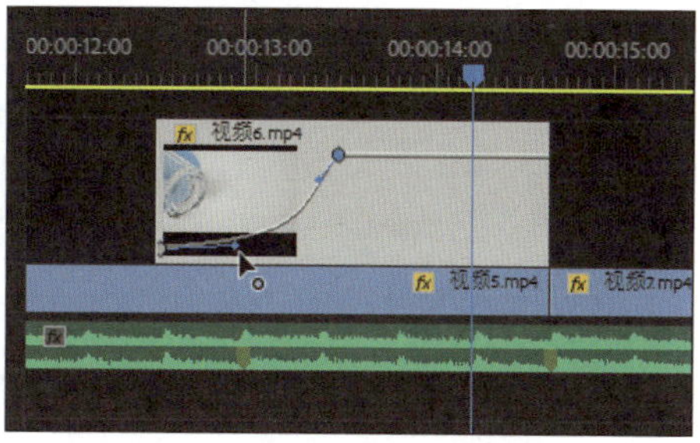

图11-45　调整贝塞尔曲线

步骤05 在“节目”面板中预览不透明度动画效果，可以看到“视频6”剪辑逐渐显现出来，如图11-46所示。

步骤06 在序列中按住【Alt】键的同时向上拖动“视频9”剪辑，复制视频剪辑到V2轨道，并对视频剪辑的出点进行修剪，如图11-47所示。

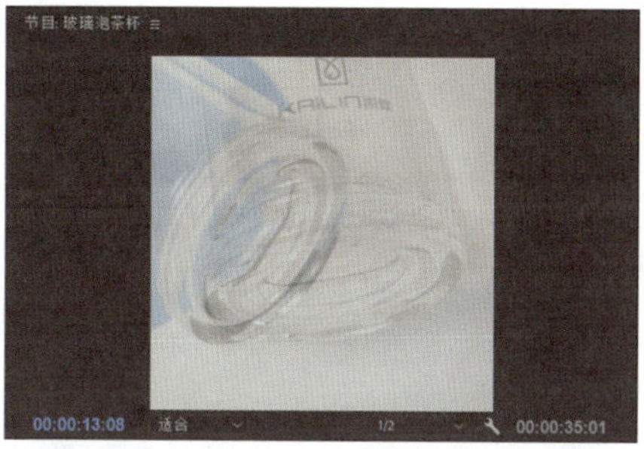

图11-46　预览不透明度动画效果

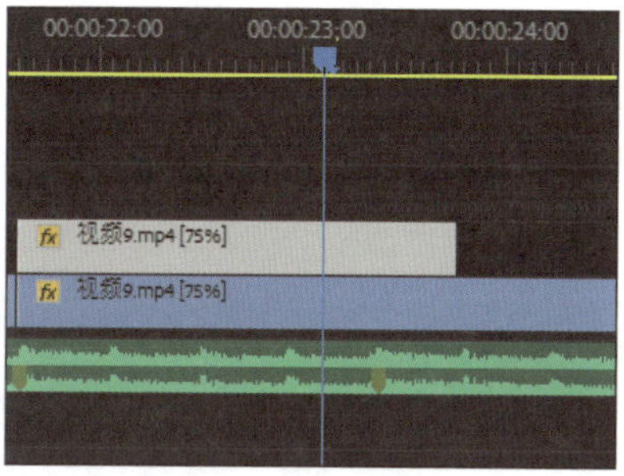

图11-47　复制并修剪视频剪辑

步骤07 在“效果控件”面板中设置“缩放”参数为100.0，设置“位置”参数中的x坐标为285.0，如图11-48所示。

步骤08 在“节目”面板中预览画面效果，如图11-49所示。

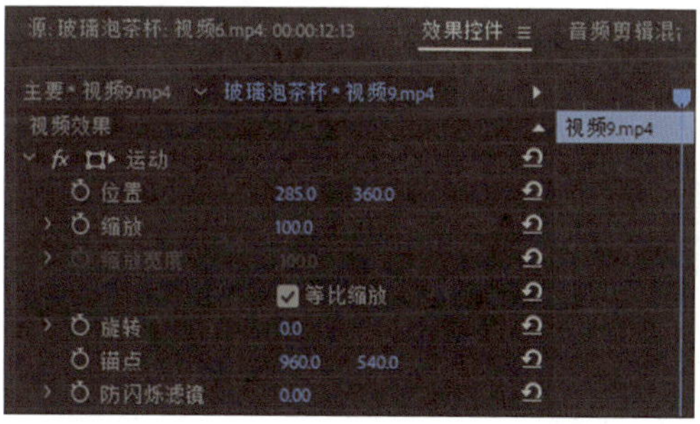

图11-48　设置“缩放”和“位置”参数

图11-49　预览画面效果

步骤09 展开V2轨道，在“视频9”剪辑的结束位置添加两个“不透明度”关键帧，并按照前面的方法编辑关键帧动画，制作画面渐隐效果，如图11-50所示。

步骤10 在“节目”面板中预览不透明度动画效果，如图11-51所示。

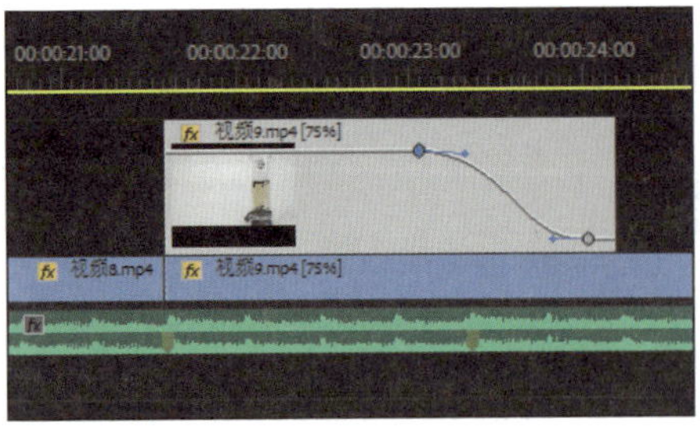

图11-50　制作画面渐隐效果

图11-51　预览不透明度动画效果

2. 添加运动动画

视频

添加运动动画

通过在“运动”效果中编辑关键帧动画，可以制作位置、缩放、旋转等运动动画。下面为“视频8”剪辑制作缩放动画，具体操作方法如下。

步骤01 在序列中按住【Alt】键的同时向上拖动“视频8”剪辑，将其复制到V2轨道。用鼠标右键单击该视频剪辑，在弹出的快捷菜单中选择“嵌套”命令，在弹出的对话框中输入名称，单击“确定”按钮，即可创建嵌套序列，如图11-52所示。

步骤02 在序列中选中“视频8”嵌套序列，如图11-53所示。

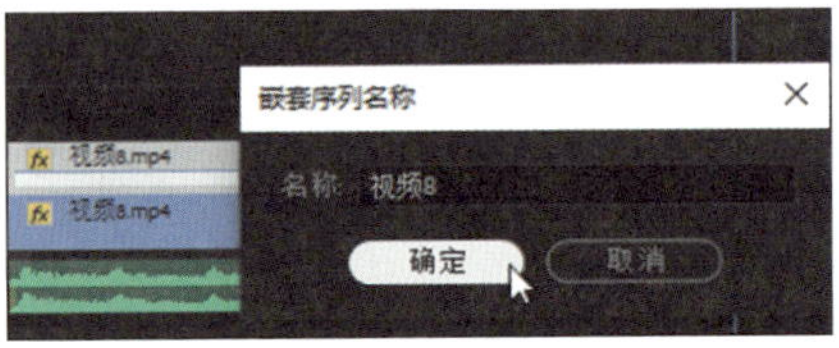

图11-52　创建嵌套序列

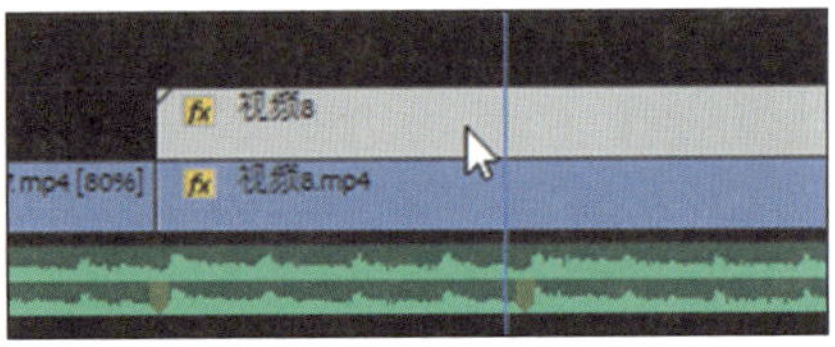

图11-53　选中嵌套序列

步骤03 在“效果控件”面板中设置“锚点”选项中的y坐标为608.0，然后设置“位置”选项中的y坐标同样为608.0，如图11-54所示。

步骤04 在“节目”面板中可以看到画面中的锚点移至水杯底部，如图11-55所示。

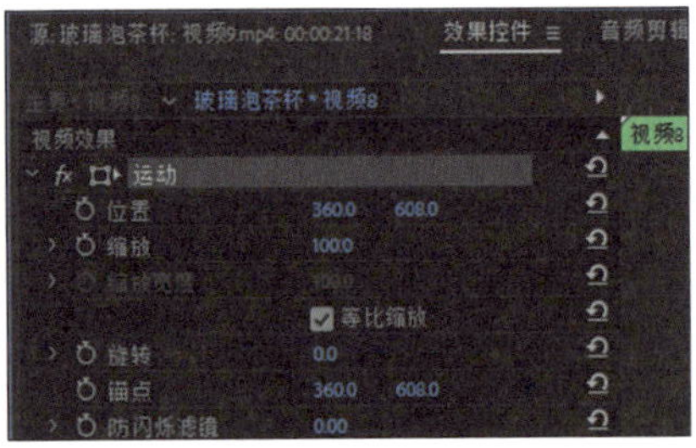

图11-54　设置“锚点”和“位置”参数

图11-55　查看锚点位置

步骤05 将时间线定位到缩放动画的开始位置，单击“缩放”左侧的“切换动画”按钮，启用“缩放”动画，将自动添加一个“缩放”关键帧，如图11-56所示。

步骤06 将时间线向右移至缩放动画的结束位置，然后设置“缩放”参数为180.0，将自动生成第二个“缩放”关键帧，如图11-57所示。

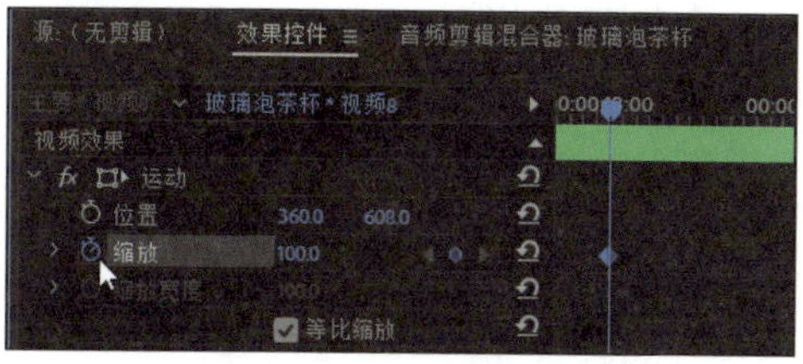

图11-56　启用“缩放”动画

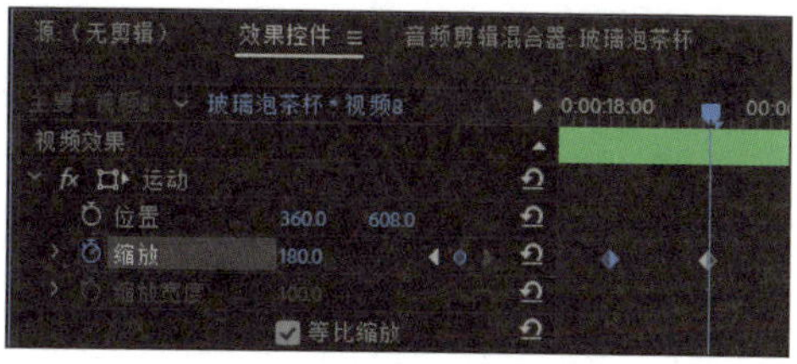

图11-57　设置“缩放”参数

步骤07 预览缩放动画，可以看到画面以锚点为中心进行放大，如图11-58所示。

步骤08 选中两个“缩放”关键帧，用鼠标右键单击所选关键帧，在弹出的快捷菜单中选择“缓入”命令，如图11-59所示。用鼠标右键再次单击所选关键帧，在弹出的快捷菜单中选择“缓出”命令。

图11-58　预览动画效果

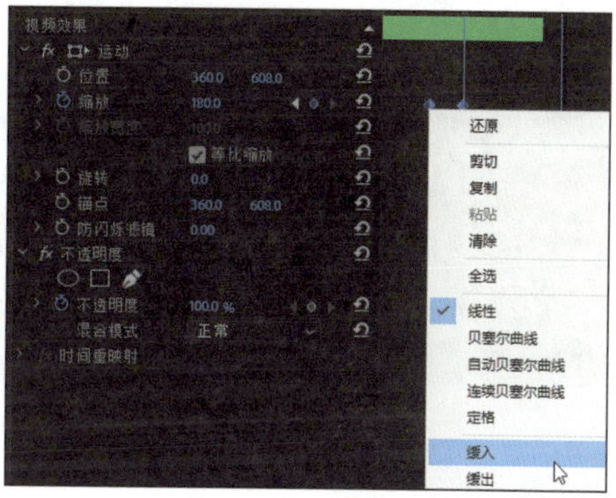

图11-59　选择“缓入”命令

步骤09 展开“缩放”选项，拖动关键帧手柄调整贝塞尔曲线，使缩放变化先快后慢，如图11-60所示。

步骤10 展开V2轨道，在“视频8”剪辑的结束位置编辑不透明度动画，如图11-61所示。

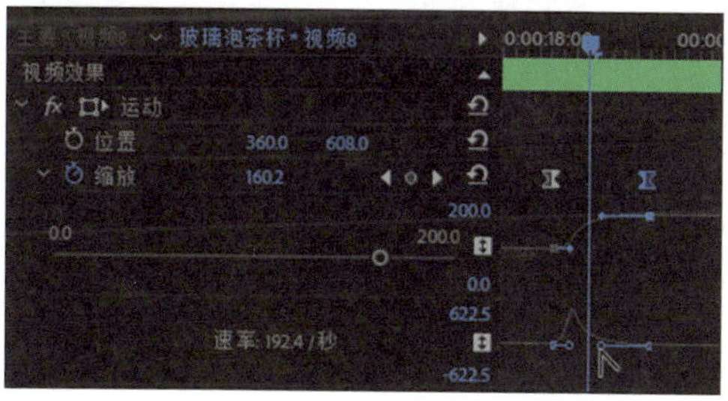

图11-60　调整贝塞尔曲线

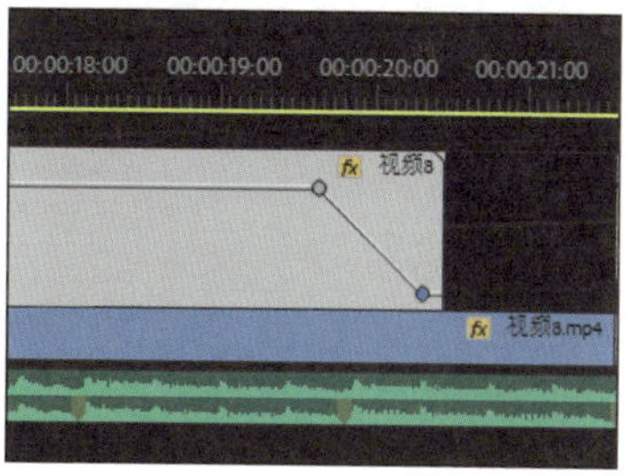

图11-61　编辑不透明度动画

11.2.3　添加转场效果

视频转场又称视频过渡或视频切换，是添加在视频剪辑之间的效果，可以让视频剪辑之间的切换形成动画效果，让各镜头转场更流畅或具有创意。

视频

添加默认转场效果

1. 添加默认转场效果

下面在Premiere中设置默认转场效果，并为视频剪辑添加默认转场效果，具体操作方法如下。

步骤01 在菜单栏中单击“编辑”|“首选项”|“时间轴”命令，在弹出的对话框中设置“视频过渡默认持续时间”为20帧，然后单击“确定”按钮，如图11-62所示。

步骤02 打开“效果”面板，在“视频过渡”文件夹中包含了Premiere内置的转场效果，展开“溶解”选项，用鼠标右键单击“交叉溶解”效果，在弹出的快捷菜单中选择“将所选过渡设置为默认过渡”命令，如图11-63所示。

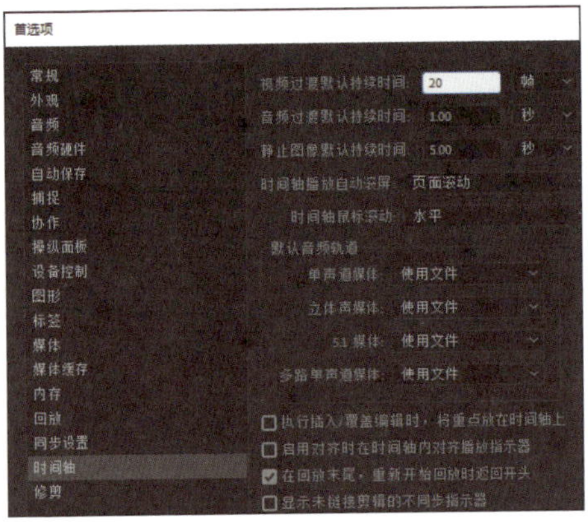

图11-62 设置默认过渡持续时间

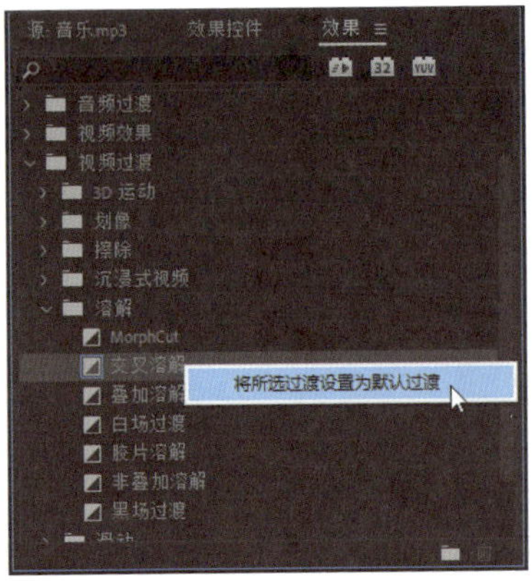

图11-63 选择“将所选过渡设置为默认过渡”命令

步骤03 选中要添加默认转场效果的视频剪辑，按【Ctrl+D】组合键即可快速添加默认转场效果，如图11-64所示。

步骤04 在序列中选中默认转场效果并拖动，调整默认转场效果的开始位置，如图11-65所示。

图11-64 添加默认转场效果

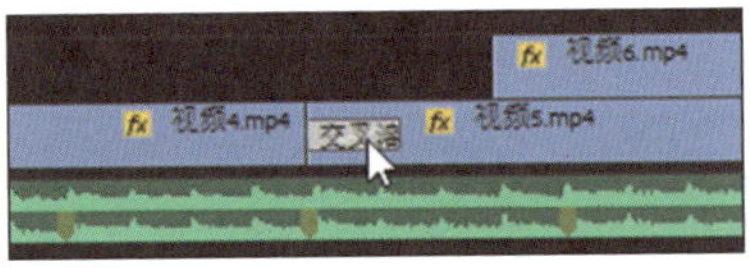

图11-65 调整默认转场效果的开始位置

2. 自定义转场效果

视频

自定义转场效果

下面为视频剪辑添加Premiere内置的转场效果，并自定义转场参数，具体操作方法如下。

步骤01 在“效果”面板中展开“擦除”选项，选择“带状擦除”效果，如图11-66所示。

步骤02 将“带状擦除”效果拖至“视频5”和“视频6”剪辑之间，然后选中该转场效果，如图11-67所示。

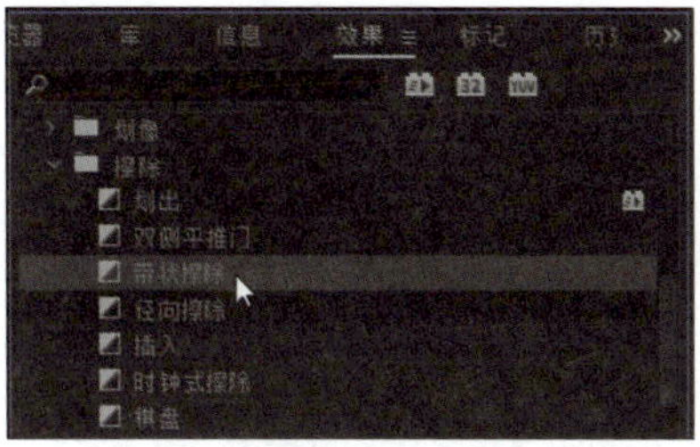

图11-66　选择“带状擦除”效果

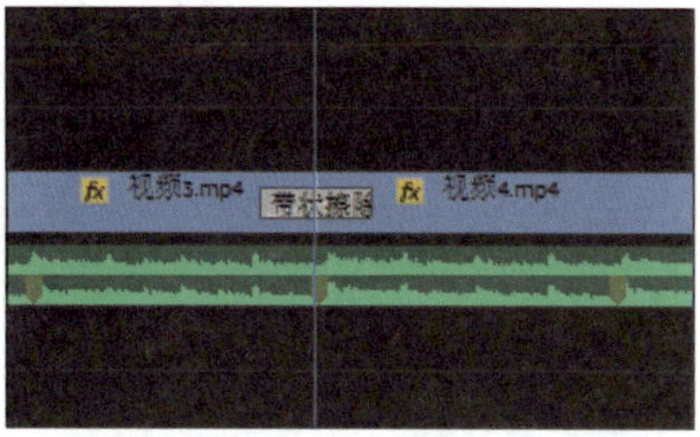

图11-67　选中“带状擦除”转场效果

步骤03 在“效果控件”面板中设置擦除方向和持续时间，设置“边框宽度”为2.0，“边框颜色”为白色，然后单击“自定义”按钮，在弹出的对话框中设置“带数量”为3，然后单击“确定”按钮，如图11-68所示。

步骤04 在“节目”面板中预览“带状擦除”转场效果，如图11-69所示。

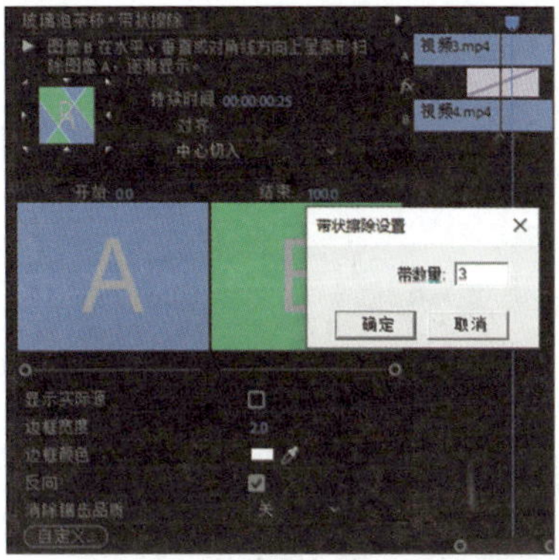

图11-68　设置“带状擦除”效果参数

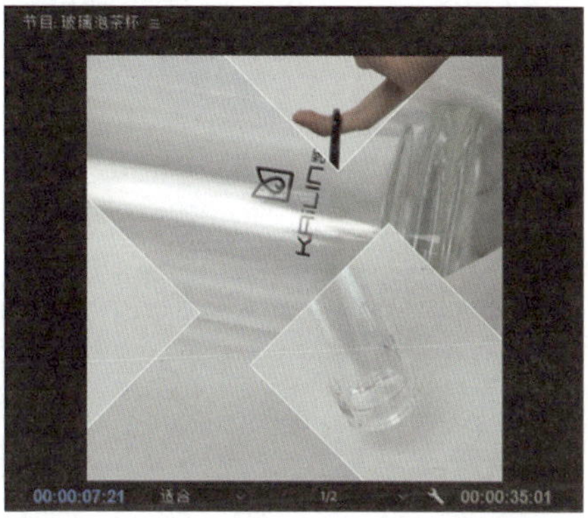

图11-69　预览“带状擦除”转场效果

11.2.4　视频调色

视频

视频调色

下面使用“Lumetri颜色”工具对商品视频进行调色，具体操作方法如下。

步骤01 在序列中选中“视频7”剪辑，打开“Lumetri颜色”面板，在“基本校正”的“色调”选项中调整“曝光”“对比度”“高光”“阴影”“白色”等参数，如图11-70所示。

步骤02 展开“RGB曲线”选项，单击“亮度”曲线按钮，添加3个控制点并调整高光区域的控制点，如图11-71所示。

步骤03 在“节目”面板中预览视频剪辑调色前后的对比效果，如图11-72所示。采用同样的方法，对其他视频剪辑进行调色。

步骤04 在“项目”面板下方单击“新建项”按钮，选择“调整图层”选项，创建调整图层，如图11-73所示。

步骤05 将调整图层添加到V3轨道，调整调整图层的长度，使其覆盖整个序列，以便对商品视频进行整体调色，如图11-74所示。

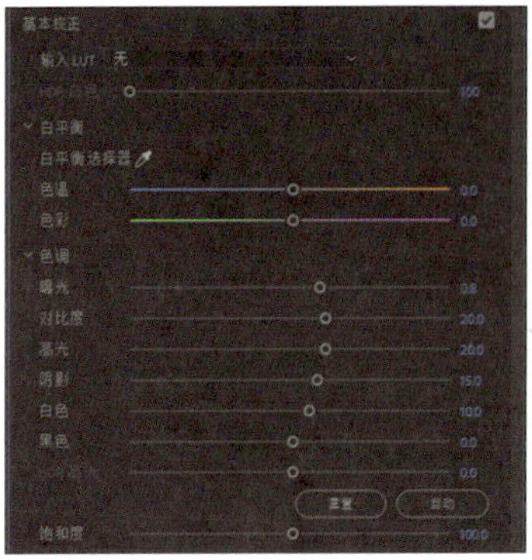

图11-70　调整“色调”参数

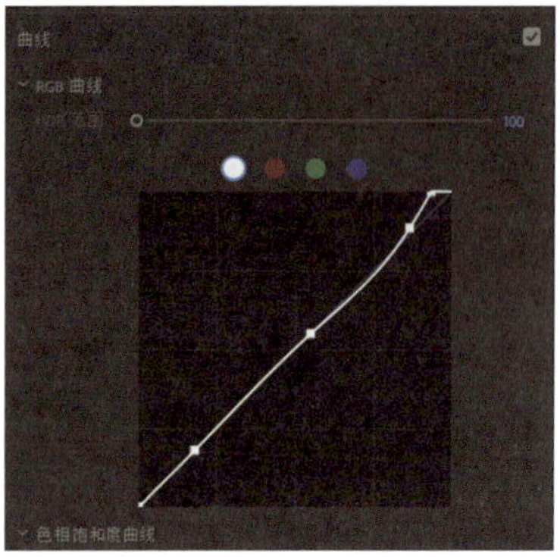

图11-71　调整“亮度”曲线

图11-72　调色前后对比效果

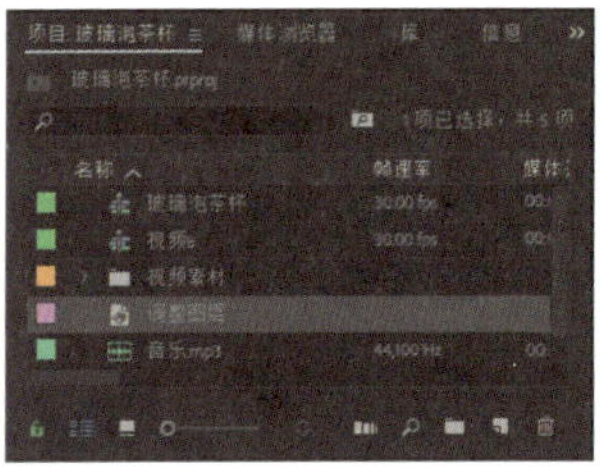

图11-73　创建调整图层

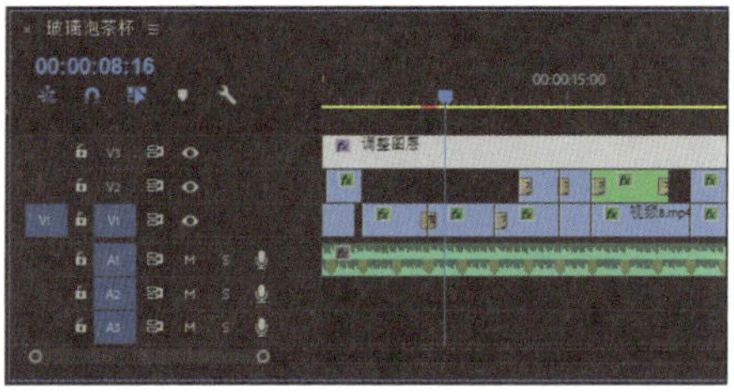

图11-74　添加调整图层

步骤06 打开“Lumetri颜色”面板，展开“创意”选项，调整“锐化”参数，如图11-75所示。

步骤07 展开“色轮”选项，向上拖动滑块分别调整“中间调”和“高光”的亮度，降低“阴影”的亮度，然后在色轮中将“中间调”和“高光”向青色略微调整，如图11-76所示。

图11-75　调整“锐化”参数

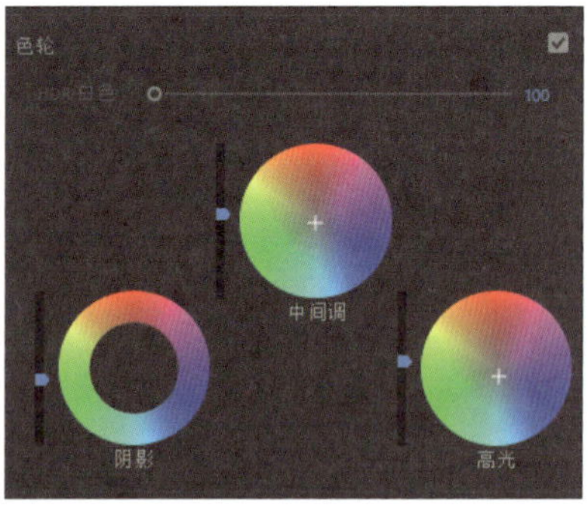

图11-76　调整“色轮”参数

11.3 添加与编辑字幕

下面在商品视频中添加字幕，对商品的功能和特点进行简单描述，并为字幕制作动画效果。

1. 添加文本并制作动画

视频

添加文本并制作动画

下面在商品视频中添加文本，并制作文本开场动画，具体操作方法如下。

步骤01 按【T】键调用“文字”工具，在视频画面中单击并输入所需的文本，如图11-77所示。

步骤02 在“效果控件”面板的文本选项中设置文本的字体、大小、对齐方式、字距、填充颜色、描边颜色及描边宽度等格式。单击“创建4点多边形蒙版”按钮，创建矩形蒙版，如图11-78所示。

步骤03 在“节目”面板中调整蒙版的大小和位置，使蒙版刚好盖住文本，如图11-79所示。

图11-77　输入文本

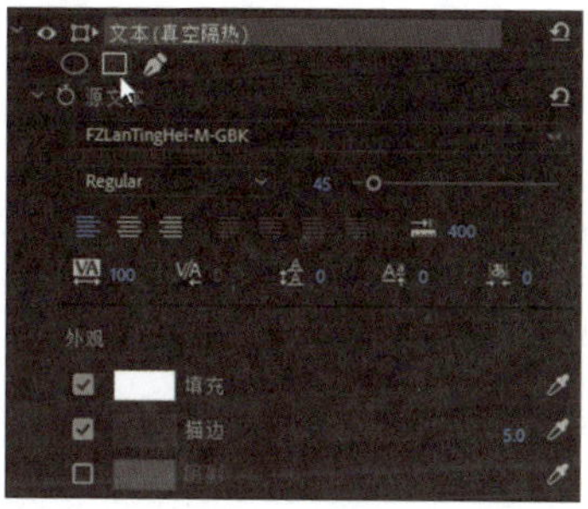

图11-78　单击“创建4点多边形蒙版”按钮

图11-79　调整蒙版的大小和位置

步骤04 在“效果控件”面板中启用文本“变换”选项中的“位置”动画，添加2个关键帧并分别调整y坐标参数，如图11-80所示。

步骤05 在“节目”面板中预览文本动画效果，可以看到文本从蒙版下方进入，如图11-81所示。

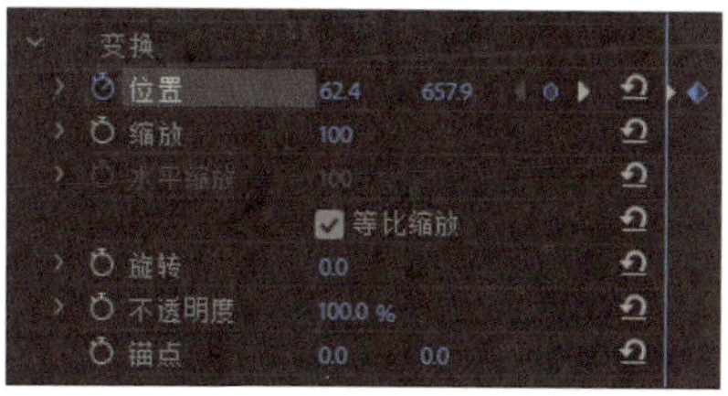

图11-80　设置“位置”动画参数

图11-81　预览文本动画效果

步骤06 在“效果控件”面板的时间线上拖动最左侧的控制柄，调整文本的开场持续时间，如图11-82所示，锁定文本开场动画，避免在修剪文本时动画被修剪掉。

步骤07 在序列中按住【Alt】键的同时向上拖动文本剪辑复制文本，然后根据需要修改文本内容，并调整文本在画面中的位置，如图11-83所示。

步骤08 在“节目”面板中预览文本效果，如图11-84所示。

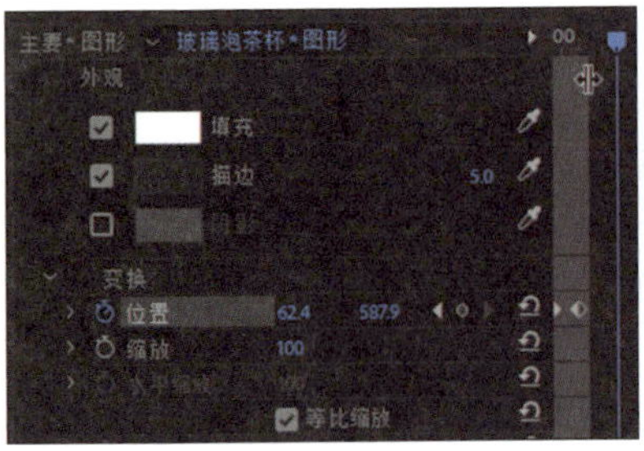

图11-82 调整文本的开场持续时间

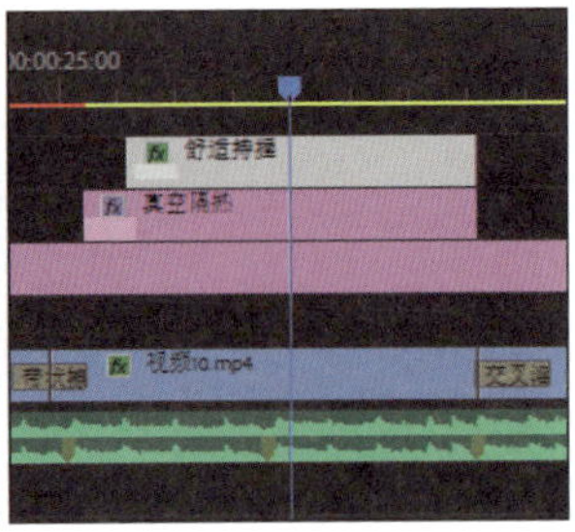

图11-83 复制并修改文本

图11-84 预览文本效果

2. 添加形状修饰并制作动画

视频

添加形状修饰并制作动画

下面为文本添加一个矩形形状作为修饰，并制作形状动画，具体操作方法如下。

步骤01 在工具面板中单击“钢笔工具”按钮并长按鼠标左键，在弹出的列表中选择“矩形工具”，如图11-85所示。

步骤02 使用矩形工具在文本下方绘制矩形形状，如图11-86所示。

步骤03 在序列中对“图形”剪辑进行修剪，可以看到“图形”剪辑位于文本轨道的上方，如图11-87所示。

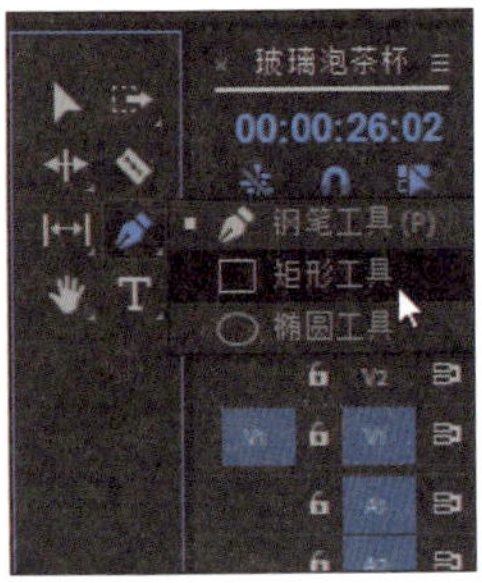

图11-85 选择“矩形工具”

图11-86 绘制矩形形状

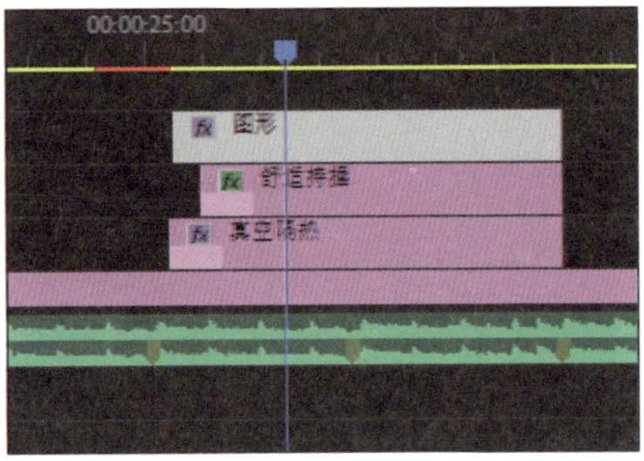

图11-87 修剪“图形”剪辑

步骤04 在时间轴面板头部用鼠标右键单击V3轨道，在弹出的快捷菜单中选择“添加单个轨道”命令，如图11-88所示，即可在V3轨道上方添加一个空轨道。

步骤05 将“图形”剪辑向下拖至V4轨道，如图11-89所示。

步骤06 在“效果控件”面板的形状“变换”选项中取消选中“等比缩放”复选框，然后启用“水平缩放”动画，添加两个关键帧，设置第1个关键帧参数为0，如图11-90所示。

步骤07 在序列中选中文本和图形，然后按住【Alt】键的同时向左拖动进行复制，然后根据需要修改文本，如图11-91所示。

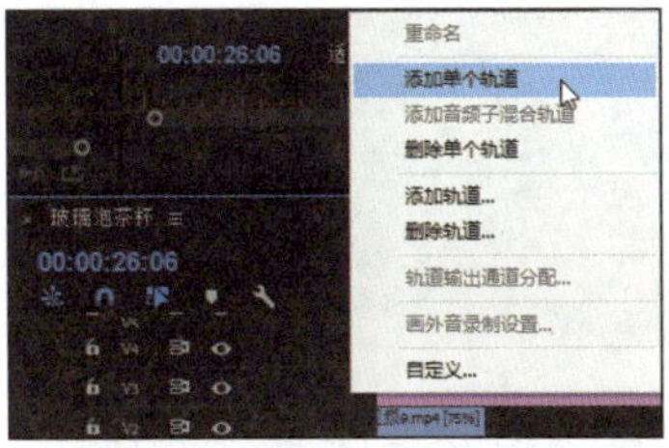

图11-88　选择“添加单个轨道”命令

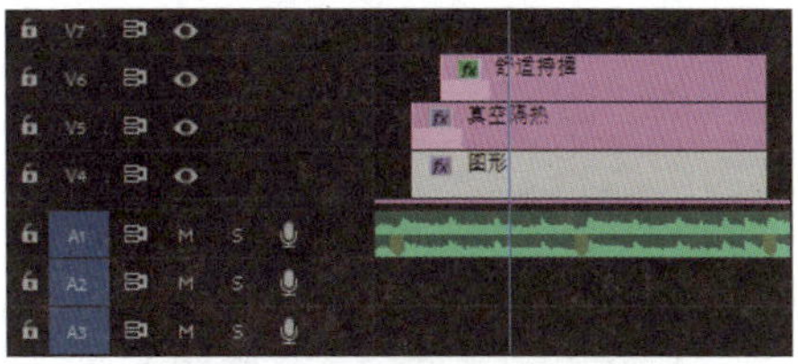

图11-89　拖动“图形”剪辑

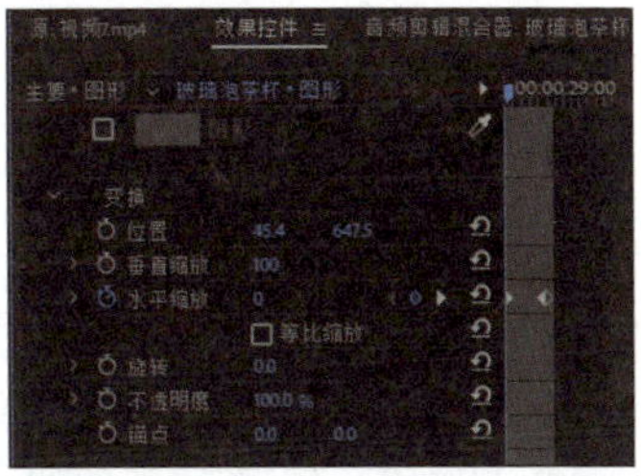

图11-90　设置“水平缩放”动画参数

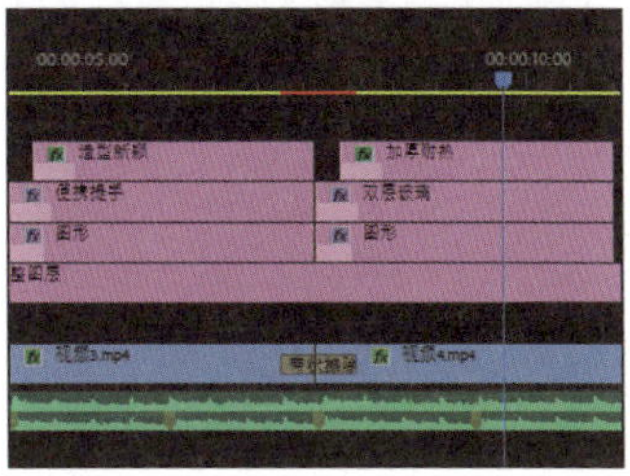

图11-91　复制文本和图形并修改文本

步骤08 在“节目”面板中预览字幕效果，如图11-92所示。

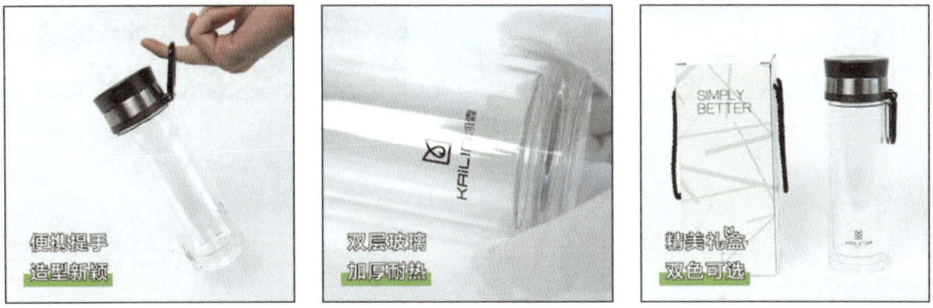

图11-92　预览字幕效果

11.4 导出商品视频

视频

导出商品视频

在Premiere中完成商品视频剪辑后，即可将商品视频进行合成并导出。在导出商品视频时，可以根据需要设置视频格式、比特率等参数，具体操作方法如下。

步骤01 修剪音频剪辑的结束位置，使其与视频剪辑对齐，在时间轴面板头部双击A1轨道将其展开。按住【Ctrl】的同时在音量线上单击添加两个音量关键帧，然后将右侧的关键帧向下拖至底部，制作音频淡出效果，如图11-93所示。

步骤02 在菜单栏中单击“文件”|“导出”|“媒体”命令，弹出“导出设置”对话框，在“格式”下拉列表框中选择H.264选项（即MP4格式），如图11-94所示。

步骤03 单击“输出名称”选项右侧的文件名超链接，在弹出的“另存为”对话框中选择视频保存位置，输入文件名，然后单击“保存”按钮，如图11-95所示。

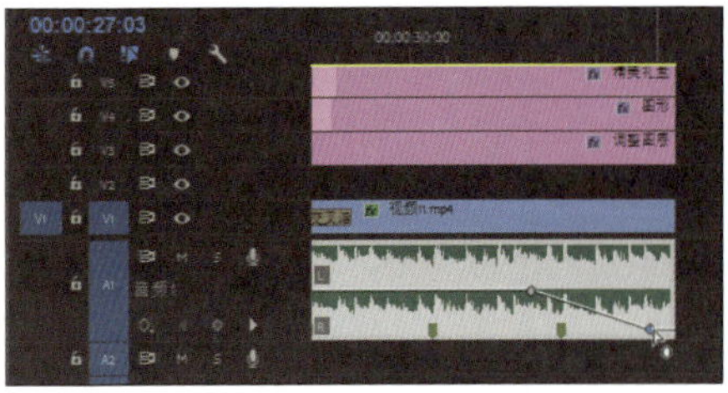

图11-93　制作音频淡出效果

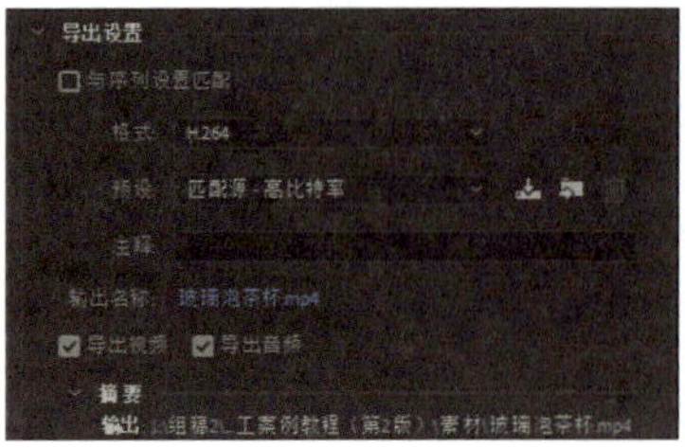

图11-94　选择导出格式

步骤04 返回“导出设置”对话框，选择“视频”选项卡，调整“目标比特率[Mbps]”参数，对视频大小进行压缩，在下方可以看到“估计文件大小”数值，单击“导出”按钮，即可导出商品视频，如图11-96所示。

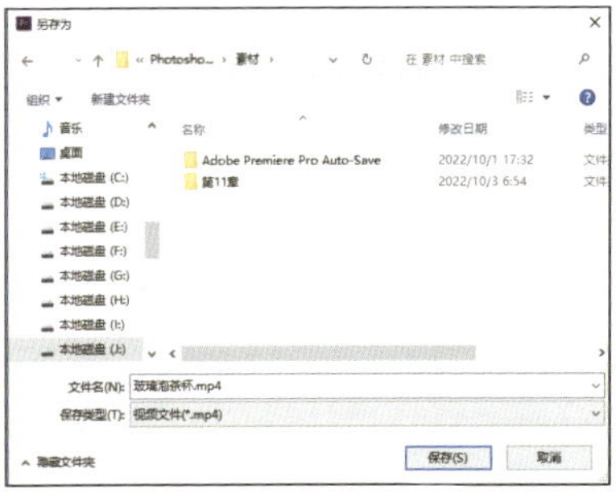

图11-95　“另存为”对话框

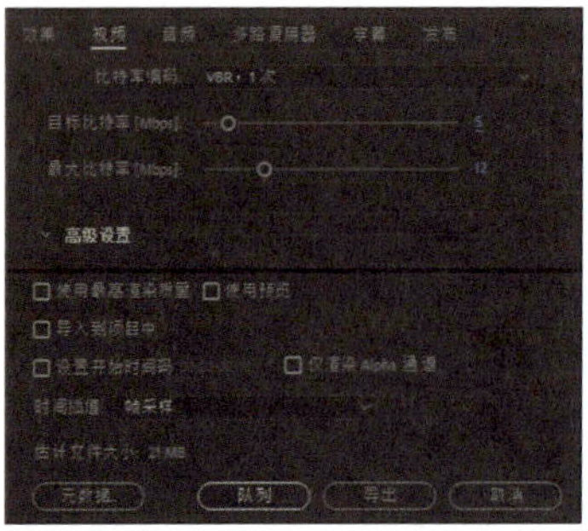

图11-96　调整“目标比特率[Mbps]”参数并导出商品视频

11.5 课堂案例——制作手机钢化膜主图视频

【案例学习目标】学习使用 Premiere 制作手机钢化膜主图视频，掌握使用 Premiere 剪辑商品视频的流程。在推荐商品时如实描述，不欺骗消费者。

【案例知识要点】导入素材并粗剪视频、精剪视频、添加视频效果、视频调色、添加字幕，效果如图 11-97 所示。

图11-97　手机钢化膜主图视频

【效果所在位置】效果文件 / 第 11 章 / 制作手机钢化膜主图视频 .mp4。

11.5.1 导入素材并粗剪视频

视频

导入素材并粗剪视频

下面为手机钢化膜主图视频创建项目并导入所需的素材，然后对视频素材进行粗剪，具体操作方法如下。

步骤01 启动Premiere，在菜单栏中单击“文件”|“新建”|“项目”命令，在弹出的“新建项目”对话框中设置项目名称和保存位置，然后单击“确定”按钮，如图11-98所示。

步骤02 按【Ctrl+I】组合键打开“导入”对话框，选中要导入的素材文件，然后单击“打开”按钮，如图11-99所示。

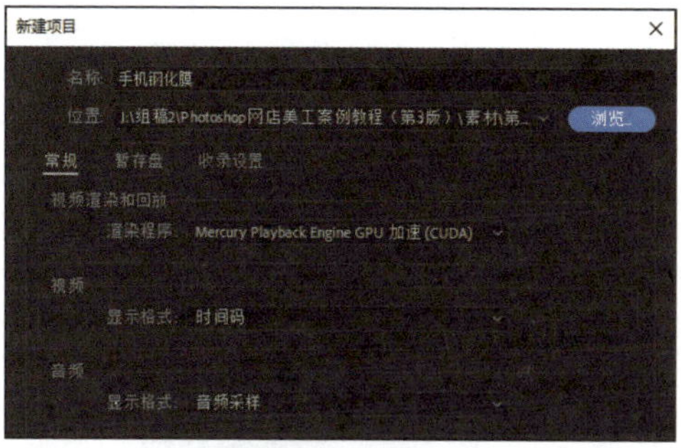

图11-98　新建项目

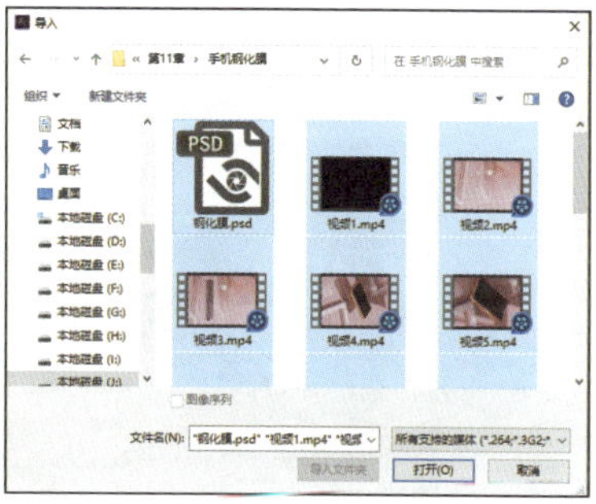

图11-99　导入素材

步骤03 按【Ctrl+N】组合键打开“新建序列”对话框，选择“设置”选项卡，在“编辑模式”下拉列表框中选择“自定义”选项，设置“时基”为“25.00帧/秒”，“帧大小”为“540水平”“720垂直”，“像素长宽比”为“方形像素（1.0）”，如图11-100所示。设置完成后，单击“确定”按钮，即可创建序列。

步骤04 在“项目”面板中双击“视频1”素材，在“源”面板中预览素材，标记视频剪辑的入点和出点，选择要使用的部分，如图11-101所示。

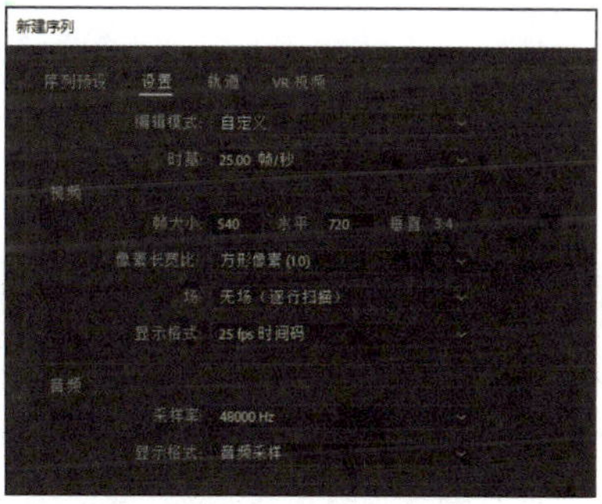

图11-100　设置序列参数

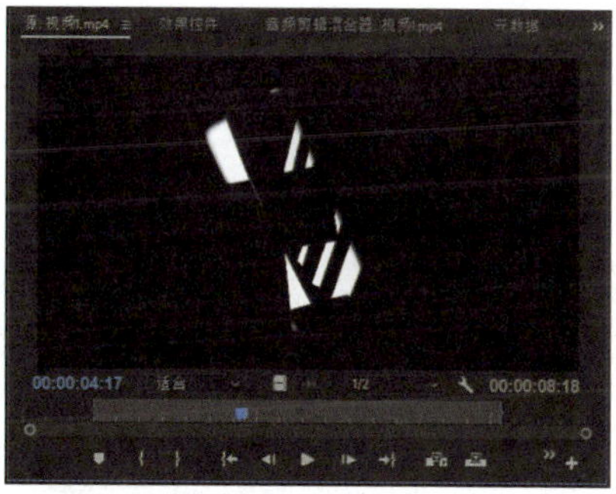

图11-101　标记视频剪辑的入点和出点

步骤05 将“视频1”剪辑拖至序列中，然后采用同样的方法添加其他视频剪辑。选中“视频5”剪辑，如图11-102所示。

步骤06 在“效果控件”面板的“运动”效果中设置各项参数，调整画面构图，在此设置“旋转”参数为-90.0°，“缩放”参数为52.0，如图11-103所示。

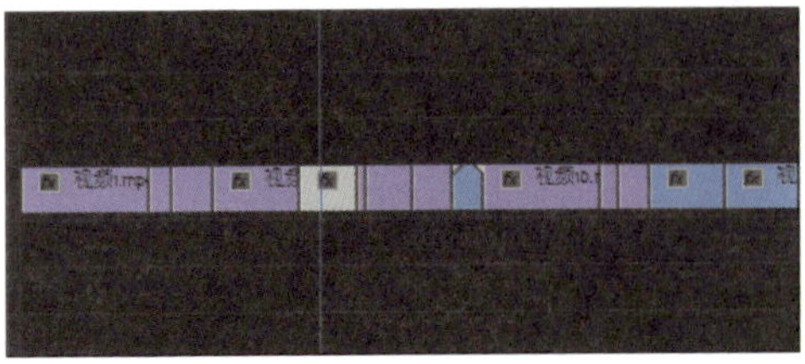

图11-102　选中视频剪辑

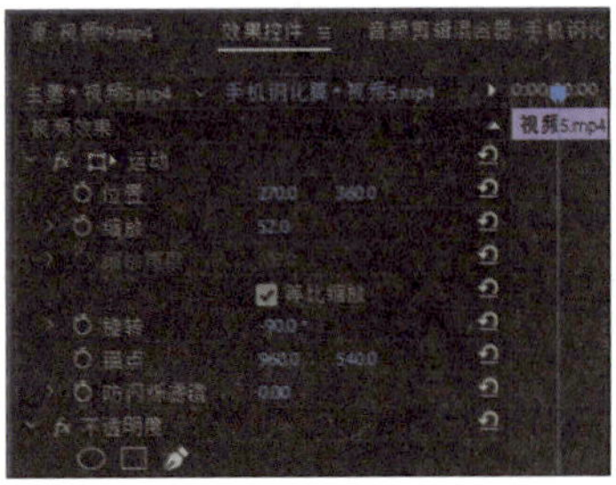

图11-103　设置“旋转”和“缩放”参数

步骤07 采用同样的方法调整其他视频剪辑的构图，在“节目”面板中预览画面效果，如图11-104所示。

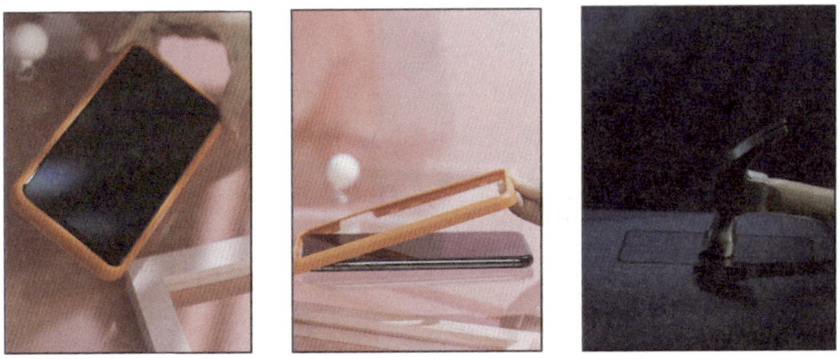

图11-104　预览画面效果

11.5.2　精剪视频

视频

精剪视频

下面使用各种剪辑工具对视频剪辑进行精剪。例如，使用比率拉伸工具进行变速，使用波纹选择工具修剪、复制与插入视频剪辑等，具体操作方法如下。

步骤01 将“音乐”素材添加到A1轨道，如图11-105所示。

步骤02 按【R】键调用比率拉伸工具，使用该工具调整“视频1”剪辑的出点到音频节奏位置，如图11-106所示。采用同样的方法，调整其他视频剪辑的长度。

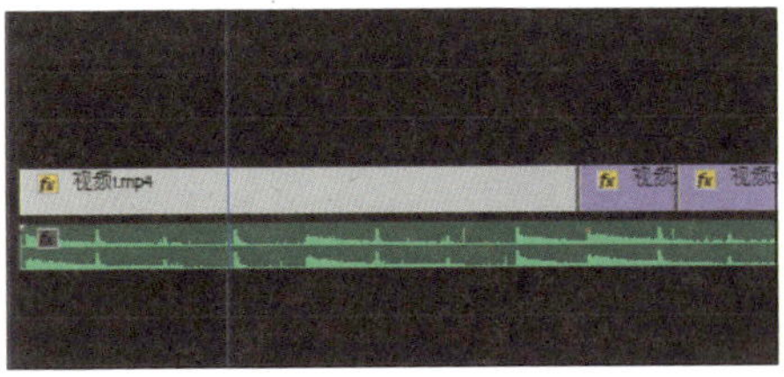

图11-105　添加“音乐”素材

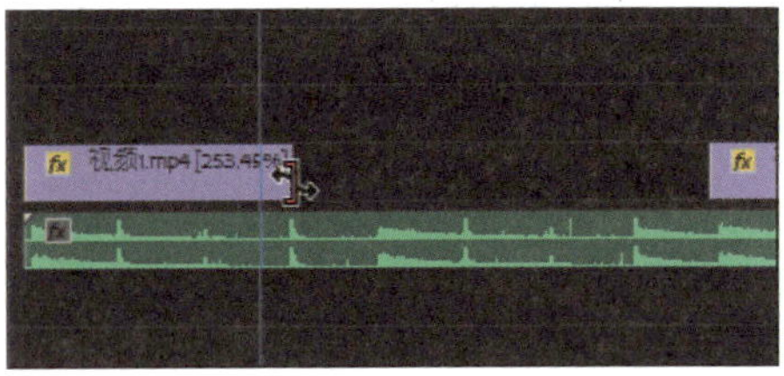

图11-106　调整视频剪辑出点位置

步骤03 将时间线定位到要修剪的位置，按【B】键调用波纹编辑工具，使用该工具修剪视频剪辑的入点到时间线位置，如图11-107所示。

步骤04 使用波纹编辑工具在“视频3”和“视频4”剪辑之间的剪辑点位置双击，进入修剪模式。在“节目”面板中选择要修剪的画面，然后单击画面下方的按钮向后或向前进行精确修剪，使两个镜头衔接得更连贯，如图11–108所示。

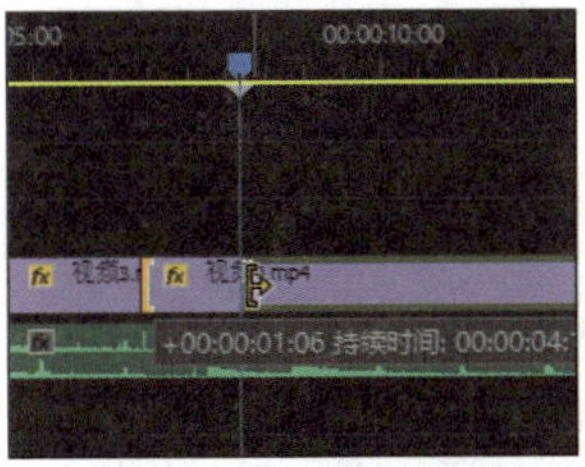

图11–107　使用波纹编辑工具修剪

图11–108　精确修剪画面

步骤05 使用波纹编辑工具选中“视频14”剪辑的出点，然后将时间线定位到目标位置，如图11–109所示。

步骤06 按【E】键，即可将剪辑点修剪到时间线位置，如图11–110所示。

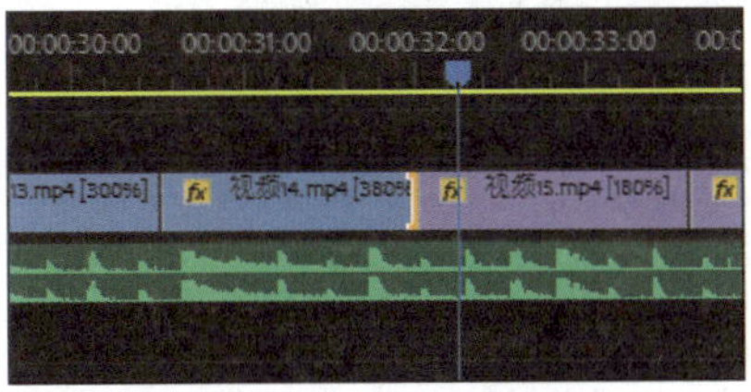

图11–109　定位时间线

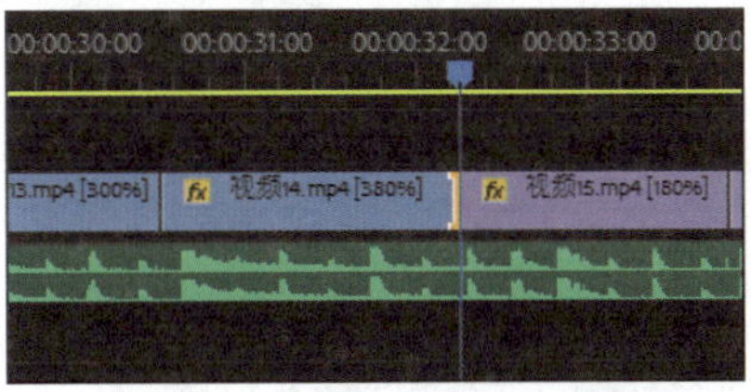

图11–110　将剪辑点修剪到时间线位置

步骤07 按住【Alt】键的同时向上拖动“视频16”剪辑，复制该视频剪辑到V2轨道。在A1音频轨道的头部单击“切换轨道锁定”按钮，锁定该轨道。按住【Ctrl】键的同时拖动“视频16”剪辑到目标位置，如图11–111所示。

步骤08 此时，即可将“视频16”剪辑插入到目标位置，如图11–112所示。

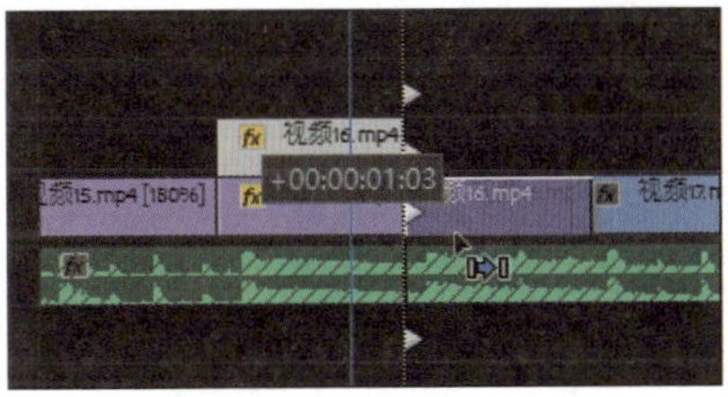

图11–111　拖动视频剪辑

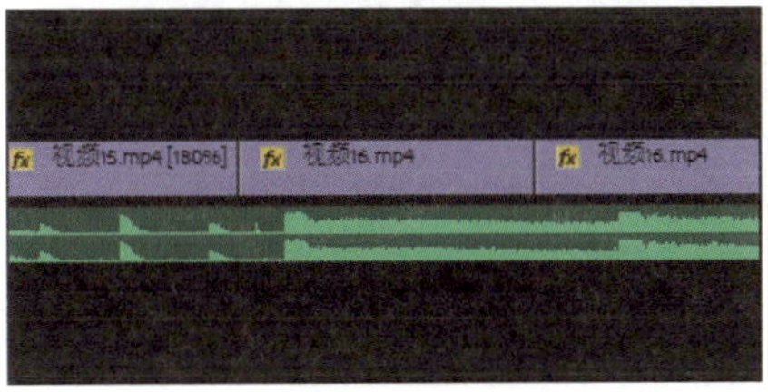

图11–112　插入视频剪辑

11.5.3　制作视频效果

视频

制作运动动画

下面为视频画面和视频转场制作所需的效果，如制作运动动画、制作不透明度动画、制作模糊转场效果等。

1. 制作运动动画

下面为视频剪辑制作所需的位置或缩放运动动画，具体操作方法如下。

步骤01 在序列中选中“视频10”剪辑，在“效果控件”面板中启用“缩放”动画，添加3个关键帧，设置“缩放”参数分别为75.0、100.0、75.0，第2个关键帧的“缩放”参数如图11-113所示。

步骤02 选中3个关键帧并用鼠标右键单击，在弹出的快捷菜单中选择“缓入”命令，如图11-114所示。用鼠标右键再次单击所选关键帧，在弹出的快捷菜单中选择“缓出”命令。

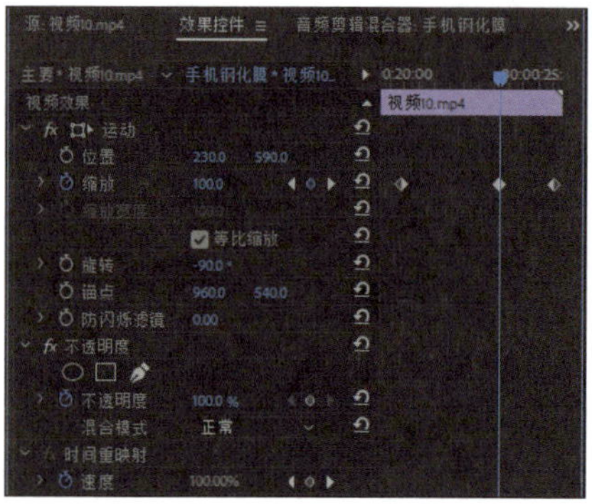

图11-113 设置“缩放”动画参数

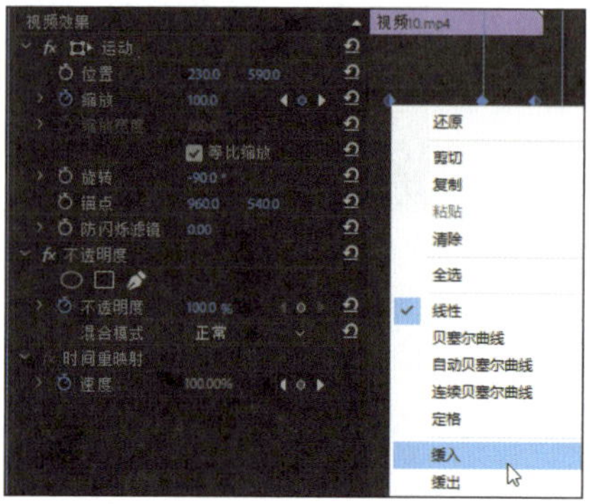

图11-114 选择“缓入”命令

步骤03 在序列中选中“视频12”剪辑，在“效果控件”面板中启用“位置”动画，添加两个关键帧并分别设置各关键帧y坐标参数，然后调整关键帧贝塞尔曲线，如图11-115所示。

步骤04 在“节目”面板中预览位置动画效果，如图11-116所示。

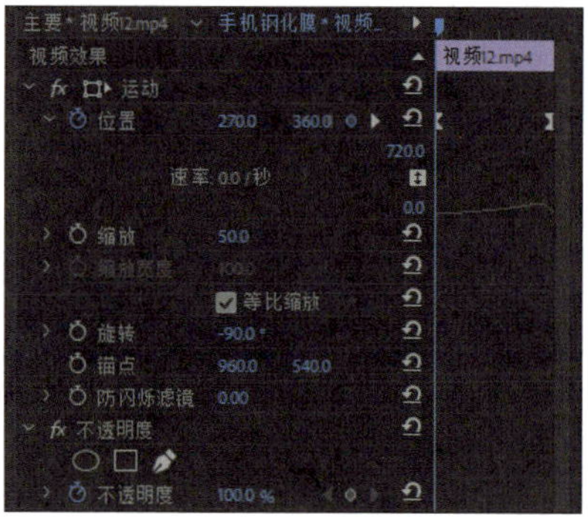

图11-115 设置“位置”动画参数

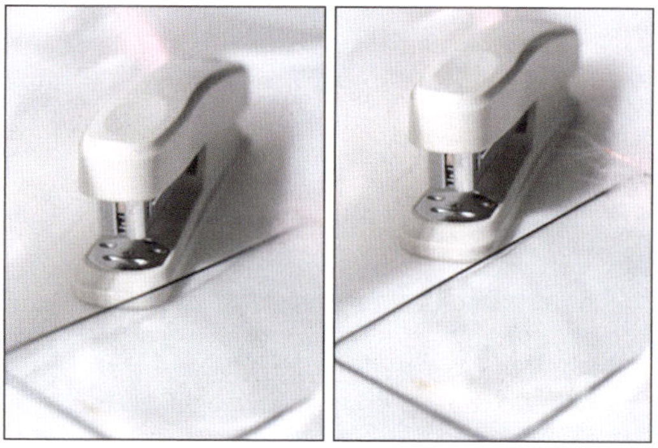

图11-116 预览位置动画效果

步骤05 将“钢化膜.psd”图片素材添加到V2轨道，并将其置于“视频13”剪辑上方，如图11-117所示。

步骤06 调整图片在画面中的位置，在“节目”面板中预览画面效果，如图11-118所示。

步骤07 在“效果控件”面板中选中“运动”选项，然后在“节目”面板中调整图片锚点的位置到画面中心，如图11-119所示。

步骤08 在“效果控件”面板中启用“缩放”动画，添加两个关键帧，设置“缩放”参数分别为110.0、85.0，第1个关键帧的“缩放”参数如图11-120所示。

步骤09 在序列中选中“视频13”剪辑，在“效果控件”面板中启用“缩放”动画，添加两个关键帧，设置“缩放”参数分别为85.0、75.0，第1个关键帧的“缩放”参数如图11-121所示。

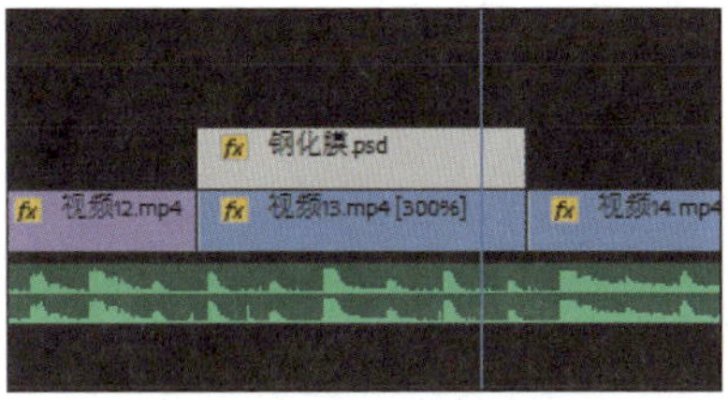

图11-117　添加图片素材

图11-118　预览画面效果

图11-119　调整锚点位置

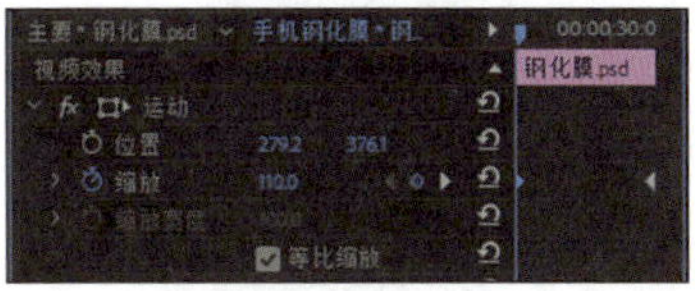

图11-120　设置“缩放”动画参数

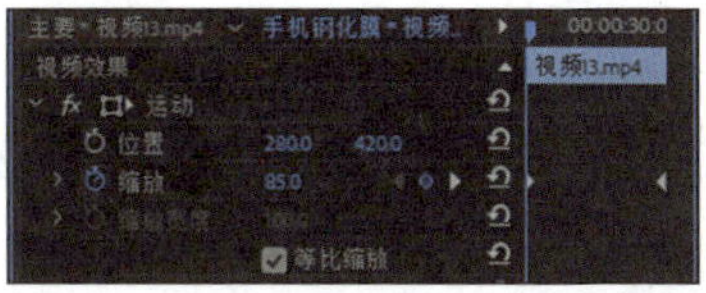

图11-121　设置“缩放”动画参数

2. 制作不透明度动画

视频

制作不透明度动画

下面为视频剪辑制作不透明度动画，具体操作方法如下。

步骤 01 在序列中对“视频18”剪辑进行分割，在分割时将时间线定位到要分割的位置，然后按【Ctrl+K】组合键进行分割，在此将其分割为3段，如图11-122所示。

步骤 02 将分割后中间的视频剪辑移至V2轨道，并删除V1轨道上的间隙，如图11-123所示。

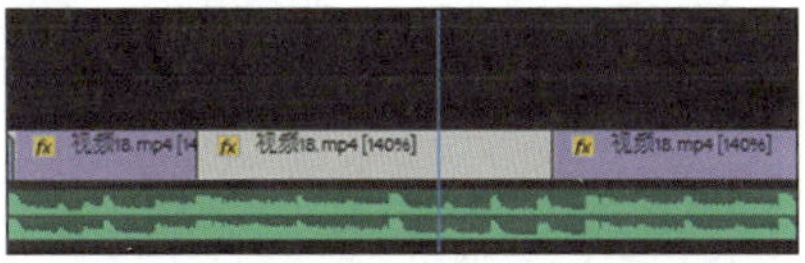

图11-122　分割视频剪辑

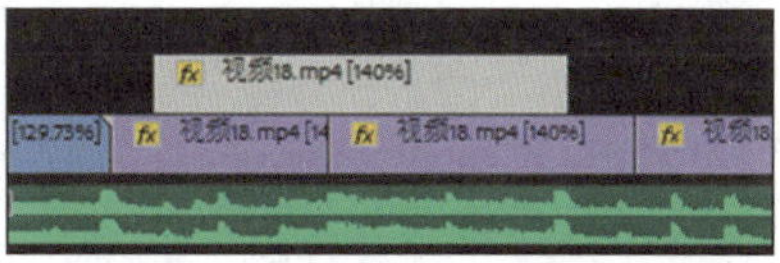

图11-123　移动视频剪辑并删除间隙

步骤 03 展开V2轨道，按住【Ctrl】键的同时单击不透明度控制线，添加3个不透明度关键帧，将第1个和第3个关键帧向下拖至底部，如图11-124所示。

步骤 04 在“节目”面板中预览动画效果，如图11-125所示。

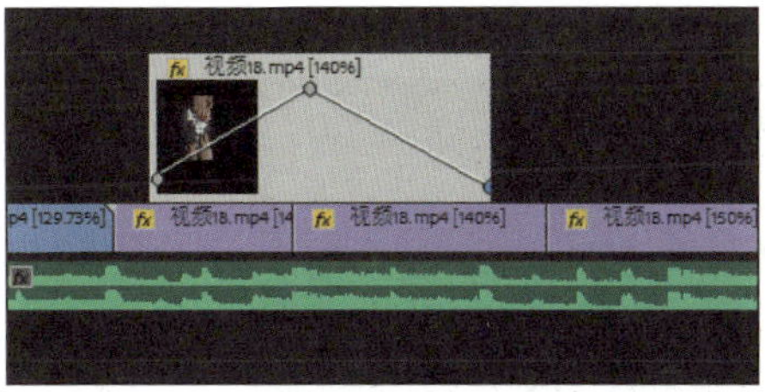

图11-124　添加并调整不透明度关键帧

图11-125　预览动画效果

3. 制作模糊转场效果

除了添加Premiere内置的转场效果外，还可以利用一些视频效果制作特殊的转场效果，如利用“高斯模糊”效果制作模糊转场效果，具体操作方法如下。

视频

制作模糊转场效果

步骤01 在“视频1”和“视频2”剪辑的转场位置添加“渐隐为白色”转场效果，在“视频2”和“视频3”剪辑的转场位置添加“交叉溶解”转场效果，如图11-126所示。

步骤02 在“项目”面板下方单击“新建项”按钮，选择“调整图层”选项，创建调整图层，如图11-127所示。

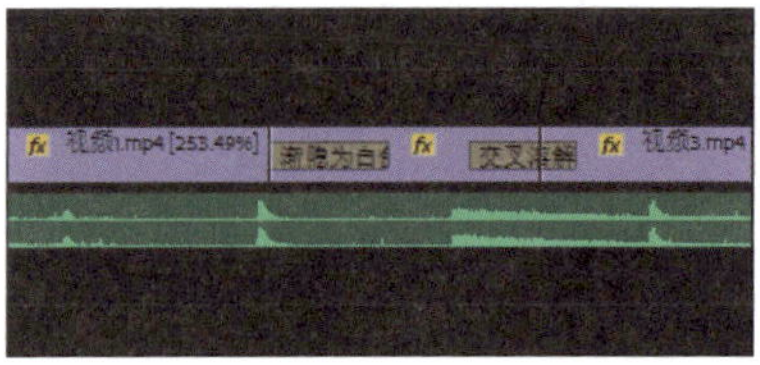

图11-126　添加转场效果

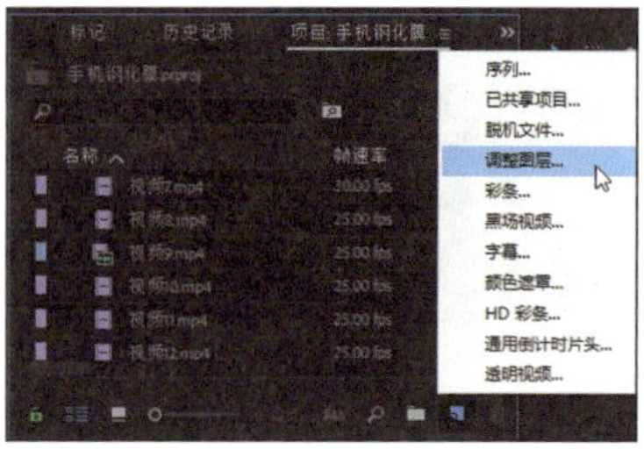

图11-127　选择“调整图层”选项

步骤03 在“项目”面板中双击调整图层，在“源”面板中将时间线定位到第20帧的位置，单击“标记出点”按钮，如图11-128所示。

步骤04 在“视频8”和“视频9”剪辑的转场位置添加“交叉溶解”过渡效果，将调整图层添加到V2轨道，如图11-129所示。

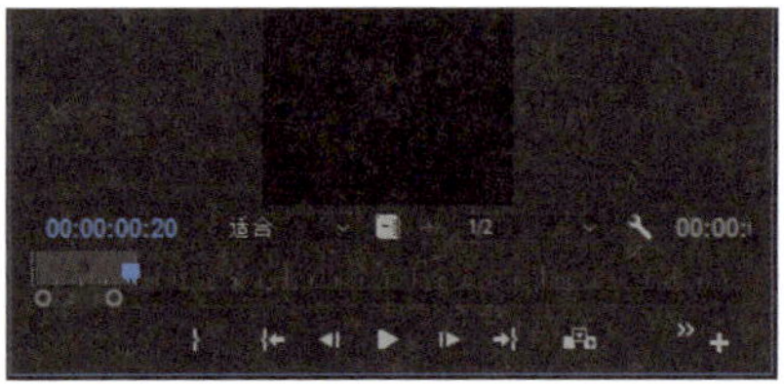

图11-128　标记出点

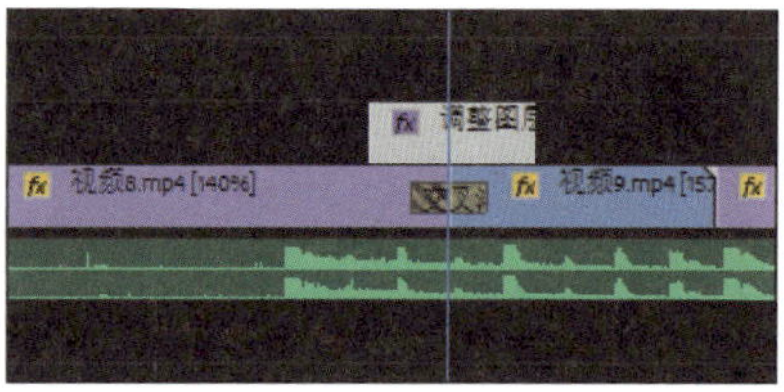

图11-129　添加调整图层

步骤05 在“效果”面板中搜索“模糊”，然后双击“高斯模糊”效果，为调整图层添加该效果，如图11-130所示。

步骤06 在“效果控件”面板的“高斯模糊”效果中启用“模糊度”动画，添加3个关键帧，设置“模糊度”参数分别为0.0、50.0、0.0，第2个关键帧的“模糊度”参数如图11-131所示。

步骤07 在“节目”面板中预览模糊转场效果，如图11-132所示。

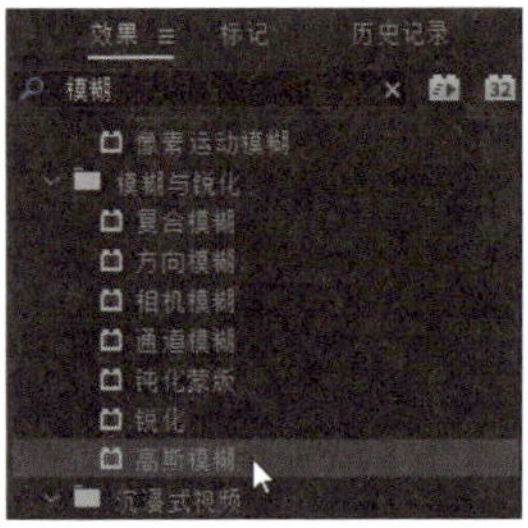

图11-130　添加“高斯模糊”效果

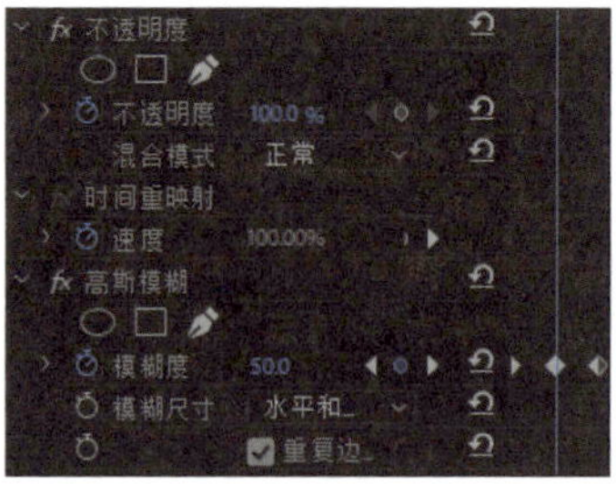

图11-131　设置“模糊度”动画参数

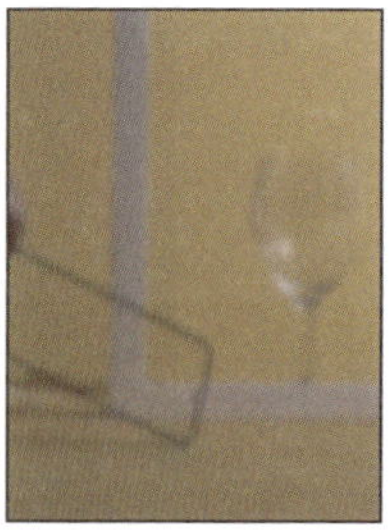

图11-132　预览模糊转场效果

11.5.4　视频调色

下面对商品视频中的各个视频剪辑进行调色，并利用蒙版制作颜色变化动画。

1. 基本调色

下面使用“Lumetri颜色”工具对视频剪辑进行调色，具体操作方法如下。

视频

基本调色

步骤01 在序列中选中“视频8”剪辑，在“节目”面板中预览画面效果，如图11-133所示。

步骤02 打开“Lumetri颜色”面板，在“基本校正”的“色调”选项中调整“曝光”“对比度”“高光”“阴影”“白色”“饱和度”等参数，如图11-134所示。

步骤03 在“节目”面板中预览画面调色效果，如图11-135所示。采用同样的方法，对其他视频剪辑进行调色。

图11-133　预览画面效果

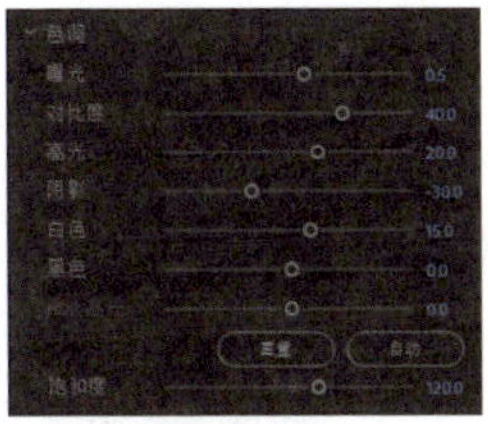
图11-134　调整“色调”参数

图11-135　预览画面调色效果

2. 制作调色动画

下面对手机屏幕进行调色，并制作屏幕贴膜后的颜色变化动画，具体操作方法如下。

视频

制作调色动画

步骤01 在序列中按住【Alt】键的同时向上拖动“视频4”剪辑，复制视频剪辑到V2轨道，并对视频剪辑的入点进行修剪，如图11-136所示。

步骤02 打开“Lumetri颜色”面板，调整“对比度”“高光”“阴影”等参数，如图11-137所示。

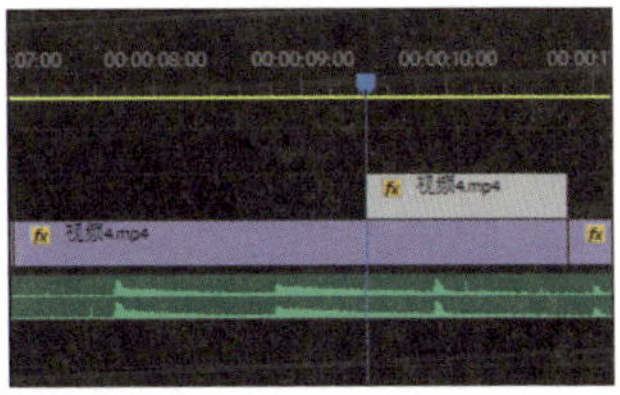
图11-136　复制并修剪视频剪辑

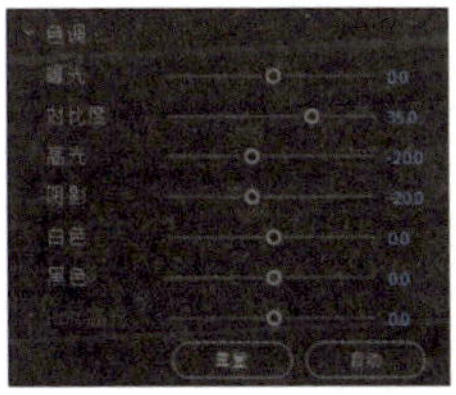
图11-137　调整“色调”参数

步骤03 在“效果控件”面板的“Lumetri颜色”效果中单击“钢笔工具”按钮创建蒙版，设置“蒙版羽化”参数为0.0，如图11-138所示。

步骤04 在“节目”面板中使用钢笔工具沿着手机屏幕绘制蒙版路径，使调色效果只作用于蒙版区域，如图11-139所示。

步骤05 在“不透明度”效果中单击“创建4点多边形蒙版”按钮创建蒙版，设置“蒙版羽化”参数为0.0，如图11-140所示。

步骤06 在“节目”面板中拖动蒙版路径上的控制点调整蒙版路径，使蒙版所选区域位于手机屏幕外，如图11-141所示。

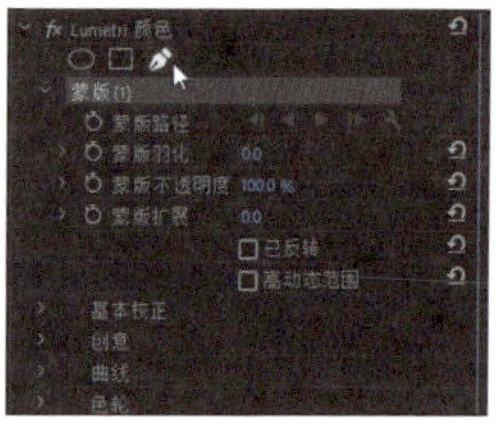

图11-138 创建蒙版并设置参数

图11-139 绘制蒙版路径

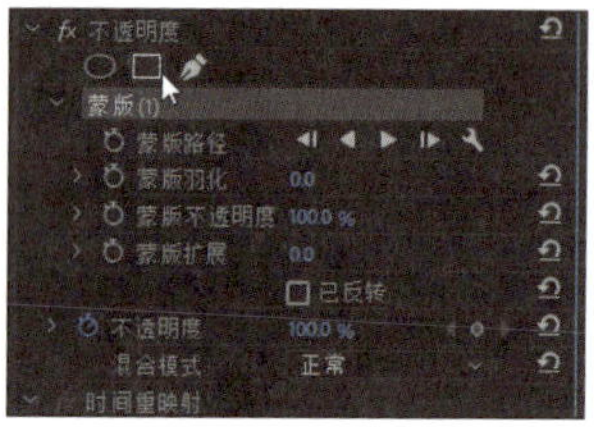

图11-140 创建蒙版并设置参数

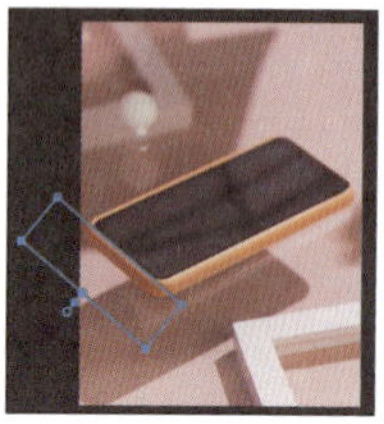

图11-141 调整蒙版路径

步骤07 将时间线移至最左侧，启用“蒙版路径”动画，然后将时间线拖至最右侧，选中“蒙版（1）”选项，如图11-142所示。

步骤08 在“节目”面板中调整蒙版右侧的两个控制点，使蒙版选中手机屏幕区域，如图11-143所示，即可制作手机屏幕颜色从上至下逐渐变深的动画效果。

步骤09 在“节目”面板中预览动画效果，如图11-144所示。

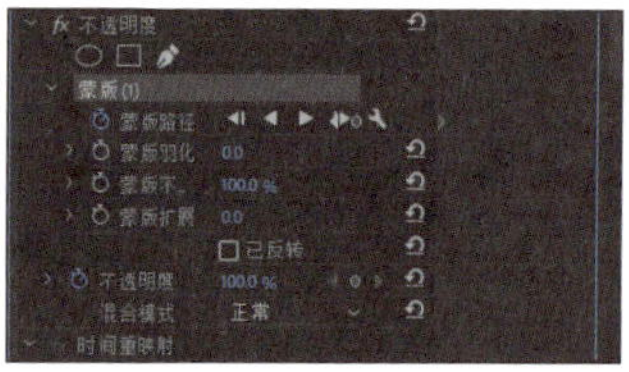

图11-142 选中“蒙版（1）”选项

图11-143 调整蒙版路径

图11-144 预览动画效果

11.5.5 添加字幕动画

视频

添加字幕动画

下面在商品视频的开始位置添加标题文本，并制作文本动画，具体操作方法如下。

步骤01 使用文字工具在“视频1”剪辑画面中输入所需的文本并设置字体格式，如图11-145所示。

步骤02 在“效果”面板中搜索“百叶窗”，然后双击“百叶窗”视频效果，为文本添加该效果，如图11-146所示。

步骤03 在“效果控件”面板中设置“百叶窗”效果中的“过渡完成”“方向”“宽度”“羽化”等参数，如图11-147所示。

步骤04 启用“过渡完成”动画，添加两个关键帧，设置“过渡完成”参数分别为100%、0%，第2个关键帧的“过渡完成”参数如图11-148所示。

步骤05 在“节目”面板中预览文本动画效果，如图11-149所示。预览整个商品视频，检查无误后按【Ctrl+M】组合键导出视频。